자료와 정보

자료와 정보

초판1쇄 인쇄 2017년 6월 27일
초판1쇄 발행 2017년 6월 30일

지 은 이 **최재성**
펴 낸 이 **신일희**
펴 낸 곳 계명대학교출판부
출판등록 제347-1998-1호(1970. 9. 1)
주 소 대구광역시 달서구 달구벌대로 1095
대표전화 053-580-6233
팩 스 053-580-6235
홈페이지 www.kmupress.com

ISBN 978-89-7585-792-8 93410 값 22,000원

이 도서의 국립중앙도서관 출판예정도서목록(CIP)은 서지정보유통지원시스템 홈페이지(http://seoji.nl.go.kr)와 국가자료공동목록시스템(http://www.nl.go.kr/kolisnet)에서 이용하실 수 있습니다.(CIP제어번호: CIP2017015203)

자료와 정보

최재성

계명대학교 출판부

머리말

현대사회의 급진적인 문명과 문화의 발달로 인해 정치, 경제, 사회 그리고 과학 및 기술 등의 여러 분야에서 성취된 업적이나 지혜로운 삶에 관한 지식이 정보라는 이름으로 다양한 매체를 통하여 빠르게 전달되고 공유된다.

정보에 관한 개념이 실제로 많은 분야에서 다루어지고 있으나 그 의미가 구체화되지 않은 상황에서 다소 막연하게 이용되는 경향이 있다. 일상생활에서 자주 접하게 되는 정보라는 용어가 어떻게 정의되고 어디에서 생산되며 어떻게 활용되는 가에 관하여 정리해 두는 것이 자료를 이해하고 요약하는 데 도움이 되리라고 생각한다.

정보에 대한 의미를 구체적으로 정의하여 정보의 대상이 무엇인 가를 확인하고 정보를 얻기 위한 작업으로 어떤 절차가 행해져야 하는 가를 다루는 것은 정보를 필요로 하는 사람에게 요구되는 기본적 사고이다.

본서는 정보에 관한 정의와 개념의 이해를 위해 예를 들어 구체화하고 있으며 자료로부터 정보를 얻기 위한 방법으로 다양한 자료의 분석에 이용되는 통계적 방법과의 연계성을 다루고 있다. 즉, 수집된 자료로부터 정보를 추출해 내는 통계적 방법을 쉽게 이해할 수 있도록 변수와 정보와의 관련성 그리고 자료와 정보와의 관계를 통하여 서술하고 있다.

책의 구성내용으로 1장에서 3장까지는 통계학에서 사용되는 변수와 자료의 개념이 정보와 어떤 연관성이 있는 가를 다루고 있다. 4장과 5장은 통계학의 입문과정에서 다루어지는 기본용어에 대한 설명과 자료의 정리 및 요약방법으로부터 정보를 얻는 과정을 담고 있다. 6장에서 7장까지는 정보의 신뢰성 확보를 위한 도구로 확률을 소개하며 확률변수와 확률분포를 다루고 있다. 8장에서 10장까지는 모집단으로부터 임의로 추출된 확률표본의 함수인 통계량의 확률분포를 설명하고 있다. 11장과 12장은 표본자료로부터 계산된 통계량의 값으로 표본이 추출된 모집단의 분포특성에 관한 정보를 얻기 위한 모수의 추론방법을 다루고 있다. 13장은 범주형 자료의 일반적인 분석방법을 다루고 있으며 14장은 양적자료의 평균비교에서 행해지는 분산분석의 기본 개념과 분석과정을 소개하고 있다.

책의 이론적인 부분과 병행하여 용어와 개념을 이해하는 데 도움이 되도록 "R 프로그램"으로 검증해 볼 수 있는 R 스크립터를 본문내용의 예제에 담아 두고 있다. 여러 참고문헌에서 제공되는 다양한 소재를 참고로 평이하게 전달하기 위해 노력하였으나 다소 미진한 점이 있는 것도 사실이다.

교재의 많은 부분이 통계학에서 다루어지는 내용과 중첩되고 있으나 개념파악이 쉽지 않은 부분을 단순하고 이해하기 쉬운 내용으로 설명하고 있어 통계 및 자료 분석에 익숙하지 않은 입문자가 용이하게 접근할 수 있도록 다루고 있다.

본서의 출간을 위하여 정성껏 도와주신 계명대학교출판부와 수정 보완에 힘써 주신 모든 임직원께 수고에 대한 감사와 고마운 마음을 전한다.

2017년 6월

저자

차 례

제1장

서론

1.1 정보의 개념

1.2 정보수집의 대상

1.3 정보의 유형

1.4 정보의 의미

1.5 정보의 가치

1.6 정보의 생산

연습문제

제1장
서론

1.1 정보의 개념

현대사회는 많은 정보를 필요로 하는 정보사회이다. 예를 들면, 자동차를 구입하고자 하는 고객은 판매가, 배기량, 총중량, 연료종류, 연비, 연식, 서비스 보증기간 등 관심항목들에 관한 정보를 필요로 한다. 몸이 불편한 환자는 어느 병원에서 진료를 받는 것이 좋은 가를 결정하기 위해 같은 질병으로 치료받은 경험이 있는 환자들로부터 또는 주위의 사람들로부터 정보를 입수하게 된다. 학부모는 자녀의 교육을 위해 좋은 학군이 조성되어 있는 지역의 정보를 입소문으로 얻게 된다. 교사는 학생들의 학업에 도움 되는 좋은 도서를 추천하기 위해 시중에 나와 있는 서적의 내용에 관한 정보를 수집할 수 있다.

정보는 관심의 대상이 되는 사람이나 사물 또는 자연현상이나 사회현상의 특성에 관한 사실이나 지식을 제공하게 된다. 예를 들면, 사람의 특성에 관한 정보로 성별이나 혈액형 등을 들 수 있으나 지진, 화산폭발과 같은 자연재해와 관련된 특성의 정보로는 지진의 강도와 용암의 분출량 등을 들 수 있다. 그리고 사회현상의 하나로 노조파업을 생각할 때 파업지속기간은 노조활동과 관련된 정보로 취급된다.

정보는 조사와 연구를 포함하는 거의 모든 분야에서 관심의 대상이 되는 개체를 대상으로 수집된다. 정보수집의 대상이 사람이면 국적에 관한 사항은 개인정보를 나타내고 상품이면 불량품여부에 관한 사항은 품질정보를 나타내게 된다.

정보는 정보수집의 대상에 대한 단일의 특성 또는 다수의 특성에 관한 구체적 사실 또는 지식을 의미한다.

1.2 정보수집의 대상

정보수집의 대상은 다양하다. 대상은 사람일 수도 있고 사람이 아닌 동식물이나 생명이 없는 사물일 수도 있다. 또는 어떤 현상을 나타내는 물질이나 물체일 수도 있다. 정보수집의 대상이 되는 물체와 물질은 대부분 다양한 형태와 크기를 가지나 때로는 너무 미세해 육안으로 형태와 크기를 파악할 수 없는 대상도 많이 존재한다. 예를 들면 하천의 오염정도나 대기오염 현상을 나타내는 미세먼지의 농도에 관한 정보를 알려고 할 때 조사대상은 형태가 주어지지 않는 물질인 물과 공기가 된다. 그러나 자동차의 상태를 검사하기 위한 정기점검에서 정보수집의 대상은 자동차가 되고 이 경우에 자동차는 일정 형태와 공간을 차지하고 있는 물체로 분류된다. 따라서 정보수집의 대상은 그 크기에 있어서 눈으로 식별이 가능한 물체에서부터 식별이 가능하지 않은 물질이 될 수 있음을 알 수 있다.

정보수집의 대상이 사물이 아닌 사람이고 생존해 있는 개인의 특성에 관한 정보이면 개인정보로 간주되어 개인정보 보호법에 의하여 법적으로 보호된다.

1.3 정보의 유형

정보는 일반적으로 개체정보와 집단정보로 구별된다. **개체정보**는 개체의 개별적 특성에 관한 구체적 사실을 의미하고 **집단정보**는 다수의 개체들로 구성되는 그룹자료의 특성에 관한 정보를 의미한다. 예를 들어, 어떤 질병에 감염되어 있는 환자의 치료를 위해 측정된 체온, 치료일수, 음식섭취량 등은 환자의 개체정보를 나타낸다. 집단정보는 집단을 구성하는 개체들의 단일특성 또는 다수의 특성이 기록된 관한 자료전체의 특성에 관한 정보이다. 다음 **예 1** 은 조선왕조실록에 기록된 홍길동의 출생연도와 출생지에 관한 정보를 나타내고 있다.

예 1 정보수집의 대상: 홍길동
홍길동의 출생연도: 1443년
홍길동의 출생지: 전라도 장성현 아곡리

다음 **예 2** 는 무리를 이루고 생활하는 코끼리 떼에 대한 집단정보를 나타낸다.

예 2 정보수집의 대상: 무리를 이루며 생활하는 코끼리들
생활습성: 가족단위의 무리생활
암컷의 수: 8마리
무리의 수: 35마리
무리의 우두머리: 가장암컷

다음 **예 3** 은 어느 헬스장에서 런닝머신을 이용하는 6명의 시간(분 단위)과 주당 이용횟수를 조사한 자료이다.

예 3 정보수집의 대상: 어느 헬스장의 6명 회원
런닝머신 이용시간: 22, 35, 40, 120, 55, 30
주당 이용횟수: 2, 3, 4, 5, 3, 3

런닝머신을 이용하는 6명 회원들의 그룹특성으로 평균시간과 주당 평균이용횟수는 그 집단의 정보를 나타낸다.

1.3.1 개체정보

관심의 대상이 생존하고 있는 사람인 경우에 개체정보는 개인정보로 취급된다. 먼저 개인정보에 대해 살펴보자. 개인정보란 생존하는 개인에 관한 정보로서 성명, 주민등록번호 등에 의하여 개인을 알아볼 수 있는 부호, 문자, 음성, 음향 및 영상 등의 개인과 관련된 정보를 말한다. 개인정보에는 일반정보 외에 가족정보, 부동산 정보, 신용정보, 고용정보, 신체정보 등의 다양한 유형의 정보가 포함된다. 일반정보는 개인과 관련된 이름, 주민번호, 주소, 생년월일, 성별, 국적 등에 관한 일반적인 정보를 의미한다.

개인정보는 관심의 대상이 생존한 사람인 경우이고 개별적인 사람의 신분, 직책, 신체와 관련된 특성을 알려주는 정보임을 보여주고 있다. 즉, 개인정보는 개체정보의 한 경우로 간주된다. 정보는 사람에게만 국한되지 않는다. 정보는 관측 또는 조사의 대상이 되는 모든 것에 대한 지식을 말하므로 사물, 사람 또는 어떤 현상을 나타내는 해일, 지진, 날씨 등도 정보의 대상이 된다. 따라서 정보수집의 대상이 되는 것을 **개체**라 정의할 때, 개체는 사람일 수도 있고 사람들의 집단일 수도 있으며 국가일 수도 있다.

개체에 대한 정보는 개체의 개별적인 속성 또는 특성에 관한 구체적 사실을 의미한다. 다시 말하면, 개체정보는 단일 개체의 특성에 대한 구체적인 값으로 표현되어야 함을 나타낸다. 다수의 개체들을 대상으로 조사된 개체정보는 하나의 자료를 구성하게 된다. 자료를 구성하는 개체정보들의 전반적인 형태 및 특성과 관련된 여러 측도에 대한 값은 자료의 분포 특성에 관한 정보를 제공한다. 다음은 개체정보를 설명하는 예제이다.

▌예제 1.1▐ 동네의 한 식품점에서 조사된 계란한판의 가격은 9,200원이었다. 조사된 개체와 개체정보에 대해서 설명하라.

▌풀 이▐ 조사된 개체는 계란한판이고 계란한판의 가격에 대한 개체정보는 9,200원이다.

정보수집의 대상인 계란한판은 개체이고 계란한판 가격은 개체와 관련된 하나의 특성이다. 계란한판과 관련된 다른 특성으로 계란의 산지(국내산 또는 수입산)나 한판의 중량 등이 조사될 수 있다. 이 경우 계란의 산지나 중량은 계란한판과 관련된 개체정보를 나타낸다.

1.3.2 집단정보

집단정보는 관심개체들의 집단 또는 모임으로부터 그 집단의 전체적 특성과 관련된 지식 또는 사실을 의미한다. 예를 들면, 한 대학의 연구력 평가가 논문수로 평가될 때 그 집단에 속한 연구자들의 연간 총 논문 수 또는 평균 논문 수는 그 대학의 연구력과 관련된 전체적 정보를 제공하게 된다. 작게는 동아리 집단에서 크게는 기업집단에서 집단적인 특성에 관한 정보를 필요로 한다. 이 밖에 사회집단의 특성을 나타내는 변수로 고령화 사회, 다문화 사회 등을 들 수 있다. 집단정보는 조사대상의 집단이 갖는 집단적 특성에 대한 정보이다. 이는 집단을 구성하는 개체들의 정보에 대한 전체적 특성을 요약한 값으로 해석할 수 있다.

예로써 수입차종의 안전성을 말할 때 차량 한 대 한 대의 안전성보다는 제조회사에서 생산되는 모든 차량의 안전성 측면에서 전체적 수준을 의미하게 된다. 집단정보는 집단을 구성하고 있는 구성요소 또는 구성원의 개별정보를 종합하여 구해지는 집단적 특성에 관한 사실을 나타낸다.

집단정보의 대상이 되는 개체들의 집합을 **모집단**과 **표본**으로 구분할 수 있다. 모집단을 연구 또는 조사의 대상이 되는 모든 개체들의 집합으로 정의할 때 표본은 모집단에서 임의로 추출된 개체들의 부분집합이다. 개체들이 표본을 구성하는 집단이면 집단정보는 표본의 특성을 나타내는 표본에 관한 정보이고 모집단을 구성하는 집단이면 집단정보는 모집단의 특성을 나타내는 모수가 모집단에 관한 정보를 나타낸다. 다음 예제는 집단정보를 나타내는 예이다.

▌예제 1.2▐ 어느 백화점의 화장품 매장에 근무하는 12명의 점원들을 대상으로 나이를 조사한 결과가 다음과 같다. 매장점원들의 나이에 대한 집단정보로 평균 나이를 구하라.

22, 21, 18, 20, 20, 19, 21, 22, 23, 22, 21, 21

▌풀 이▐ 조사된 첫 번째 점원의 나이에 관한 개체정보는 22세, 두 번째는 21세, …, 12 번째는 21세임을 나타낸다. 그리고 12명의 나이에서 계산된 점원집단의 평균나이는 점원들의 개별적 개체정보를 토대로 한 나이자료의 한 특성을 나타내는 집단정보이다.

```
R 스크립트:
age<-c(22, 21, 18, 20, 20, 19, 21, 22, 23, 22, 21, 21)
mean(age)                 ##20.83333
```

화장품 매장점원들의 전체적 특성을 파악하기 위한 또 다른 방법은 12명 점원들의 나이를 크기순으로 나열해 보는 것이다.

18, 19, 20, 20, 21, 21, 21, 21, 22, 22, 22, 23

```
R 스크립트:
sort(age)
```

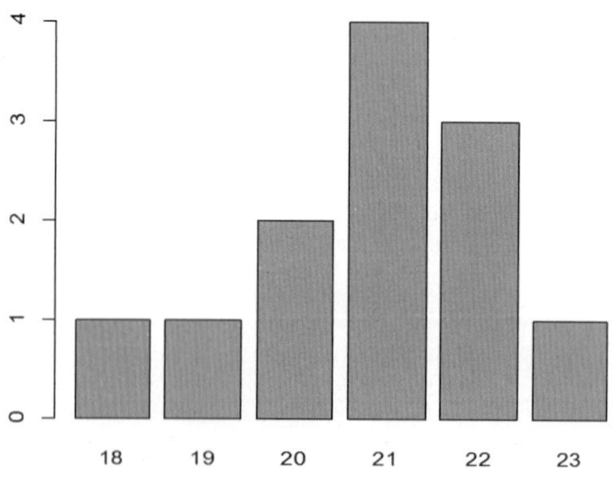

〈그림 1.3.1〉 나이의 막대그래프

크기순으로 배열할 때, 나이의 최솟값과 최댓값을 쉽게 파악할 수 있는 이점이 있다. 이와 같은 배열은 자료의 전체 분포상황에 대한 정보를 제공해 준다. 즉, 나이는 18세와 23세 사이에 분포되어 있어 나이 폭이 크지 않음을 알 수 있다.

```
R 스크립트:
table(age)
barplot(table(age))
```

매장점원들의 나이에 대한 막대그래프는 전체의 분포상황을 시각적으로 판단하는 데 도움이 된다는 것을 알 수 있다. 다음은 표본을 구성하는 개체들의 집단에서 표본자료의 특성에 관한 정보를 구하는 예이다.

| 예제 1.3 | 한 과일상점에 진열된 사과제품 중 10개를 임의로 취하여 당도를 조사하였더니 다음과 같았다. 당도의 평균값을 구하고 당도의 범위를 구하라.

12.3 12.5 13.4 14.5 14.7 15.5 16.2 14.8 15.2 16.0 13.8

| 풀 이 | 이 예에서 조사되는 개체는 사과이고 사과의 특성으로 당도가 측정된다. 당도 12.3은 표본으로 추출된 첫 번째 사과의 당도에 관한 개별적인 개체정보이다. 따라서 10개의 개체정보는 당도에 관한 표본자료를 구성하고 있으므로 평균당도는 표본자료의 특성에 관한 정보를 나타낸다. 평균당도는 자료의 중심위치에 관한 정보로 이용되고 그 값은 14.450이다. 자료의 다른 특성에 관한 정보들로 당도의 범위는 3.90이고 왜도는 −0.314로 계산된다. 이러한 정보는 주어진 자료의 전반적인 특성을 살펴보는 데 도움이 된다.

```
R 스크립트:
당도<-c(12.3, 12.5, 13.4, 14.5, 14.7, 15.5, 16.2, 14.8, 15.2, 16.0, 13.8)
mean(당도)        ##결과: 14.44545
range(당도)       ##결과: 12.3 16.2
```

프로그램에 의한 당도의 평균은 14.44545이므로 반올림한 값은 14.45이다. 당도의 범위에 대한 결과는 12.3 16.2로 주어지므로 범위의 계산은 최댓값 16.2

에서 최솟값 12.3을 뺀 값으로 구해진다. 즉, 16.2−12.3=3.9이다. 왜도를 계산하기 위한 함수명이 없으므로 왜도함수를 작성하여 구한다.

```
R 스크립트:
skew<-function(당도){
m3<-sum((당도-mean(당도))^3)/length(당도)
s3<-sqrt(var(당도))^3
m3/s3}
skew(당도) ##결과: -0.31366
```

R 스크립트에 의한 당도의 왜도가 -0.31366이므로 반올림한 값은 -0.314이다.

집단정보는 군락을 이루는 식물집단이나 동물무리의 특성에 관한 정보를 나타내기도 한다. 예를 들면, 소나무 군락이나 초원 등은 식물집단이나 철새 떼, 낙타무리, 펭귄무리, 고래무리 등은 동물집단을 나타낸다. 군락을 이루는 식물집단의 특성으로 기후, 토양, 수종 등이 조사될 수 있다.

동물의 경우에 사자는 가족 중심적 집단생활을 하는데 7~15마리로 무리를 이루어 산다. 호주에 사는 캥거루는 보통 50~60마리의 집단을 형성하여 생활하며 먹이를 찾아 행군할 때는 600~700마리의 대규모 집단을 형성한다. 조류나 어류도 집단으로 생활을 하며 겨울철새의 경우 상당히 많은 개체수가 군집을 이루어 생활하고 있다. 어류도 대부분 같은 종류가 몰려다니기 때문에 **어군**을 탐지하여 물고기를 잡게 된다. 집단 또는 군락을 이루는 동식물의 여러 특성들에 관한 정보가 주어질 때 동식물의 사육 또는 재배에 유용하게 활용될 수 있다.

예제 1.4 조류인플루엔자(AI) 발생을 확인하기 위해 조류서식지에서 포획된 10마리의 조류로부터 조류독감의 감염여부에 대한 시료결과가 다음과 같다고 하자. 감염비율을 구하라.

미감염, 미감염, 미감염, 미감염, 감염, 미감염, 미감염, 미감염, 미감염, 미감염

▌풀 이▐ 자료로부터 조류독감의 감염비율을 0.1로 추정하게 되고 비율 0.1은 AI의 감염정도가 어느 정도인 가를 알려주는 정보로 이용된다.

```
R 스크립트:
감염여부<-c("미감염", "미감염", "미감염", "미감염", "감염",
"미감염", "미감염", "미감염", "미감염", "미감염")
table(감염여부)      ## 감염  미감염
                     ## 1      9
```

감염여부의 결과를 나타내는 표에서 감염의 도수가 1이므로 비율은 1/10이다.

1.4 정보의 의미

정보는 조사자에 의해 여러 분야에서 다양한 형태로 수집된다. 다양한 매체를 이용하여 수집되는 자료들은 개인의 개별적인 정보를 포함하여 기관 또는 단체의 여러 특성을 나타내는 집단 정보, 장바구니 물가정보 그리고 교통의 흐름을 알려주는 교통정보 및 일상의 날씨와 관련된 기상정보 등을 파악하기 위하여 이용된다.

정보는 관심대상의 하나 또는 다수의 특성에 관한 구체적 지식 또는 사실을 의미한다. 그러한 지식은 관심대상의 어떤 특성을 기술하는 문서나 영상물에 의해 주어질 수 있다. 즉, 정보가 기록된 문서나 전자기기 또는 영상매체에 의한 영상자료로 주어질 때 자료의 양은 적지 않을 수 있다. 자료의 양이 많을 때 그 안에 담겨져 있는 개체정보의 전체적 경향 또는 특성을 파악하는 것이 간단하지 않게 된다.

예로써 한 회사에 근무하는 외국인 근로자를 대상으로 재직일수를 조사할 때 개개인의 재직일수는 근로자 개인의 정보이나 전체의 재직일수는 자료로 인식된다. 다시 말하면, 자료는 외국인 근로자의 재직일수에 대한 관측값으로 구성되고 외국인 근로자는 관심의 대상인 관측단위가 된다.

자료(data)는 한 집단의 관측단위를 대상으로 한 변수 또는 다수의 변수들에 대해 기록한 값들로 구성된다. 자료를 얻게 되는 관측단위(observational unit)는 다양하다. 관측단위는 학생, 환자, 직장인 등 개인일 수도 있고 가족, 구청직원, 전공학과 학생들 또는 동아리 등의 그룹이 관측단위가 될 수 있다. 또한, 관측단위는 사람이 아닌 사물(object) 또는 사건(event)이 될 수 있다. 조사대상이 사물인 경우를 살펴보자. 예로써, 형광등의 내구시간을 조사한다고 하면 관측단위는 형광등이다. 어떤 식품의 당도 즉, 사과의 당도를 측정한다면 관측단위는 사과가 된다. 관측단위가 사건이 되는 경우는 노조파업, 동아리활동, 화산활동, 홍수, 지진 등이 될 수 있다. 관심대상의 관측단위가 무엇이든 간에 개체라는 용어를 이용하는 것이 편리하다.

정보를 담고 있는 자료의 형태도 영상자료(X-ray, 초음파, CT 등의 건강검진자료 포함), 각종 음향기기를 포함하는 소리자료, 기록물에 의한 기록자료가 있다. 다양한 형태의 자료에 포함되어 있는 많은 양의 정보가 정리되지 않고 요약되지 않은 채 전달 될 때 자료에 담긴 정보를 파악하기가 쉽지 않게 된다. 많은 양의 자료로부터 요약된 정보는 자료의 **객관성, 정확성, 신뢰성**이 만족될 때 믿을 수 있는 정보로 이용된다. 단순히 개체정보를 쌓아 둔 것이 자료라면 자료의 전체적 분포특성에 관한 정보를 파악할 수 있게끔 자료를 정리하고 요약하는 방법이 필요함을 알 수 있다.

1.5 정보의 가치

자료로부터 추출되는 정보의 가치는 조사 또는 연구의 목적을 위해 수집되는 자료가 객관성, 신뢰성 그리고 정확성의 특성을 갖추고 있을 때이다. 자료의 수집방법에 있어 객관성 또는 임의성이 결여되어 있을 때 수집된 자료에서의 정보는 편향된 정보로 취급될 수 있다. 즉, 정보의 출처가 되는 자료가 조사자의 의향이나 주관적 판단에 의한 자료일 때 이로부터 추출된 정보는 그 신뢰성을 의심받게 된다. 예를 들면, 동급의 두 차종에 대한 연비비교를 위한 리터당 주행거리가 노면상태가 동일하지 않은 서로 다른 장소에서 행해진 자료라면 연비비교에 대한 정보는 유용하지 않다.

예제 1.5 두 차종의 연비를 비교하기 위해 서로 다른 도로 상태에서 각기 6대와 5대의 차량을 이용하여 조사한 거리가 다음과 같다고 하자.

차종 A (포장도로): 13.5, 15.5, 14.2, 15.3, 12.8, 13.8
차종 B (비포장도로): 13.0, 12.5, 11.0, 12.3, 11.5

자료로부터 얻어진 정보는 여러 측면에서 정보의 특성을 살펴볼 수 있다. 객관적이고 합리적인 표본설계 및 실험계획을 토대로 수집된 자료로부터의 추론은 신뢰가 가능하다. 그러나 주관적이고 비합리적인 표본설계 및 실험계획으로부터 수집된 자료에 대한 추론은 신뢰가 주어지지 않는다. 그러므로 가치 있는 정보를 생산하기 위해서 자료수집의 근거가 되는 표본단위나 실험단위들의 추출에 있어 합리적이고 객관적인 표본설계 및 실험계획이 이용된다.

위의 예에서 두 차종 간의 연비비교를 위한 주행거리자료는 서로 다른 도로 상태에서 측정된 자료이므로 연비비교의 조사를 위한 타당한 실험 자료로 볼 수 없다. 따라서 주행거리에 있어 차종 A가 우수하다는 결론이 주어진다 해도 신뢰가 주어지지 않는다.

정보가 객관적이고 합리적 표본설계로부터 주어진 표본단위들을 대상으로 관측된 자료로부터 생산될 때 그 자료집단의 특성을 판단할 수 있는 근거를 제공하게 된다.

1.6 정보의 생산

조사 또는 연구의 목적에 부합되는 여러 특성을 파악하기 위한 정보가 어떻게 생산되는 가를 살펴보기로 한다. 자영업에 종사하는 점주들의 일일 평균 근로시간을 파악하기 위해 자영업자 중 100명을 임의로 추출하여 조사한 시간이 다음과 같다고 하자.

3 8 13 7 11 13 17 8 10 12 13 8 8 7 11 14 16 4 13 11
10 8 11 8 8 10 7 7 14 10 16 10 13 8 6 11 11 10 10 10
12 11 6 11 9 10 7 4 9 13 6 11 7 13 8 14 12 15 9 8
16 8 10 9 10 14 8 13 4 9 14 9 8 9 7 6 14 16 13 11
9 11 15 6 8 6 9 13 12 12 6 7 4 12 9 11 13 9 10 10

```
R 스크립트:
mean(시간)  ##10
sort(시간)
```

점주들의 일일평균 근로시간에 대한 추론은 100개의 양적자료로부터 구해진다. 표본으로 추출된 100명의 근로시간에 대한 평균값은 10이므로 일일평균 근로시간은 10시간으로 추정됨을 알 수 있다. 따라서 표본자료에서 계산된 10시간은 자료에 포함된 개체정보를 한 값으로 요약하고 있다. 표본평균 외에 표본자료의 중심위치를 파악하는 데 도움이 되는 다른 측도의 이용이 가능하다. 예를 들면, 자료가 흩어져 있는 정도를 파악하기 위한 방법으로 자료의 최댓값과 자료의 최솟값의 차이로 정의되는 범위를 이용할 수 있다. 자료의 양이 많을 때 자료의 최댓값과 최솟값을 구하는 한 방법은 자료를 크기순으로 나열하는 것이다. 자료를 크기순으로 나열하면

3 4 4 4 4 6 6 6 6 6 6 6 7 7 7 7 7 7 7 7 8 8 8 8
8 8 8 8 8 8 8 8 8 8 9 9 9 9 9 9 9 9 9 9 10 10 10
10 10 10 10 10 10 10 10 10 10 11 11 11 11 11 11 11 11 11 11 11 11 12 12
12 12 12 12 13 13 13 13 13 13 13 13 13 13 13 14 14 14 14 14 14 15 15 16
16 16 16 17

이다.

```
R 스크립트:
range(시간)        ##[1]  3 17
skew<-function(시간)){
 n<-length(시간)
 z<-(시간-mean(시간))/sd(시간)
return(sum(z^3)/n)
}
skew(시간)     ##[1] 0.07224685
```

자료의 최댓값은 17이고 최솟값은 3이므로 값들이 흩어져 있는 범위는 17−3=14임을 알 수 있다. 범위는 자료가 산포되어 있는 정도를 나타내는 측도로 단순히 두 값에만 의존하고 있다. 자료집단의 분포양상(shape)에 따른 특성으로 대칭성을 살펴볼 수 있다. 분포의 대칭성에 대한 정보는 왜도(skewness)에 의해 주어진다.

$$\text{왜도} = \frac{\frac{1}{n}\sum_{i=1}^{n}(x_i - \overline{x})^3}{\left\{\frac{1}{n}\sum_{i=1}^{n}(x_i - \overline{x})^2\right\}^{\frac{3}{2}}}$$

왜도의 값이 양이면 오른쪽으로 긴 꼬리를 갖는 분포이고 왜도의 값이 음이면 왼쪽으로 긴 꼬리를 갖는 분포를 나타낸다. 왜도가 0.072이므로 거의 대칭적이나 오른쪽으로 약간 긴 꼬리의 분포를 나타낸다. 어떤 조사나 연구의 목적을 위해 수집된 자료의 분포특성들을 파악하기 위한 다양한 방법들을 **기술측도**(descriptive measures)라 부른다. 분포와 관련된 여러 정보들은 이들 측도를 이용하여 구하게 된다. 분포의 양상을 파악하기 위한 또 다른 측도로 첨도(kurtosis)가 있다. 첨도는 정규분포와 비교하여 뾰족함(peakness)의 정도를 나타내는 비정규성의 한 측도이다.

$$첨도 = \frac{\frac{1}{n}\sum_{i=1}^{n}(x_i - \overline{x})^4}{\left\{\frac{1}{n}\sum_{i=1}^{n}(x_i - \overline{x})^2\right\}^2} - 3$$

정규분포에서 첨도는 0이 되고 첨도가 양이면 정규분포보다 뾰족함을 나타내고 두터운 꼬리의 분포를 의미하고 첨도가 음이면 정규분포에 비해 덜 뾰족하고 엷은 꼬리를 갖는 것으로 판단된다. 왜도와 첨도는 분포의 모양과 관련된 특성에 대한 정보를 알기위한 측도로 이용된다. 첨도의 계산을 위한 R함수는 다음과 같다.

```
R 스크립트:
kurtosis<-function(시간){
m4<-sum((시간-mean(시간))^4)/length(시간)
s4<-var(시간)^2
m4/s4-3}
kurtosis(시간)  ##[1] -0.4844002
```

연습문제

1.1 다음 용어를 설명하라.

(1) 정보
(2) 개체정보
(3) 집단정보

1.2 다음 개체들의 가능한 특성에 관한 정보의 예를 들어보라.

(1) 학생	특성:	정보:
(2) 기업	특성:	정보:
(3) 화산	특성:	정보:
(4) 날씨	특성:	정보:
(5) 커피점	특성:	정보:
(6) 정치인	특성:	정보:

1.3 갓난아이들의 일일 평균 수유횟수를 알아보기 위해 13명의 아이들을 대상으로 조사한 수유횟수이다.

10, 8, 9, 10, 11, 14, 9, 10, 12, 8, 7, 9, 13

(1) 개체는 무엇인가?
(2) 개체의 어떤 특성이 조사되었는가?
(3) 두 번째 갓난아이의 특성에 관한 개체정보는 얼마인가?
(4) 조사특성에 대한 13명 갓난아이들의 집단정보를 구하라.

1.4 13명 아이들의 출생체중을 조사한 자료이다.

310, 280, 295, 305, 295, 315, 275, 285, 300, 286, 279, 290, 320

(1) 조사특성은 무엇인가?
(2) 세 번째 갓난아이의 조사특성에 관한 개체정보를 구하라.
(3) 13명 갓난아이들의 출생체중에 관한 집단정보를 구하라.
(4) 개체정보와 집단정보 간의 차이는 무엇인가?

1.5 어느 학교의 7개 동아리를 대상으로 회원수와 학기당 활동횟수를 조사하였더니 컴퓨터동아리는 12명의 회원과 8회, 축구동아리는 15명의 회원과 3회, 산악동아리는 10명의 회원과 2회, 여행동아리는 8명의 회원과 3회, 테니스동아리는 12명의 회원과 6회, 어학동아리는 9명의 회원과 14회, 볼링동아리는 17명의 회원과 5회의 모임을 가진 것으로 보고되었다.

(1) 조사된 개체는 무엇인가?
(2) 개체의 조사특성에 대한 정보를 설명하라.
(3) 회원수에 대한 집단정보에 대해 설명하라.
(4) 활동횟수에 대한 집단정보에 대해 설명하라.

1.6 7명의 산악회 회원들이 다음 달에 있을 산악회 등반과 관련된 행사계획으로 회원들의 의견을 수렴한 결과가 다음과 같다.

산행장소: 덕유산, 지리산, 지리산, 덕유산, 설악산, 지리산, 한라산
산행시간: 5시간, 7시간, 12시간, 8시간, 12시간, 5시간, 7시간

㉠ 조사된 개체는 무엇인가?
㉡ 조사특성에 대한 개체정보에 대해 설명하라.
㉢ 산악회의 특성에 대한 집단정보에 대해 설명하라.
㉣ 산행장소의 개체정보에 대해 설명하라.
㉤ 산행장소와 산행의견에 대한 관측값의 차이는 무엇인 가를 설명하라.
㉥ 산행시간의 자료특성에 대해 설명하라.
㉦ 산행장소의 자료특성에 대해 설명하라.

1.7 다음 특성에 관한 관측이 개인정보로 활용될 수 있는가를 설명하라.

① 연령
② 주민등록번호
③ 계좌번호
④ 물가지수

1.8 20명의 주부를 대상으로 장바구니 물가에 대한 의견을 나눈 결과의 자료이다.

주부1: 올랐다. 주부2: 예년과 비슷하다. 주부3: 상당히 많이 올랐다.
주부4: 올랐다. 주부5: 올랐다. 주부6: 상당히 많이 올랐다.
주부7: 상당히 많이 올랐다. 주부8: 올랐다. 주부9: 올랐다. 주부10: 올랐다.
주부11: 예년과 비슷하다. 주부12: 올랐다. 주부13: 예년과 비슷하다.
주부14: 예년과 비슷하다. 주부15: 올랐다. 주부16: 올랐다.
주부17: 상당히 많이 올랐다. 주부18: 올랐다.
주부19: 예년과 비슷하다. 주부20: 예년과 비슷하다.

㉠ 자료의 특성에 대해 설명하라.
㉡ 자료집단의 정보로 이용될 수 있는 측도에 대해 설명하라.
㉢ 개체정보에 대해 설명하라.
㉣ 주부5와 주부6의 개체정보에 대해 설명하고 차이가 있는 가를 기술하라.
㉤ 자료를 요약할 수 있는 방법에 대해 설명하라.

1.9 다음은 60명 학생들의 성적자료이다.

60 67 50 60 61 57 61 59 74 60 68 64 64 60 64 63 59 57 55 58 69 63 60 59
53 65 62 67 65 63 60 61 67 58 71 63 53 66 66 69 74 67 57 60 59 58 62 67
60 57 61 53 64 67 71 62 63 63 62 64

㉠ 자료의 특성에 대해 설명하라.
㉡ 자료집단의 정보로 이용될 수 있는 측도에 대해 설명하라.
㉢ 1번째 개체정보와 5번째 개체정보의 차이에 대해 설명하라.
㉣ 자료를 요약할 수 있는 방법에 대해 설명하라.

1.10 다음 중 정보수집의 관측대상으로 볼 수 없는 것은?

① 화산 ② 노조 ③ 화초 ④ 노조활동 ⑤ 기업 ⑥ 동아리 ⑦모수

1.11 다음은 동전 하나를 200회 던지는 실험에서 표면이 나오면 1로 이면이 나오면 0으로 관측한 결과의 자료이다.

1 0 0 0 0 1 0 1 0 0 0 0 1 1 1 0 1 0 0 0 0 0 1 1 1 1 0 1 1 0 1 1 0 1 1
1 0 1 1 1 0 1 0 0 0 0 1 0 0 1 0 1 1 1 1 1 0 0 1 1 0 1 1 0 1 1 1 0 0 1 0
1 0 1 1 0 1 0 0 1 1 0 1 1 0 1 0 0 0 0 1 1 0 0 0 0 0 1 1 1 0 1 1 1 0 1 0
0 1 0 1 1 1 0 0 1 1 0 1 0 0 1 0 0 0 0 0 0 1 1 0 0 1 0 1 1 0 1 0 1 0 1 1
1 0 0 0 1 0 0 1 0 0 0 1 1 0 1 1 0 1 0 0 1 0 1 0 1 1 1 0 0 1 1 1 0 0 1 1
0 0 0 1 0 1 0 0 0 1 1 1 0 1 1 0 0 0 1 1

㉠ 개체는 무엇인가?
㉡ 개체의 특성은 무엇인가?
㉢ 개체의 정보에 대해 설명하라.
㉣ 자료의 특성을 나타내는 정보에 대해 설명하라.
㉤ 자료의 어떤 특성들을 정보화 할 수 있는 가를 설명하라.

1.12 다음은 지역에서 운영되는 40개 유아방의 유아들의 수에 대한 관측자료이다.

22 23 18 20 21 22 20 22 18 21 18 16 19 21 26 18 12 25 22 18
16 22 19 15 22 14 18 29 19 25 20 17 22 17 20 24 18 24 18 27

㉠ 개체는 무엇인가?
㉡ 개체의 특성은 무엇인가?
㉢ 개체의 정보에 대해 설명하라.
㉣ 자료의 특성을 나타내는 정보에 대해 설명하라.
㉤ 자료의 어떤 특성들을 정보화 할 수 있는 가를 설명하라.

제2장

변수와 정보

2.1 변수
2.2 변수의 구분
연습문제

제2장

변수와 정보

일상생활에서 빈번히 사용하는 정보의 개념을 1장에서 살펴보았다. 정보는 관심대상의 특성에 대한 구체적 사실 또는 값으로 표현됨을 알 수 있다. 어떤 관심대상의 집단 또는 모임에서 개체의 특성이 조사될 때 그 특성을 **변수**(variable)로 정의한다. 예를 들면, 아기를 출산한 산모들의 연령은 나이어린 산모에서부터 나이 많은 산모에 이르기까지 다양한 연령이 조사될 수 있다. 따라서 산모의 연령은 출산한 사람마다 다른 값을 갖는 변수이다.

정보와 변수는 어떤 관계인 가를 살펴보기로 한다. 정보의 수집대상은 사람, 사물일 수도 있으나 날씨와 같은 대기현상의 관찰지역이나 지진, 화산폭발 같은 지각변동의 지질현상을 나타내는 발생지역 및 화산도 포함된다. 정보의 수집대상이 되는 것을 일반적으로 **개체**라 정의한다. 변수로 정의되는 **개체의 특성에 대한 구체적인 값 또는 사실**이 **정보**이므로 변수들의 유형에 관한 논의가 필요하다.

정의: 변수는 정보의 수집대상인 개체의 특성이다.

변수의 예: 성적, 성별, 제품의 품질상태, 수명시간, 직종 등이다.

2.1 변수(variable)

자료는 일단의 개체들을 대상으로 하나의 관심변수 또는 둘 이상의 다수의 관심변수들에 대한 관측값 또는 측정값들로 이루어진다. 개체의 특성을 나타내는 값을 관측값 또는 측정값으로 부르며 이들 측정값의 모임을 자료라 부른다. 변수는 개체의 특성이고 이 특성은 관측되는 개체마다 다른 값을 갖게 되므로 변수라 일컫는다. 개체의 특성을 나타내는 변수로 하나 또는 두개의 변수를 생각한다. 개체의 한 가지 특성이 조사될 때 관심변수는 하나이므로 이때의 단일 변수를 단별량 또는 **일변량**(univariate)이라고 부른다. 개체의 두 가지 특성이 조사될 때, 관심변수가 둘이므로 두개의 변수를 **이변량**(bivariate)이라고 부른다. 이변량은 또한 조사되는 두 변수가 모두 반응변수로 간주된다는 것을 의미한다. 관심의 두 변수 중 하나가 반응변수이고 다른 하나는 독립변수로 간주될 때 두 변수와 관련된 자료를 일변량 자료라 부른다. 왜냐하면, 반응변수가 단지 하나 있는 자료이기 때문이다.

2.2. 변수의 구분

변수는 **개체의 특성 또는 속성**으로 정의된다. 예를 들면, 학생의 성적, 신장, 체중, 혈액형 등은 변수들이다. 개인의 성격을 표현할 때, 성격이 거칠다, 성격이 유순하다, 성격이 원만하다 등의 표현은 개체의 특성을 나타내므로 개인의 성격은 변수이다. 개체의 성별을 조사할 때 남성, 여성으로의 구분은 그 개체의 속성을 나타내므로 개체의 성별은 변수이다. 때로는 특성과 속성의 구분이 모호하므로 일반적으로 혼용하여 사용하며 **개체의 특성을 변수**로 규정하고 있다. **변수의 유형**은 분류기준에 따라 여러 가지 용어로 불려진다. 질적변수와 양적변수로의 구분, 반응변수와 독립변수로의 구분, 그리고 측정수준에 따른 명목변수, 순서변수 그리고, 구간변수로의 구분이다. 변수는 흔히 영문자의 알파벳 대문자로 표기되고 관측값은 소문자로 나타낸다.

2.2.1 질적변수와 양적변수로의 구분

질적변수(qualitative variable)는 변수의 관측값이 수 또는 양으로 관측되지 않는 변수를 의미한다. 다시 말하면, 관측값이 문자, 부호, 또는 문장으로 기술되는 변수를 나타낸다. 예로써, 개인의 혈액형은 부호로 표시되며, 동물의 성별은 수컷, 암컷의 문자로 표현되고, 개인의 성격은 문장으로 기술되기 때문에 혈액형, 성별, 개인의 성격은 질적변수 임을 알 수 있다. 질적변수에 대한 관측값들의 모임을 **질적자료**라 부른다.

| 예제 2.1 | 어느 대학의 학생주차장에 주차된 15대 차량의 차종을 조사하였더니 다음과 같았다. 조사된 변수와 자료에 대해 설명하라.

쏘울, 엑센트, 티볼리, 아반떼, 쏘울, 산타페, 아반떼, 쏘울, SM3,
엑센트, 아반떼, 아반떼, 아반떼, 티볼리, SM3

| 풀 이 | 조사된 변수는 차종이고 차종의 관측값이 명칭으로 주어지므로 질적변수이다. 자료의 형태는 차종에 대한 명칭으로 구성된 자료이므로 질적자료이다.

```
R 스크립트:
차종<-c("쏘울", "엑센트", "티볼리", "아반떼", "쏘울", "엑센트", "아반떼", "쏘울",
"SM3", "엑센트", "아반떼", "아반떼", "아반떼", "티볼리", "SM3")
table(차종)
pie(table(차종))
barplot(table(차종))
```

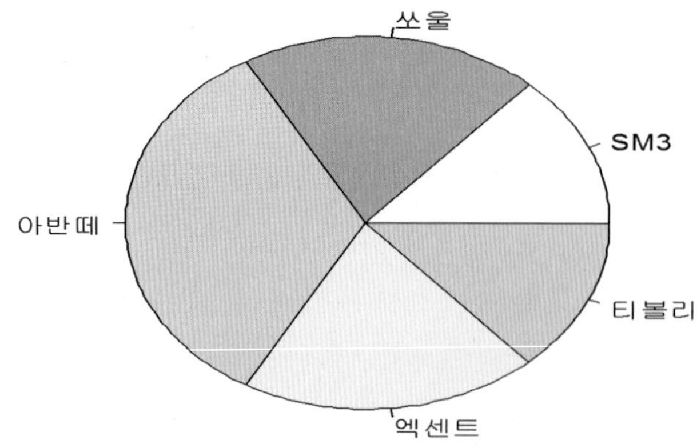

〈그림 2.2.1〉 차종자료의 파이그림

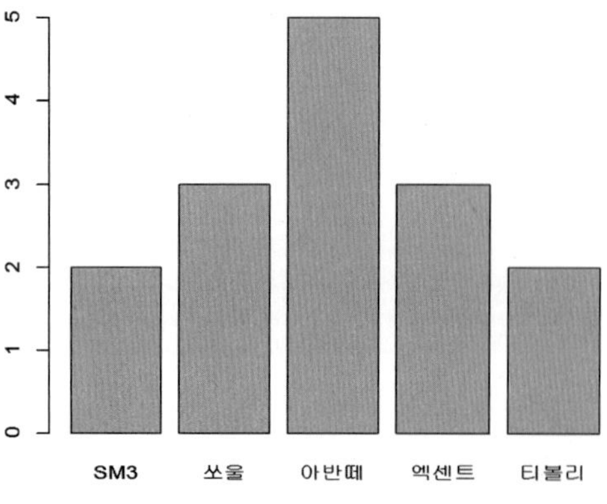

〈그림 2.2.2〉 차종자료의 막대그래프

양적변수(quantitative variable)는 수 또는 양으로 표시되는 변수를 의미한다. 학생의 성적, 신장, 체중 등은 양적변수들이다. 양적변수에 대한 관측값의 모임을 **양적자료**라 부른다.

▎예제 2.2 ▎ ▎예제 2.1 ▎에서 차량 소유자의 연령을 조사하였을 때 연령이 다음과 같다고 하자. 조사된 변수와 자료에 대해 설명하라.

18, 20, 21, 19, 19, 21, 22, 20, 21, 21, 22, 23, 21, 20, 22

▌풀 이▌ 변수는 소유자의 연령이고 연령의 관측값이 수이기 때문에 양적변수로 분류된다. 자료는 수들의 모임이므로 양적자료로 취급된다.

```
R 스크립트:
연령<-c(18, 20, 21, 19, 19, 21, 22, 20, 21, 21, 22, 23, 21, 20, 22)
stem(연령, 2)
```

```
18 | 0
19 | 00
20 | 000
21 | 00000
22 | 000
23 | 0
```

〈그림 2.2.3〉 연령자료의 줄기와 잎 그림

질적변수와 양적변수로의 구분은 이들 변수에 대한 자료가 수집되었을 때, 자료의 전체적 특성을 알아보기 위한 분석방법이 다르기 때문이다. 양적변수는 0, 1, 2,…,등의 이산값 만을 취하는 **이산변수**(discrete variable)와 수직선상의 어떤 구간 내 임의의 실수인 값을 취하는 **연속변수**(continuous variable)의 두 유형으로 나눌 수 있다. 예를 들면, 일일 출생 수는 0, 1, 2, …, 등의 이산값으로 관측되는 이산변수이나 버스가 정차장에 도착하는 시간은 연속적인 시간의 한 시점이므로 도착시간은 연속변수이다.

2.2.2 반응변수와 독립변수로의 구분

관심변수가 둘일 때, 두 변수 간의 관계가 원인과 결과를 나타내는 변수로 간주될 수 있다. 즉, 다른 변수의 관측값에 영향을 받는 변수와 영향을 주는 변수로의 구분이 필요한 경우이다. 이러한 구분은 두 변수 간의 종속적 관련성에 관심을 두고 있을 때 행해진다. **반응변수**(response variable)는 관측값이 다른 변수의 관측값에 영향을 받는 변수이다. 이 변수를 때로는 **종속변수**(dependent variable)라 부른다. 반응변수는 관심의 주된 변수인 동시에 자료분석의 직접적인 대상이 되는 변수이기도 하다. **독립변수**(independent variable)는 반응변수의 관측값 또는 측정값에 영향을 주는 변수이다. 이 변수를 **설명변수**(explanatory variable)로도 부른다.

반응변수와 설명변수의 예로써 10명의 학생들을 대상으로 두 가지 특성을 조사한다고 하자. 조사되는 두 특성이 시험성적과 시험을 준비한 시간이라면 **시험성적과 시험을 준비한 시간**은 관심변수들이다. 두 변수에 대한 자료가 (85, 10), (70, 8), (98, 12), (52, 6), (35, 3), (59, 7), (12, 1), (95, 11), (66, 8), (75, 9)와 같이 구해지면 시험을 준비한 시간이 시험성적과 어떤 함수적 관계를 갖는가에 관한 정보를 얻기 위한 자료로 이용된다. 따라서 이 경우에 시험성적은 시험을 준비한 시간의 결과로 얻게 되는 종속변수이며 시험을 준비한 시간은 설명변수로 간주된다. 여기서 두 개의 성분으로 구성된 한 조에서 첫 번째 값은 시험성적이고 두 번째 값은 시간이다.

```
R 스크립트:
시험성적<-c(85,70,98,52,35,59,12,95,66,75)
시간<-c(10,8,12,6,3,7,1,11,8,9)
plot(시간, 시험성적)
```

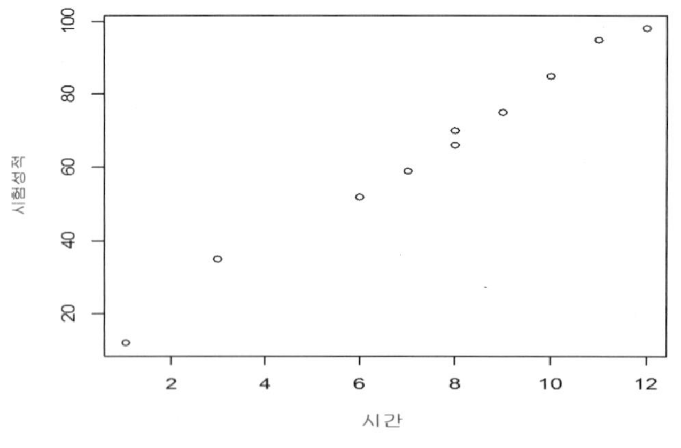

〈그림 2.2.4〉 시험성적과 시간의 산점도

2.2.3 측정척도에 의한 구분

개체의 특성으로 정의되는 변수의 값이 어느 정도 정밀하게 측정되느냐에 따라 명목변수, 순서변수, 구간변수 그리고 비율변수의 네 유형으로 분류된다. 변수에 대한 관측값이 유한개일 때, 개별 관측값을 **범주**(category) 또는 **수준**(level)이라는 용어로 부른다. 예를 들면, 동전 한 개를 던지는 실험에서 관측결과는 두개의 범주로 주어진다. 표면(앞면)인 범주와 이면(뒷면)인 범주이다. 주사위를 던지는 실험에서는 관측결과가 6개의 눈 가운데 하나로 관측되므로 6개의 범주로 주어진다. 또한 결재서류의 처리결과도 기결, 미결, 보류의 세 범주로 분류될 수 있다. 질적변수에 대한 관측 값이 대개 유한개의 범주 중 하나로 관측되기 때문에 질적변수를 범주형 변수라 한다.

■ **명목변수**(nominal variable)

변수의 관측 값들이 단순히 구분을 위한 명목상의 용어로 주어질 때, 그 변수를 **명목변수**라 한다. 명목변수의 예로 성별을 생각해 보자. 사람에 대한 성별의 관측은 남자 또는 여자의 두 값만으로 관측된다. 성별에 대한 관측이 행해졌을 때 관측되는 자료를 생각해 보자. 어느 농가에서 키우는 다섯 마리 닭의 성별에 대한 관측 값이 다음과 같다고 하자.

수컷, 수컷, 암컷, 암컷, 암컷

자료가 단순히 성별을 나타내는 분류명칭으로 관측될 때 이들 자료를 **명목자료**라 부른다. 성별은 **명목변수**이다. 명목변수의 관측 값들 간에는 아무런 순서가 없고 단순한 형식상의 분류임을 알 수 있다. 자료는 성별의 두 범주를 나타내는 값의 반복으로 구성되므로 자료를 정리하는 한 방법은 성별의 두 범주에서 도수로 나타내는 것이다.

성별	수컷	암컷
도수	3	2

〈표 2.2.1〉 성별자료의 도수분포표

이러한 유형의 변수들로 혈액형, 전국의 고속도로 이름, 주거형태(일반가옥, 아파트, 빌라, 전원주택), 직업 등을 들 수 있다.

■ 순서변수(ordinal variable)

변수의 관측 값들이 일정한 순서를 갖고 있을 때 그 변수를 **순서변수**라 한다. 예를 들어 어떤 농산품의 품질이 상품, 중품, 하품으로 구분되면 품질은 순서변수이다. 열다섯 덩어리의 수박에 대한 품질을 측정한 값들이

상품, 중품, 중품, 하품, 하품, 중품, 중품, 중품, 중품, 상품
중품, 상품, 하품, 중품, 상품

이라면 열다섯 개의 측정값은 **순서자료(ordinal data)**를 나타낸다. 품질을 나타내는 세 범주의 관측값이 반복되어 나타나므로 도수분포표로 자료를 정리할 수 있다.

품질	상품	중품	하품
도수	4	8	3

〈표 2.2.2〉 수박자료의 도수분포표

순서자료가 주어졌을 때 상이한 관측값 간에 어느 정도의 수량적 차이가 있는가를 측정할 수는 없으나 일정한 흐름이 있음을 알 수 있다. 또 다른 예로는 사회적인 신분계층이나, 상해의 정도(찰과상, 경상, 중상) 등을 들 수 있다.

■ 구간변수(interval variable)

구간변수는 측정척도에 있어 명목척도나 순서척도보다 좀 더 정확하게 측정되는 변수이고 관측값 간의 거리를 수 값으로 나타낼 수 있는 변수로 정의된다. 구간척도에 의해 측정되는 변수는 관측값 간의 차이로 단위거리와 기준점 0을 이용하나 둘 다 인위적인 값들이다. 기준으로 이용되는 0은 측정되는 양이 완전

히 비어있어야 할 필요가 없다는 점에서 반드시 참인 0은 아니다. 구간척도의 좋은 예로 온도를 들 수 있다. 온도는 화씨 또는 섭씨로 측정되며 측정의 단위는 °(도)로 주어진다. 비교의 점 0°는 임의로 선택되고 0°가 열이 없음을 의미하지는 않는다. 구간척도는 명목척도나 순서척도와 달리 실질적인 양적척도이다.

직장에서의 연수교육에 대한 만족도가 0점에서 5점사이의 값으로 측정될 때 연수교육을 받은 7명의 만족도가 각기 2, 3, 4, 1, 2, 4, 5로 주어졌다면 관측 값들은 **구간자료**를 나타낸다.

측정척도에 따른 변수들의 구분을 하는 이유는 이들 변수에 의해 주어지는 자료의 분석방법이 동일하지 않기 때문이다. 왜냐하면, 하위척도에 의해 얻어진 자료들에 적용되는 분석방법은 차상의 척도에 따른 자료에 적용은 할 수 있으나 정확한 분석이 행해지지 않는다. 그리고 상위척도의 자료에 이용된 분석기법은 하위척도의 자료에 이용될 수 없기 때문에 변수에 대한 유형을 판단해야 자료에 적합한 분석방법을 이용할 수 있게 된다.

■ 비율변수(ratio variable)

비율변수는 구간변수가 갖는 모든 성질을 갖고 있으며 또한 0에 대한 정의가 명확한 변수이다. 즉, 비율변수의 값이 0일 때 관측값이 전혀 없다는 것을 의미한다. 예를 들면, 면적, 길이, 체적 등의 변수가 비율변수에 해당한다. 즉, 길이에 있어 6m는 2m의 3배이고 0m는 길이가 존재하지 않음을 나타낸다. 그러나 온도, 시간, 지능지수 등의 변수 등은 구간변수이나 비율변수가 아니다. 왜냐하면, 섭씨 온도의 0°C는 온도가 없는 상태가 아니며 10°C는 5°C에 비해 비율이 2배이므로 2배의 열기가 있음을 의미하지 않는다. 시간의 경우, 오전 3시와 오전 6시는 3시간의 차이가 있다고 말할 수 있으나 오전 6시가 오전 3시에 비해 두 배의 시간임을 의미하지 않는다. 지능지수의 경우도 마찬가지로 지능지수가 200인 사람과 100인 사람의 차이는 100이다 라고 말할 수 있으나 지능지수 200은 지능지수 100의 2배이므로 지적능력이 2배나 더 뛰어나다는 것을 의미하지 않는다.

비율변수는 비율척도에 의해 측정되는 변수이고 비율척도는 의미 있는 0의 값 즉, 절대원점을 갖는 구간척도를 의미한다. 다시 말하면, 비율척도는 구간의 동일성뿐만 아니라 비율의 동일성도 측정하는 가장 높은 수준의 척도로 수에 대한 사칙연산이 가능한 척도이다. 비율척도의 필수적인 것으로 0은 실질적인 의미가 있는 값으로 정의되어야한다. 심리상태나 업무에 대한 만족도 등의 측정으로 양적 척도인 구간척도를 이용할 때 관측의 기준이 되는 0이라는 숫자는 인위적 값이므로 의미가 부여되지 않는다. 따라서 이러한 변수들은 비율변수가 아닌 구간변수로 간주된다.

2.1 다음 변수들을 측정척도에 의해 구분할 때 해당하는 변수명을 기술하라.

(1) 열차종류
(2) 버스탑승시간
(3) 애완동물명
(4) 물가지수
(5) 수강교과목수
(6) 공항수속절차
(7) 과제수행시간
(8) 음식메뉴선호도
(9) 업무만족도(1, 2, 3, 4, 5)
(10) 신장
(11) 체중

2.2 질적변수와 양적변수의 예를 들고 어떤 차이점이 있는 가를 설명하라.

2.3 비율변수의 예를 들어 설명하라.

2.4 구간변수와 비율변수의 차이를 설명하라.

2.5 12명의 학생들을 대상으로 통학하는 데 걸리는 시간(분 단위)을 조사하였더니 다음과 같았다.

30 25 50 60 80 20
15 40 45 12 35 40

자료의 특성을 파악하기 위한 방법에 대해 설명하라.

2.6 한 전통시장에서 15명의 구매고객을 대상으로 구입한 물품과 성별을 조사한 자료가 다음과 같다.

(과일, 남), (식품, 여), (의류, 여), (생선, 여), (과일, 남), (과일, 남), (생선, 남), (과일, 여)
(식품, 남), (의류, 남), (식품, 여), (의류, 여), (생선, 여), (생선, 여), (의류, 남)

자료를 정리하고 자료의 특성에 관한 정보를 파악하기 위한 방법을 설명하라.

2.7 다음자료 중 어느 것이 이산자료이고 어느 것이 연속자료인 가를 나타내어라.

㉠ 자료와 정보 교과목을 수강하고 있는 학생들의 학번자료
㉡ 10개 전구의 수명시간
㉢ 버스 승강장에서 버스를 기다리는 12명 승객들의 대기시간
㉣ 10개 주유소에서 판매되는 휘발유 가격
㉤ 5명의 학생이 하루에 주고받는 문자메시지의 수
㉥ 출석부에 등재된 전공의 수
㉦ 12명학생의 수강과목 수에 대한 자료

2.8 헬스장에서 운동하고 있는 20명의 사람들이 이용하는 운동기구들의 근육발달을 원하는 관심부위를 관측한 결과의 자료표이다.

가슴, 가슴, 다리, 다리, 팔, 팔, 다리, 다리, 가슴, 어깨,
어깨, 가슴, 가슴, 다리, 허리, 허리, 가슴, 허리, 다리, 어깨

㉠ 개체는 무엇인가?
㉡ 측정척도에 따른 변수의 분류명을 적어라.
㉢ 자료의 특성파악을 위한 정보에 대해 논의하라.
㉣ 어떤 유형의 자료인 가를 설명하라.

2.9 다음은 한 케이블 방송사가 자사의 개편프로그램에 대한 가입자의 만족도를 리커트(Likert)의 계량화 척도로 표시한 자료이다. 만족도는 매우불만, 다소불만, 보통, 양호, 우수로 조사되고 매우불만이면 1점, 다소불만이면 2점, 보통이면 3점, 양호이면 4점, 우수이면 5점으로 주어진다. 자료의 개수는 50개이다.

3 5 2 2 5 1 2 4 4 5 5 3 5 5 3 3 3 4 5 5 5 5 5 3 4 2 4 1 5 5
3 5 3 4 3 4 3 4 4 2 4 3 4 5 5 4 3 4 4 4

㉠ 개체는 무엇인가?
㉡ 측정척도에 따른 변수의 분류명을 적어라.
㉢ 비율의 의미가 있는 가를 논의하라.
㉣ 어떤 유형의 자료인 가를 설명하라.

2.10 운동방법에 따른 체중감소의 효과를 비교하기 위하여 18명의 비만인 남녀를 대상으로 감소된 체중량과 세 가지의 운동방법을 조사한 자료이다.

개체번호	1	2	3	4	5	6	7	8	9	10	11	12	13	14	15	16	17	18
체중감소량	5	4	7	12	6	10	8	4	6	11	9	12	8	9	12	6	4	13
운동방법	Ⅰ	Ⅱ	Ⅱ	Ⅲ	Ⅱ	Ⅲ	Ⅱ	Ⅰ	Ⅰ	Ⅲ	Ⅱ	Ⅲ	Ⅱ	Ⅰ	Ⅲ	Ⅰ	Ⅰ	Ⅲ

㉠ 개체는 무엇인가?
㉡ 측정척도에 따른 체중감소량의 분류명을 적어라.
㉢ 측정척도에 따른 운동방법의 분류명을 적어라.
㉣ 설명변수와 반응변수로 구분할 때 해당하는 변수를 기술하고 설명하라.
㉤ 질적변수와 양적변수로 구분하여 설명하라.
㉥ 자료의 전체적 특성을 파악하기 위한 정보에 대해서 설명하라.

제3장

자료와 정보

3.1 자료의 개념

3.2 자료의 유형

3.3 자료수집의 기본단위

3.4 자료의 수집방법

3.5 자료수집의 이유와 목적

연습문제

제3장
자료와 정보

3.1 자료의 개념

자료는 하나 또는 둘 이상의 관심변수에 대한 측정값이나 관측값의 모임으로 정의한다.

예를 들면, 어느 편의점에서 일한 학생들 6명을 대상으로 근무한 일수를 조사하였을 때, 25일, 45일, 15일, 55일, 60일, 90일 이었다면 관측된 6개의 근무일수는 자료이다. 자료의 **관측단위**는 개별학생이고, 근무일수는 **관심변수**임을 알 수 있다. 6명의 동일한 학생들을 대상으로 성별도 조사해 볼 수 있다. 성별에 대한 관측이 남, 여, 남, 남, 여, 여로 주어질 때 자료는 성별의 구분을 나타내는 용어로 표기됨을 알 수 있다. 동일 개체의 두 변수인 근무일수와 성별이 다수의 학생들에서 조사될 때 **자료의 형태**는 다음과 같이 주어진다.

(25일, 남), (45일, 여), (15일, 남), (55일, 남), (60일, 여), (90일, 여) 이다. 관심변수가 하나일 때 자료의 형태는 단일 값들의 모임이나, 관심변수가 둘일 때 자료의 형태는 두 변수의 관측 값이 구성성분들로 주어지는 조(2-tuple)들의 모임이다.

자료는 또한 그림이나 사진으로도 수집되기도 한다. 예를 들면, 안경테의 다양한 형태를 나타내는 그림 자료를 구해 보면 <그림 3.1.1> 같다.

〈그림 3.1.1〉 안경테의 모음자료

안경테의 모음 자료로부터 안경테와 관련된 여러 특성에 관한 정보를 수집할 수 있다. 즉, 안경의 용도, 안경알의 형태, 재질 등의 특성에 관해 구체적 지식을 구할 수 있다. 또한, <그림 3.1.2>는 일상생활에서 사용하는 연장도구들에 대한 그림 자료이다. 자료집단의 전체적 특성을 파악하기 위해 용도별로 자료를 분류할 수 있다. 예를 들면, 절단용, 측정용, 탈부착용 등으로 구분할 수 있다. 이 경우의 자료는 범주형 자료로 취급된다. 또한 공구가 일반 가정용인가 아닌 가에 따라 분류될 수 있다. 그림으로 주어진 공구자료가 공구의 두 가지 특성과 관련된 자료로도 표현될 수 있음을 의미한다.

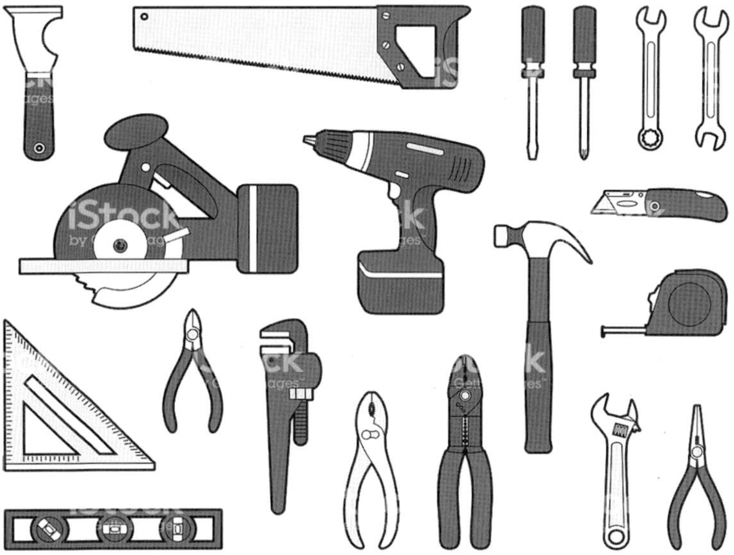

〈그림 3.1.2〉 연장도구의 모음자료

3.2 자료의 유형

자료는 일반적으로 수나 양을 나타내는 관측값들로 주어지는 **양적자료**와 수나 양이 아닌 문자나 부호 또는 문장의 기술로 주어진 관측 값들의 모임인 **질적자료**로 구분할 수 있다. 양적자료는 다시 연속자료와 이산자료로 분류된다. 연속자료는 어떤 실수구간 내의 모든 가능한 값들로 주어지고 이산자료는 이산적인 수 값으로 구성된다.

관측값이 수 또는 양으로 주어지는 양적자료의 예로써 주사위를 세 번 던지는 실험을 생각해 보자. 실험 결과가 6, 6, 4라면 이산적인 수 값으로 주어지는 양적 자료임을 알 수 있다. 또한, 250mm 용량의 우유제품이 용기에 표시된 정량의 세품인 가를 검사할 때 조사된 세 제품이 250.2, 245.7, 252.1로 측정되면 이는 연속적인 수 값의 양적자료를 나타내고 있다.

질적자료로 혈액형의 유형을 생각해 본다면, A형, B형, O형, AB형, RH형 등의 부호로 반복되는 자료를 생각할 수 있다. 한편, 네 명의 유권자들을 대상으로 지지정당을 파악할 때, 바른 정당, 민주당, 민주당, 정의당으로 조사되면 지지정당에 대한 자료는 명칭들로 구성되는 질적자료를 나타낸다.

입시를 앞둔 세 명 학생들에게 현행 입시제도에 대한 견해를 물어보았을 때, 합리적이다, 개선할 필요가 있다, 다른 제도를 도입해야 한다 등의 세 의견은 문장으로 관측되고 있는 질적자료임을 보여주고 있다. 질적자료를 또한 범주형 자료라 한다.

3.3 자료수집의 기본단위

자료는 개체의 특성을 나타내는 변수의 관측값들로 구성된다. 개체는 관측의 대상이 되는 기본단위이다. 개체에 해당하는 기본단위를 때로는 **관측단위**나 **실험단위**로 부르기도 한다.

학생을 대상으로 어떤 특성을 조사할 때 관측단위는 학생이 된다. 그러나 가구당 월 소득을 조사할 때는 가구의 구성원들이 몇 명이던 상관없이 가구자체가 관측의 기본단위가 된다. 기업의 월 매출액을 조사할 때, 기업의 규모에 상관없이 기업자체가 매출액을 생산하는 기본단위이며 관측단위가 된다. 따라서 자료수집의 근거가 되는 개체는 개별 학생일 수 있고, 개별 가구일 수도 있으며, 개별 기업이 될 수도 있다. 중요한 것은 자료를 수집하기 위해 관측의 대상 또는 반응을 나타내는 단위가 무엇인 가를 파악해야 한다는 것이다.

3.4 자료의 수집방법

자료는 어떻게 수집해야 할까? 자료의 수집 방법을 생각해 보자. 선거철이 되면 유권자들의 성향을 파악하기 위해 전화상담이나 설문지가 담긴 우편이나 메

일로 자료를 수집하는 것을 종종 볼 수 있다. 국가통계의 경우 통계청에서 파견된 통계조사원이 직접 가정방문하여 개인면담을 통해 자료를 수집하기도 한다. 또는 특정 지역의 교통량을 파악하기 위해 조사 시간대에 통행하는 차량의 대수를 관측하거나 실험실에서 실험을 통해 자료를 직접 수집하는 직접관측이 있다. 그리고 일반 병원에서 검진 전에 실시하는 병력에 관한 설문지의 작성은 자기평가문항지로 환자들의 자료를 수집하는 방법이다. 따라서, 자료를 수집하는 방법들로 전화상담, 우편이나 메일, 개인면담, 직접관측, 그리고 자기평가문항지 등을 이용할 수 있음을 알 수 있다.

3.5 자료수집의 이유와 목적

자료 수집을 해야 하는 이유는 어디에 있는가?

관심변수가 하나일 때 그 이유를 생각해 보자. 가락동의 인력 시장에서 하루의 잡일을 하기 위해 인부들이 대기하는 시간을 생각해 보기로 한다. 여기서 대기시간은 관심변수이다. 5명의 노동자가 당일의 일자리를 위해 대기하는 시간들이 1시간, 30분, 2시간, 1시간 20분, 50분 이었다 하자. 일감을 얻기까지 기다려야 하는 개인별 대기시간보다는 그 집단의 평균 대기시간을 알아보기 위해 자료수집 하는 것이 일반적인 목적이다. 즉, 개체의 개별적 특성보다는 자료 집단의 전체적 특성을 파악하는 것이 목적이다. 자료 집단의 전체적 특성을 알기 위해서는 자료의 출처가 되는 관심 개체들의 집단으로부터 개체의 특성이 조사되어야 되기 때문에 자료 수집을 행하는 이유가 된다.

개체의 특성에 관한 값은 조사된 변수에 대한 개별 정보를 제공하나 관심의 모든 개체들을 대상으로 조사하여 얻은 자료 집단의 전체적 특성은 수집된 자료의 전체적 분포 특성을 파악할 수 있는 값으로 정보가 주어져야 한다. 다시 말하면, 이는 자료 내의 개별적 정보를 요약한 값으로 구해짐을 의미한다. 하나 또는 둘 이상의 개체 특성이 다수의 관심 개체들을 대상으로 조사될 때, 조사된 변수들의 관측값은 자료를 구성하게 된다. 자료의 특성은 여러 가지 방법으로 정리되고 요약되며 때로는 분포의 양상이 도형으로 시각화 된다.

연습문제

3.1 어느 모임에 참여한 12명 학생들의 신발 종류와 신발 길이를 조사한 자료가 다음과 같다.

(구두, 235), (구두, 230), (운동화, 220), (운동화, 235), (운동화, 220), (운동화, 235)
(운동화, 220), (운동화, 230), (운동화, 225), (구두, 235), (운동화, 235), (운동화, 230)

1) 조사된 변수들과 자료의 유형 에 대해 설명하라.
2) 자료를 도수분포표로 정리하라.

3.2 어느 유아 방의 유아 7명을 대상으로 어떤 물품에 관심을 갖는 가를 조사하였더니

장난감, 인형, 인형, 공, 장난감, 공, 인형
이 선택되었다. 변수를 정의하고 자료의 유형을 밝혀라.

3.3 다음은 7개 지진발생지역의 지진강도와 진원지로 부터의 거리를 나타내고 있다. 각 조의 첫 수는 지진강도를 나타내고 두 번째는 거리를 나타낸다. (단위: km)

(2.2, 22), (1.5, 17), (3.4, 18), (5.2, 10), (4.8, 12), (3.8, 16), (5.5, 13)

1) 개별 변수와 관련된 자료의 유형을 설명하라.
2) 변수 간의 연관성을 파악할 수 있는 방법에 관하여 설명하라.

3.4 다음은 기상청에서 전국의 28개 관측지점에서 미세한 먼지의 농도를 측정한 자료이다.(단위: $\mu g/m^3$)

47, 169, 143, 101, 176, 189, 89, 120, 119, 90, 109, 94, 94, 101
79, 119, 77, 69, 94, 77, 61, 55, 96, 111, 50, 46, 19, 59

자료의 특성을 파악할 수 있는 방법에 관하여 설명하라.

3.5 다음 자료를 질적자료와 양적자료로 구분하고 양적자료이면 이산자료인가 연속자료인 가를 설명하라.

㉠ 자녀의 수에 대한 자료
㉡ 교통비에 대한 자료
㉢ 가구의 측정자료
㉣ 성적자료
㉤ 교재의 연습문제 수
㉥ 전공명칭에 대한 자료
㉦ 졸업생들의 취업직종 자료

3.6 다음 자료를 보고 물음에 답하라.

㉠ 어떤 자료인 가를 설명하라.
㉡ 관측된 개체에 대해 설명하라.
㉢ 자료의 공통적 특성에 대해 논의하라.
㉣ 자료를 용도별로 분류하라.
㉤ 용도별 분류에서 도수가 가장 많은 관측 개체를 나타내어라.
㉥ 자료를 측정척도에 따른 분류명칭으로 나타내어라.
㉦ 모수는 무엇이 되어야 하는 가를 논의하라.

3.7 다음은 동물들의 그림 자료이다. 아래의 물음에 답하라.

㉠ 개체의 특성으로 조사될 수 있는 것에 대해 설명하라.
㉡ 개체들의 공통적 특성에 대해 설명하라.
㉢ 자료의 크기는 얼마인가?
㉣ 초식용 동물인 가에 따라 구분할 때 자료의 특성에 대해 설명하라.
㉤ 자료를 동물의 식성과 야생성에 따라 분류하고 설명하라.
㉥ 자료를 측정척도에 따른 분류명칭으로 나타내어라.
㉦ 개체의 특성으로 야생동물인 가에 따라 분류할 때 모수에 대해 설명하라.
㉧ 조사된 개체가 육식성이면 1 아니면 0으로 나타낼 때 자료로부터 평균을 구하라.

제4장

모집단과 표본

제4장

모집단과 표본

사회적 현상이나 자연적 현상을 규명하기 위한 어떤 연구 목적을 위해 자료의 출처가 되는 개체들의 집단을 대상으로 자료를 수집한다. 이때 자료 수집의 대상이 되는 개체들의 집합은 그 수가 적거나 무한히 많을 수 있다. 관심의 대상이 되는 개체들의 집단을 나타내기 위한 용어들로 모집단과 표본을 다음과 같이 정의한다.

모집단(population)은 연구자 또는 조사자의 관심 대상이 되는 모든 개체들의 집합으로 정의된다. 연구자의 연구 목적에 부합되는 모든 개체들의 집합이기 때문에 집합 내 원소가 되는 개체들은 서로 구분되고 명확하게 정의되어야 한다. 예를 들면, 특정 기업에 근무하는 근로자들을 대상으로 월 평균임금을 조사하고자 한다면, 조사 시점에서 근무하고 있는 모든 근로자들이 모집단을 구성하게 된다.

정의: 모집단은 어떤 연구의 관심 대상이 되는 모든 개체들의 집합이다.

예 1 2017년 대통령 선거에 참여할 수 있는 유권자들의 집합은 모집단이다.

예 2 운전자보험에 가입한 사람들의 집합은 모집단이다.

예 3 어떤 질병에 감염된 환자들의 집합은 모집단이다.

표본(sample)은 모집단을 구성하는 개체들을 대상으로 일정한 크기의 개체들을 임의로 추출했을 때 관측되는 개체들의 모임이다. 따라서 표본은 모집단의 일부분이므로 부분집합이다.

예를 들어, 다섯 명의 어린아이들 철수, 수진, 진영, 영석, 석호를 대상으로 나이를 알아본다고 하자. 여기서 모집단은 이들 다섯 명의 어린이들이므로 모집단의 크기는 5이다. 이중에서 세 명의 어린이를 임의로 추출한다면, 모든 가능한 표본들은

{철수, 수진, 진영}, {철수, 수진, 진석}, {철수, 수진, 영석},
{철수, 수진, 석호}, {철수, 진영, 영석}, {철수, 진영, 석호},
{수진, 진영, 영석}, {수진, 진영, 석호}, {수진, 영석, 석호}, {진영, 영석, 석호}

의 10개 표본들이다. 추출된 표본이 {철수, 수진, 진영}이라면, 이 표본은 모집단의 세 원소로 구성되어 있으므로 부분집합임을 알 수 있다. 집합은 {}내에 해당원소들을 나타낸다.

모집단은 관심개체의 수가 무한한 무한개의 원소를 갖는 무한집합일 수도 있고 관심개체의 수가 유한한 유한개의 원소를 갖는 유한집합일 수 있다. 관심개체의 수가 무한한 모집단일 때 **무한모집단**이라 한다. 관심개체의 수가 유한할 때 **유한모집단**이라 부른다. 예를 들면, 우주의 생성시점에서 소멸까지의 걸리는 시간은 시간의 연속성으로 인해 무한모집단이고 임의의 짧은 시간구간의 부분집합도 무한개의 시점들을 포함하는 무한한 집합이므로 일정시간의 표본도 무한개의 시점들을 포함하고 있게 된다.

예 4 인체 내에 서식하는 박테리아들의 집합은 무한모집단이다.

예 5 어느 축구동아리의 구성원들의 집합은 유한모집단이다.

4.1 모집단 자료(population data)

모집단을 구성하고 있는 개체들을 대상으로 조사되는 변수(들)에 대한 관측값들의 모임을 **모집단 자료**라 한다. 모집단 내 관심개체의 수가 5인 어린이들의 집단, {철수, 수진, 진영, 영석, 석호}에서 가족의 수를 조사했을 때, 각기 3명, 4명, 4명, 3명, 5명 이었다면 이들 관측값은 모집단 자료이다. 모집단 자료는 모집단의 크기에 따라 유한개의 자료일 수도 있고 무한개의 자료일 수도 있다. 통계자료로 모집단 자료가 이용되는 경우는 흔하지 않다. 일반적으로 모집단의 크기가 유한하다고 하더라도 모집단의 모든 개체들을 조사한다는 것이 경제적으로나 시간적으로 합리적이지 않을 수 있다.

예제 4.1 한 중소기업에 근무하는 직원 400명을 대상으로 신분상태를 조사하였더니 정규직이 100명, 비정규직이 250명 그리고 임시직이 50명이었다. 모집단 자료의 특성에 대해 설명하라.

풀 이 신분상태는 세 개의 범주를 갖는 범주형 변수이고 자료로부터 각 범주에 속할 비율은 각기 0.25(정규직), 0.675(비정규직), 0.125(임시직)이다. 비정규직이 자료 분포의 67.5%를 차지하고 있음을 나타낸다.

4.2 표본자료(sample data)

관심개체들의 집합인 모집단에서 표본을 추출한 후, 표본으로 추출된 개체들을 대상으로 조사한 관측값들의 모임이 **표본자료**이다. 예를 들면, 크기 5인 모집단 {철수, 수진, 진영, 영석, 석호}에서 크기 3인 표본을 취했을 때, 추출된 표본이 {철수, 수진, 영석}이라면 가족의 수가 각기 3명, 4명, 3명인 표본자료를 얻게 된다. 자료분석에 이용되는 거의 모든 자료는 표본자료이다. 모집단 자료나 표본자료는 자료의 관측값들이 동일할 수 있기 때문에 집합기호, {}, 로 나타내지 않는다.

4.3 모수(parameter)와 통계량(statistics)

모집단 자료는 연구자 또는 조사자가 모집단을 구성하는 개체들의 단일 특성 또는 다수의 특성을 조사하여 수집한 자료이다. 그러나 현실생활에서 다루어지는 거의 모든 자료는 표본자료이다. 실제로 관심의 모집단을 구성하는 개체들의 수가 적지 않은 경우가 대부분이고 또한 유한모집단이라 하더라도 비용과 시간적인 제약으로 인해 모집단 자료를 수집하는 것이 불가능할 수 있다. 따라서 표본을 추출하고 표본으로 추출된 개체들의 특성을 관측하여 표본자료를 수집하여 모집단 자료의 전체적 특성을 추론하는 데 표본자료를 이용하게 된다. 자료의 형태는 관심변수들의 개수에 따라 다르게 표현된다. 여기서는 관심변수가 하나일 때 모수와 통계량을 정의하고자 한다.

4.3.1 모수(parameter)

모수는 **모집단 자료의 특성**으로 정의된다. 관심개체들의 집단인 모집단에서 관심변수가 하나일 때 자주 언급되는 모수로는 모평균, 모비율, 모분산 등을 들 수 있다.

예를 들면, {철수, 수진, 진영, 영석, 석호}의 모집단에서 관심변수가 가족의 수이면 변수는 하나이다. 가족의 수는 조사대상인 개체의 특성을 나타내는 변수이므로 이 변수에 대한 관측값은 개체마다 다른 값일 수 있다. 즉, 각 어린이의 가족 수를 관측할 때 그 수는 같을 수도 있고 다를 수도 있다. 다시 말하면, 변수의 관측값에 변화가 가능함을 의미한다. 그러나 모수는 모집단의 전체적 특성으로 정의되기 때문에 고정된 값으로 간주된다. 따라서 모수는 상수이고 변화가 허용되지 않는다. 모집단에서 조사된 가족의 수는 각기 3명, 4명, 4명, 3명, 5명이었다. 가족의 수는 어린이마다 다른 수를 갖게 하는 변수이나 모수는 모집단 자료의 전체적 특성을 나타내는 고정된 한 값이므로 5개 자료의 평균인 3.8명이 모수가 된다.

모집단 자료의 평균을 **모평균**(population mean)이라 부르고 대개 μ로 표기한다. 모평균은 모수이다. 모수는 일반적으로 알려져 있지 않은 미지의 고정상수로 취급된다.

4.3.2 통계량(statistics)

통계량은 **확률표본의 함수**로 정의된다. 통계량은 표본의 특성을 나타내는 **확률변수**이며 주로 모수에 대한 정보를 얻기 위한 방법으로 이용된다. 모집단에서 동일 크기의 모든 가능한 표본을 고려할 때, 표본 간에 계산되는 통계량의 값은 같지 않다. 즉, 표본마다 통계량은 상이한 값을 나타낼 수 있음을 의미한다.

예를 들어, 크기가 5인 {철수, 수진, 진영, 영석, 석호}의 모집단에서 크기가 3인 표본을 취했을 때 가능한 표본들은 모두 10개였다. 이 중에서 두개의 표본, {철수, 수진, 진영}과 {진영, 영석, 석호}의 표본을 생각해 보자.

{철수, 수진, 진영}의 표본은 가족의 수로 3명, 4명, 4명의 표본자료를 나타낸다. 자료집단의 특성을 나타내는 값으로 표본자료의 평균은 표본에서 주어진 관측값들의 전체적 특성으로 간주된다. 이 자료의 평균은 3.67명이다.

그러나 {진영, 영석, 석호}의 표본은 4명, 4명, 5명의 표본자료를 나타내고 있다. 이 경우에 표본자료의 평균은 4.33명이다. 표본평균은 표본마다 서로 다른 값을 취할 수 있는 변수임을 알 수 있다. 실제의 모평균은 3.8명이었으나 추출된 표본에 따라 표본평균의 값은 다른 값들을 나타낸다.

예제 4.2 400그루의 사과나무가 있는 한 과수원에서 수확기 사과의 평균당도를 알아보기 위해 임의로 선정된 사과나무 10그루로부터 각 2개씩 표본으로 추출하여 측정한 자료이다.

8.7, 10.5, 10.9, 9.6, 8.5, 12.3, 13.5, 11.6, 14.2, 10.3
9.0, 11.2, 10.4, 8.9, 9.4, 13.2, 12.5, 10.9, 12.8, 12.2

당도의 표본평균을 구하고 모수와의 차이를 설명하라.

| 풀 이 | 당도의 표본평균은 11.3이고 모수는 미지의 상수 μ이다.

```
R 스크립트:
당도<-c(8.7, 10.5, 10.9, 9.6, 8.5, 12.3, 13.5, 11.6, 14.2, 10.3,
9.0, 11.2, 10.4, 8.9, 9.4, 13.2, 12.5, 10.9, 12.8, 12.2)
mean(당도) ##11.3
```

4.1 어느 음악회의 청중 200명을 대상으로 한 해에 참여한 횟수를 조사한 자료이다.

참여횟수	1	2	3
도수	120	60	20

1) 모집단을 기술하라.
2) 모수는 무엇인가?
3) 개체는 무엇인가?
4) 조사되는 변수는?
5) 모평균을 구하라.

4.2 어느 산지에서 생산 출하된 감자의 평균중량을 알아보기 위해 임의로 30개를 추출하여 조사한 자료이다.(단위: g)

82, 55, 67, 72, 94, 69, 78, 86, 102, 95, 75, 68, 55, 84, 67,
75, 58, 82, 49, 54, 88, 71, 59, 74, 80, 60, 75, 83, 91, 84

1) 관측의 개체는?
2) 모집단을 기술하라.
3) 표본평균을 계산하라.
4) 모수는 무엇인가?
5) 자료의 분포는 대칭인가를 기술하라.

4.3 다음은 한 조사지역내 산재한 120개 주유소 중 20개의 주유소를 임의로 추출하여 휘발유의 리터당 주유판매 가격을 조사한 자료이다.

1175, 1155, 1160, 1175, 1149, 1138, 1155, 1160, 1145, 1180,
1152, 1148, 1139, 1146, 1158, 1143, 1176, 1154, 1145, 1155

1) 평균판매가를 구하라.
2) 모집단을 기술하라.
3) 변수는 무엇인가?
4) 자료에서 계산된 평균가격은 통계량인 가를 설명하라.
5) 모수와 통계량의 차이점에 대해 설명하라.
6) 모수에 대한 정보에 대해 설명하라.
7) 개체는 무엇인가?
8) 자료의 유형에 대해 설명하라.
9) 조사된 변수를 측정척도로 구분한다면 해당하는 변수의 분류명칭은?
10) 자료에서 최대 판매가와 최소 판매가의 차이를 구하라.
11) 동일 조사지역내에서 다시 20개 주유소를 임의로 추출하여 평균가격을 구한다면 동일한 값을 갖게 될 가능성에 대해서 설명하라.

4.4 어느 지역에 소재하고 있는 120개 원룸의 월세를 조사한 결과의 자료이다.

33 37 35 32 30 43 37 40 36 38 29 35 30 32 37 41 32 37 37 31 35 36 38 35
33 36 32 30 30 27 37 38 40 39 33 28 26 31 34 30 41 36 35 29 31 38 38 31
41 35 37 36 29 32 31 33 37 28 34 31 31 31 34 37 39 33 41 34 37 29 40 31
38 29 33 41 31 37 31 42 35 37 21 39 46 35 29 31 40 25 29 32 31 36 32 35
34 33 32 44 32 34 39 28 26 36 33 42 38 34 42 36 37 38 42 43 33 38 24 45

㉠ 모집단을 기술하라.
㉡ 개체는 무엇인가?
㉢ 조사된 변수에 대해 설명하라.
㉣ 자료의 유형에 대해 설명하라.
㉤ 자료의 특성으로 생각되는 모수에 대해 설명하라.
㉥ 모평균을 구하라.

4.5 어느 회사에 근무하는 신입사원의 평균연봉을 추정하기 위해 150명의 신입 사원 중 임의로 25명을 추출하여 연봉을 조사하였더니 다음과 같이 주어졌다.(단위: 만원)

3214 3210 3190 3202 3215 3199 3213 3217 3195 3213
3196 3208 3226 3188 3213 3221 3203 3198 3252 3245
3215 3196 3199 3219 3190

㉠ 모집단을 기술하라.
㉡ 개체는 무엇인가?
㉢ 조사된 변수에 대해 설명하라.
㉣ 자료의 유형에 대해 설명하라.
㉤ 자료의 특성으로 생각되는 모수에 대해 설명하라.
㉥ 표본평균을 계산하라.
㉦ 모평균과 표본평균과의 차이에 대해 설명하라.
㉧ 계산된 표본평균은 어떤 정보를 나타내는 가를 설명하라.

4.6 어느 지역의 맛길에 들어서 있는 50개 음식점을 조사한 자료이다.

중식 한식 한식 일식 중식 한식 한식 한식 일식 분식
분식 한식 일식 일식 분식 양식 분식 양식 양식 한식
일식 일식 양식 분식 일식 분식 분식 일식 양식 한식
중식 한식 한식 일식 양식 분식 피자 분식 피자 양식
분식 일식 한식 한식 분식 분식 양식 피자 피자 분식

㉠ 모집단을 기술하라.
㉡ 개체는 무엇인가?
㉢ 조사된 변수에 대해 설명하라.
㉣ 자료의 유형에 대해 설명하라.
㉤ 자료의 특성으로 생각되는 모수에 대해 설명하라.
㉥ 자료의 크기는 얼마인가?
㉦ 자료는 어떻게 정리되어야 하는 가를 설명하라.
㉧ 변수의 관측값들 에 대한 상대도수를 구하라.

4.7 어느 상점에서 상품을 구입한 고객 중 30명을 임의로 추출하여 조사한 자료이다.

현금 신용카드 체크카드 현금 신용카드 신용카드 체크카드 현금 신용카드 신용카드
신용카드 체크카드 신용카드 신용카드 현금 체크카드 현금 신용카드 체크카드 현금
신용카드 신용카드 체크카드 신용카드 현금 신용카드 현금 체크카드 체크카드 현금

㉠ 모집단을 기술하라.
㉡ 개체는 무엇인가?
㉢ 조사된 변수에 대해 설명하라.
㉣ 자료의 유형에 대해 설명하라.
㉤ 자료의 특성으로 생각되는 통계량에 대해 설명하라.
㉥ 자료의 크기는 얼마인가?
㉦ 자료는 어떻게 정리되어야 하는 가를 설명하라.
㉧ 4번째 고객에 대해 주어진 정보에 대해 설명하라.

제5장

자료의 정리와 요약

제5장
자료의 정리와 요약

수집된 자료는 자료의 유형과 크기에 따라 자료 집단의 전체적 특성을 알아볼 수 있도록 정리된다. 자료를 정리하고 요약하는 방법으로 표나 도형을 이용하거나 수 값으로 나타내는 방법이 있다. 자료를 정리하고 요약함으로써 자료의 분포 특성에 관한 여러 정보들을 파악하게 된다.

5.1 자료의 정리

통계자료는 대부분 모집단에서 취해진 표본으로부터 수집된 표본자료이다. 일반적으로 표본의 크기는 적어도 수십 개에서 많게는 수백, 수천 개일 수 있다. 표본으로 추출된 개체들로부터 수집되는 자료의 양이 많을 때 자료의 기록 또는 정리과정에서 오류가 생길 수 있다. 수집된 자료가 잘못 관측되거나 측정된 값을 포함하고 있을 때 자료 집단의 특성에 대한 추론은 정확하지 않게 된다. 따라서 수집된 자료를 요약하기에 앞서 자료의 검토와 정리는 필수적이고 기본적이다.

자료의 정리를 위해 필요한 작업들로 자료의 크기를 확인하는 작업, 자료의 정확성을 검색하는 작업, 자료를 크기순 또는 범주별로 분류하는 작업들을 들

수 있다. 자료에는 실수에 의한 일부 관측 값들의 누락이나 중복 기재로 인한 추가가 있을 수 있다. 미 측정되었거나 관측되지 않은 개체가 있다면 자료 보완의 타당성을 검토해야 한다. 이에 대한 검증을 위해 관측된 개체의 수와 자료의 개수가 동일한 가를 확인한다. 정밀 기기에 의한 관측값은 소수점 이하의 수를 포함할 수 있고 소수점의 위치가 잘못 기록되어 관측될 수 없는 값이 포함될 수 있다. 이 경우 기재의 착오나 실험상의 오류에 의한 관측치인 가를 확인하는 등의 자료의 정확성에 대한 검색 작업이 행해진다.

자료 내 관측값에 대한 정확성과 타당성에 대한 검색이 행해진 후에 양적 자료일 때는 자료를 관측값의 크기 순서로 재배열하는 작업이 필요하다. 질적 자료일 때는 관측 범주별로 관측값의 개수인 도수로 정리할 필요가 있다.

5.2 자료의 요약

정리된 자료를 요약하는 방법으로 **도형에 의한 방법**(graphical methods)과 **수값으로 요약하는 방법**(numerical methods)으로 나눌 수 있다. 수집된 자료의 정리후 자료의 전체적 분포 특성을 알아보기 위한 방법으로 도형이나 그림표를 이용할 때 시각적으로 단순하게 그 특성들을 인지할 수 있는 장점이 있다. 반면에 좀 더 객관적인 요약설명과 여러 자료를 비교하기 위한 방법으로 수치 측도를 이용할 수 있다. 예를 들면, 자료의 중심위치나 자료에 존재하는 변이와 같은 중요한 특성들에 대한 양적인 측도는 자료 집단의 분포 특성을 수값으로 요약하는 방법이다.

5.3 도형으로 표시하는 방법

정리된 자료를 요약하기 위한 방법으로 다양한 도표 및 도형을 이용한다. 자료의 양이 많거나 적거나 간에 수집된 자료는 자료의 분포 양상을 파악할 수 있는 형태로 요약되어야 한다. 관심변수가 하나일 때, 즉 일변수일 때 수집된 자료의 요약을 생각해 보기로 한다. 정리된 자료를 도형으로 요약하는 방법으로 막대그래프, 줄기와 잎 그림, 히스토그램 그리고 파이그림 등을 이용한다. 또한 자료 내에 이상값의 존재 여부를 파악하는 데 도움이 되는 상자그림도 이용할 수 있다.

■ 막대그래프(bar chart)

막대그래프는 자료가 질적자료이거나 양적자료이나 유한개의 이산 값들로 반복되는 이산자료의 그래프로 이용된다. 그러나 연속자료는 변수의 관측값으로 수직선상의 임의구간 내 모든 값을 취하는 양적자료이므로 막대그래프 대신에 히스토그램이 이용된다.

막대그래프는 변수의 관측값으로 주어지는 범주를 수평축에 두고 도수를 수직축에 표시하여 각 범주에 속하는 도수의 크기만큼 막대를 그려 얻게 되는 그래프이다. 막대의 높이로 각 범주에 속한 도수를 쉽게 비교할 수 있고 그래프로부터 분포의 양상을 용이하게 파악할 수 있는 이점이 있다.

❙ 예제 5.1 ❙ 25명의 학생들을 대상으로 동거하는 가족의 수를 조사한 자료이다. 자료를 정리하고 막대그래프를 그려보자.

3, 3, 3, 2, 5, 3, 4, 4, 4, 4,
4, 6, 3, 3, 4, 4, 4, 5, 7, 7,
4, 4, 4, 5, 4

❙ 풀 이 ❙ 자료를 알기 쉽게 정리해 보기로 한다. 자료를 정리하는 방법은 가족의 수에 대한 관측 값이 2에서 7까지 유한개의 이산 값들로 주어져 있으므로 관측 값들에 대한 도수로 정리하면 유용할 수 있다.

관측 값	2	3	4	5	6	7
도수	1	6	12	3	1	2

〈표 5.3.1〉 가족의 수에 대한 도수분포표

자료를 관측 값에 대한 도수분포표로 작성하면 자료의 전체적 분포 특성을 쉽게 파악할 수 있다. 막대그림표는 자료의 전체적 분포 양상을 시각화함으로써 손쉽게 판단하고 이해할 수 있는 이점이 있다.

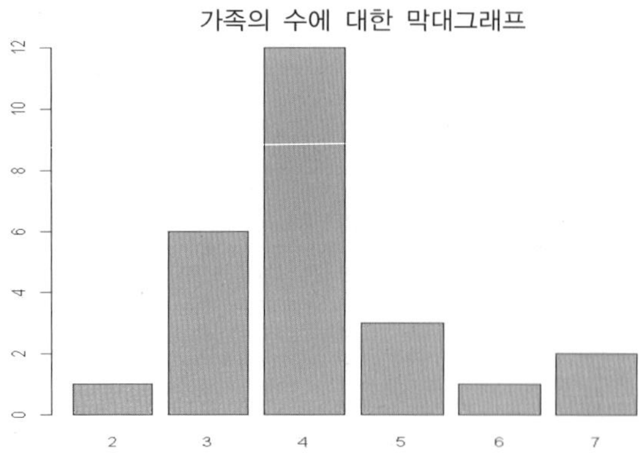

〈그림 5.3.1〉 가족의 수에 대한 막대그래프

```
R 스크립트:
가족의수<-c(3, 3, 3, 2, 5, 3, 4, 4, 4, 4, 4, 6, 3, 3, 4, 4, 4, 5, 7, 7, 4, 4, 4, 5, 4)
table(가족의수)
barplot(table(가족의수))
```

■ 줄기와 잎 그림(stem and leaf plot)

줄기와 잎 그림은 자료의 양이 그리 많지 않을 때 개별 관측값을 이용하여 도형으로 표시할 수 있어 개별 관측값에 대한 정보뿐만 아니라 자료전체의 분포와 관련된 여러 특성에 관한 정보도 쉽게 알아볼 수 있는 이점 때문에 많이 이용된다. 도형으로 표시하는 절차는 다음과 같이 이루어진다.

■ 줄기와 잎 그림의 작성단계

1. 자료내 관측값을 크기의 순서대로 재배열 한다.
2. 자료내 개별 관측값을 줄기와 잎의 두 부분으로 나눈다.

3. 줄기에 해당하는 수를 크기가 작은 수부터 세로선의 왼쪽에 크기 순서대로 아래로 적는다. 좌측 줄기 수의 잎에 해당하는 수는 세로선의 오른쪽에 크기 순서대로 가로로 적는다.

예제 5.2 학기말 시험을 치룬 30명 학생들의 성적이 다음과 같다고 하자. 성적자료의 줄기와 잎 그림을 그려라.

27, 87, 72, 48, 49, 54, 57, 52, 65, 60,
68, 65, 63, 75, 38, 39, 45, 77, 61, 59
88, 66, 40, 67, 62, 95, 56, 55, 69, 70

풀 이 줄기와 잎 그림의 첫 단계로 자료를 크기의 순서대로 재배열 한다.

27, 38, 39, 40, 45, 48, 49, 52, 54, 55,
56, 57, 59, 60, 61, 62, 63, 65, 65, 66,
67, 68, 69, 70, 72, 75, 77, 87, 88, 95

두 번째 단계로 각 관측값을 십 단위의 수와 단 단위의 수로 나눈다. 즉 관측값 25는 20과 5로 나누어지고, 관측값 95는 90과 5로 나누어진다. 20과 90은 줄기 수들이고 5, 5는 잎에 해당하는 수들이다. 세 번째 단계로 25와 90은 세로선의 좌측에 크기 순서대로 아래로 기재되고 5,5는 세로선의 오른쪽에 해당줄기 수의 행에 기재된다. 다음은 줄기와 잎 그림표이다.

```
2 | 7
3 | 89
4 | 0589
5 | 245679
6 | 0123556789
7 | 0257
8 | 78
9 | 5
```

〈그림 5.3.2〉 성적에 대한 줄기와 잎 그림표

```
R 스크립트:
성적<-c(27, 87, 72, 48, 49, 54, 57, 52, 65, 60, 68, 65, 63, 75, 38, 39, 45,
77, 61, 59,88, 66, 40, 67, 62, 95, 56, 55, 69, 70 )
sort(성적)
stem(성적)
```

성적에 대한 줄기와 잎 그림은 학생 개인의 성적뿐만 아니라 성적의 전반적인 분포 양상을 나타내므로 자료전체의 특성을 쉽게 파악할 수 있는 이점을 제공하게 된다. 그림표로부터 자료의 최솟값과 최댓값을 알 수 있으며 자료가 흩어져 있는 범위를 계산할 수 있다. 그리고 자료가 가장 많이 몰려 있는 점수대는 60점대이고 자료의 분포 양상은 거의 대칭임을 알 수 있다.

■ 히스토그램(histogram)

히스토그램은 자료가 수 또는 양으로 측정되는 양적자료이고 실수구간 내 연속적인 값들로 관측되는 연속형 자료일 때 이용되는 그림이다. 연속형 자료는 연속형 변수의 관측값들로 주어진다. 예를 들면, 신장자료, 체중자료, 연령자료, 성적자료 등이 이에 속한다. 신장, 체중, 연령, 성적은 양적변수이면서 연속형 변수로 간주된다. 연속형 자료를 처리할 때 이용되는 가장 간단한 방법은 크기 순서로 배열(array)하는 것이다. 이러한 배열은 정리되지 않은 자료에 비해 뚜렷한 장점이 있다. 하나는 크기의 순서로 배열되었을 때 자료의 범위를 쉽게 파악할 수 있는 이점이 있다. 다른 하나는 자료의 일반적인 분포 특성을 살펴볼 수 있다는 점이다.

그러나 자료의 양이 많을 때 배열로 자료를 정리하는 것이 어려울 수 있다. 따라서 자료를 계급들로 요약하는 것이 바람직하게 된다. 각 계급에서 값 또는 대상들의 발생도수를 나타내는 자료의 배열을 도수분포(frequency distribution)라 한다. 비록 도수분포가 한 배열의 모든 구체적인 것을 보여주지 않는다고 하더라도 이러한 요약으로 많은 것이 얻어진다. 예를 들어, 어떤 지역에 거주하는 주민 중 100명을 표본으로 추출하여 얻은 자료가 다음과 같다고 하자. 실제 자료를 연령의 크기 순서대로 재배열한 경우의 자료이다.

0.2, 2.4, 3.3, 5.2, 5.5, 7.4, 8.2, 9.6,
10.1, 10.5, 11.2, 11.4, 11.6, 12.8, 12.9, 12.9, 13.5, 15.2, 16.4, 16.6,
16.8, 16.9, 16.9, 17.1, 17.2, 17.4, 18.2, 18.2, 18.4, 18.5, 19.2, 19.3, 19.4,
20.2, 20.3, 20.5, 21.6, 21.7, 22.0, 22.1, 22.5, 23.2, 23.7, 24.2, 24.5, 24.8, 25.2,
25.7, 25.9, 26.1, 26.7, 26.8, 26.9, 27.0, 27.2, 27.4, 28.1, 28.5, 28.6, 29.2, 29.6,
30.1, 30.3, 30.5, 30.8, 31.3, 32.5, 33.4, 34.1, 35.2, 36.7,
36.8, 36.9, 37.2, 39.2, 39.3,
40.2, 40.5, 42.2, 42.5, 43.6, 44.4, 45.5, 47.2, 48.10, 49.0,
51.2, 52.6, 52.8, 55.4, 57.2, 58.1, 58.6, 59.0,
60.2, 60.3, 62.5, 63.4, 66.7, 68.2

자료에서 10세 미만이 7명, 10세 이상 20세 미만이 25명, 20세 이상 30세 미만이 28명, 30세 이상 40세 미만이 15명, 40세 이상 50세 미만이 10명, 50세 이상 60세 미만이 8명, 60세 이상 70세 미만이 6명임을 알 수 있다. 관측된 자료의 양이 많을 때, 도수분포표를 작성하는 방법은 다음과 같다.

■ 도수분포표(frequency table)의 작성

1. 주어진 자료를 크기의 순서대로 재배열 한다.
2. 자료의 최댓값과 최솟값을 찾아 관측값의 범위를 구한다. 범위는 자료의 최댓값에서 최솟값을 뺀 값으로 정의된다.
3. 계급의 폭을 결정한다. 계급의 폭은 자료의 범위를 원하는 계급구간의 수로 나누어 간편한 형태로 정한다. 계급구간의 수는 보통 5개에서 15개의 범위가 적절하다.
4. 첫 번째 계급구간은 자료의 최솟값을 포함할 수 있도록 선택한다. 또한, 첫 번째 계급구간의 하한은 어떤 관측값도 계급구간의 경계점에 속하지 않도록 선택한다. 그리고 계급의 폭은 모든 구간에 공통되게 잡는다.

크기의 순서대로 재배열된 연령자료에서 범위는 68.2−1.2=67이다. 계급의 수를 7개로 예상할 때 계급폭은 67/7=9.57이므로 반올림하여 10으로 택한다.

자료의 최소값은 0.2이므로 첫 번째 계급구간의 시작점인 하한을 0으로 취한다. 따라서, 첫 번째 계급구간은 0에서 10미만 두 번째 계급구간을 10이상 20미만으로 잡을 때, 관측값은 한 계급구간에만 속하게 된다.

계급(class)	계급구간(class interval)	도수(frequency)	상대도수(relative frequency)
1	0 − 10	8	0.08
2	10 − 20	25	0.25
3	20 − 30	28	0.28
4	30 − 40	15	0.15
5	40 − 50	10	0.10
6	50 − 60	8	0.08
7	60 − 70	6	0.06

〈표 5.3.3〉 연령자료에 대한 도수분포표

도수분포표에서 상대도수는 계급구간에서의 도수를 전체도수로 나눈 값으로 주어진다. 도수분포표의 도수자료를 이용하여 기둥그림표를 작성한다. 도형의 가로축을 나타내는 선에는 계급구간을 표시하고 세로축의 선에는 도수를 나타낸다.

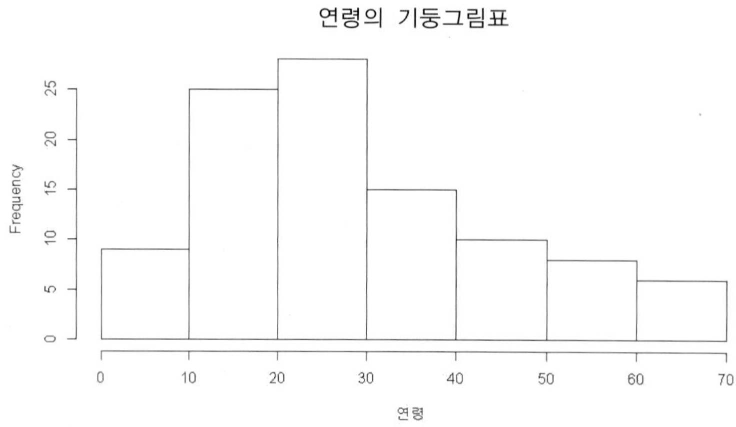

〈그림 5.3.3〉 연령자료에 대한 히스토그램

히스토그램에서 계급구간의 폭은 일정하므로 기둥의 폭은 동일하고 기둥의 높이는 해당 계급구간내의 관측값의 개수를 나타내는 도수이다. 히스토그램은 양적자료의 양이 많을 때 자료전체의 전반적인 특성을 그림으로 쉽게 알아볼 수 있는 장점이 있다. 자료의 일반적인 특성들로 자료의 관측값들이 흩어져 있는 정도, 자료의 중심 위치, 자료의 중심위치에 대한 분포의 대칭성의 정도 등을 생각할 수 있다.

```
R 스크립트:
연령<-c(0.2,2.4,3.3,5.2,5.5,7.4,8.2,9.6,10.1,10.5,11.2,11.4,11.6,12.8,12.9,12.9,
13,5,15.2,16.4,16.6,16.8,16.9,16.9,17.1,17.2,17.4,18.2,18.2,18.4,18.5,19.2,19.3,
19.4,20.2,20.3,20.5,21.6,21.7,22.0,22.1,22.5,23.2,23.7,24.2,24.5,24.8,25.2,25.7,
25.9,26.1,26.7,26.8,26.9,27.0,27.2,27.4,28.1,28.5,28.6,29.2,29.6,30.1,30.3,30.5,
30.8,31.3,32.5,33.4,34.1,35.2,36.7,36.8,36.9,37.2,39.2,39.3,40.2,40.5,42.2,42.5,
43.6,44.4,45.5,47.2,48.10,49.0,51.2,52.6,52.8,55.4,57.2,58.1,58.6,59.0,60.2,60.
3,62.5,63.4,66.7,68.2)

계급<-seq(0,70, by=10)
계급구간<-cut(연령, breaks=계급)
head(계급구간)
table(계급구간)
hist(연령, breaks=7)
```

■ 파이그림(pie chart)

자료가 질적자료일 때 구성성분의 비율을 효과적으로 알아보기 위한 그림으로 파이그림을 이용한다. 다음은 취업을 앞둔 500명의 대학생을 상대로 원하는 직업에 대한 조사자료의 도수분포표이다.

직업	기업	관공서	연구소	학교	병원	기타
도수	250	150	25	50	20	5
비율	50%	30%	5%	10%	4%	1%

〈표 5.3.4〉 직업자료에 대한 도수분포표

파이그림표는 각 범주에 속하는 자료의 비율을 원의 크기로 나타내어 자료전체의 특성을 쉽게 알아볼 수 있도록 한다.

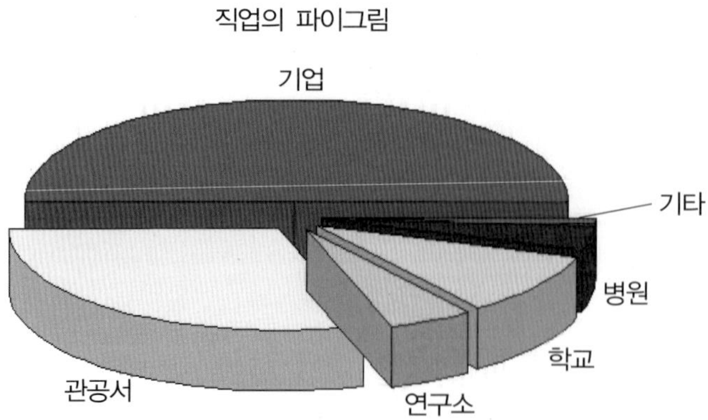

〈그림 5.3.4〉 직업자료에 대한 파이그림

R 스크립트:

```
직업<-c(rep("기업", 250), rep("관공서", 150), rep("연구소", 25), rep("학교", 50),
rep("병원", 20), rep("기타", 5))
table(직업)
library(plotrix)
slices<-c(50, 30, 5, 10, 4, 1)
lb<-c("기업", "관공서", "연구소", "학교", "병원", "기타")
pie3D(slices, labels=lb, explode=0.1, main="직종의 파이그림")
```

5.4 수값으로 요약하는 방법: 위치측도(Measures of Location)

지금까지 자료의 분포 특성에 관한 전반적인 정보를 얻기 위한 방법으로 도형으로 표현하는 방법을 살펴보았다. 양적자료의 분포 특성을 파악하기 위한 가장 간단한 방법은 자료를 크기의 순서로 배열하거나 자료의 양이 많을 때는 도수분포표로 정리하고 도형으로 표현할 때 쉽게 분포의 양상을 파악할 수 있음을 보았다.

수집된 자료는 자료의 전체적 특성이 파악될 수 있게끔 정리되고 요약되어야 한다. 자료의 전체적 분포양상을 여러 측면에서 판단할 수 있는 요약방법들을 살펴보기로 한다. 이들 방법은 자료분포의 여러 특성을 수값으로 요약하는 방법을 제시한다. 양적자료의 분포에 대한 특성을 기술하는 방법으로 **중심경향의 측도**(measures of central tendency)와 **산포의 측도**(measures of dispersion)를 들 수 있다. 중심경향의 측도를 **위치측도** 그리고 산포의 측도를 **변동측도**, **변이측도**, **이산측도** 등으로 부르기도 한다.

자료의 분포특성을 하나의 수로 요약할 수 있을 때 그 수는 자료 내의 값들이 집중하는 경향이 있는 수가 된다. 이러한 요약방법을 중심경향의 측도라 한다. 중심경향의 측도들은 자료의 중심이 어디에 있는 가를 기술하기 위한 방법들이고 산포의 측도들은 중심 위치의 값으로부터 자료가 어느 정도 떨어져 있는 가를 기술하는 데 이용되는 방법들이다. 이외에도 분포의 모양과 관련된 측도와 상대적 위치의 측도 등을 생각할 수 있다.

중심경향의 측도들로 산술평균, 중앙값, 최빈값 등이 있고 산포의 측도들로 범위, 분산, 표준편차 등이 있다. 자료의 중심이 어디 있는 가를 알려주는 중심경향의 측도는 자료집단의 중심위치 또는 그 집단의 중심을 나타내는 한 수이다. 이 절에서 다수의 중심경향의 측도들을 정의하고 각 측도가 어떻게 자료의 중심위치를 알려주는 가를 설명한다. 따라서 중심경향의 측도들은 자료의 중심이 되는 위치의 정보를 구하는 방법들을 포함하고 있으며 이들 측도는 보통 평균들(averages)로 언급된다.

5.4.1 최빈값(MODE)

중심경향의 측도 중 가장 단순한 측도가 최빈값이다. 자료의 중심이 되는 위치를 파악하기 위한 방법으로 자료에서 가장 많은 도수를 갖는 관측값을 최빈값으로 정의한다. 즉, 최빈값의 정의는 다음과 같다.

정의: 최빈값은 자료의 관측값 중 최대의 도수를 갖는 관측값 또는 관측범주로 정의된다.

따라서 범주형 또는 이산형 수량변수의 최빈값(mode)은 최대도수로 발생하는 변수의 값이다. 이산형 수량변수의 자료로부터 최빈값을 다음 예제에서 구해보자.

| 예제 5.3 | 다음은 신혼부부 20쌍을 대상으로 원하는 자녀의 수를 조사한 자료이다. 최빈값을 구하라.

0, 2, 1, 2, 0, 3, 1, 1, 2, 2
3, 2, 2, 2, 1, 0, 1, 2, 2, 1

| 풀 이 | 자녀의 수에 대한 관측이 0, 1, 2, 3의 네 범주로 주어지므로 범주별 도수로 자료를 정리한 도수분포표를 이용한다.

자녀의 수	0	1	2	3
도수	3	6	9	2

〈표 5.4.1〉 자녀의 수에 대한 도수분포표

```
R 스크립트:
자녀수<-c(0, 2, 1, 2, 0, 3, 1, 1, 2, 2, 3, 2, 2, 2, 1, 0, 1, 2, 2, 1)
table(자녀수)==max(table(자녀수))
which(table(자녀수)==max(table(자녀수)))
as.numeric(names(which(table(자녀수)==max(table(자녀수)))))
```

도수분포표에서 가장 많은 도수를 갖는 자녀의 수가 2이므로 최빈값은 2로 주어진다. 최빈값은 주로 질적변수의 자료에서 중심경향의 위치를 나타내는 측도로 이용된다.

| 예제 5.4 | 다음은 어떤 지역에 거주하는 20세대의 세대주 직종을 조사하여 도수분포표로 정리한 자료이다. 최빈값을 구하라.

직종	전문직	판매직	기술직	사무직
도수	6	8	4	2

〈표 5.4.2〉 직종에 대한 도수분포표

| 풀 이 | 표에서 최빈값 또는 최빈범주(modal category)는 "판매직" 이다. 최빈값은 반드시 개체들의 50%를 초과하는 대부분(most)을 의미하지 않는다. 여기서 판매직은 단지 40%이다. 최빈값은 하나의 지배적인 도수가 있을 때에만 대개 자료 중심을 나타내는 좋은 지표이다.

```
R 스크립트:
직종<-c(rep("전문직",6),rep("판매직",8),rep("기술직",4),rep("사무직",2))
table(직종)==max(table(직종))
which(table(직종)==max(table(직종)))
as.factor(names(which(table(직종)==max(table(직종)))))
```

도수의 형태가 두 번 높아지고 떨어질 때의 분포를 이봉분포(bimodal distribution)라 한다. 왜냐하면, 주변 값들보다 훨씬 더 많이 관측되는 두 값이 있기 때문이다. 이봉분포는 두 개의 단봉분포의 혼합으로부터 생길 수 있다. 이봉분포와 관련된 예로 다음 예제를 살펴보기로 한다.

| 예제 5.5 | 다음은 도시의 가정과 시골의 가정에서 어린이 수를 조사한 자료를 도수분포표로 요약한 표이다. 최빈값을 구하라.

지역 \ 어린이 수	0	1	2	3	4	5
도시	5	11	35	2	2	1
시골	0	0	5	5	38	4
합계	5	11	40	7	40	5

〈표 5.4.3〉 도시와 시골 가정에서의 자녀의 수

| 풀 이 | 어린이의 수에 대한 관측은 6개의 범주로 관측되므로 범주형 자료이다. 도시 지역의 가정에서 조사된 어린이의 수는 어린이가 둘인 범주에서 가장 많은 도수가 관측되므로 2가 최빈값이 된다. 그러나 시골 지역의 가정에서 조사된 어린이의 수는 어린이가 넷인 범주가 가장 큰 도수를 가지므로 4가 최빈값이

된다. 이 경우에 최빈값은 2와 4가 된다. 그러나 2와 4 어느 쪽도 자료집단을 기술하는 데 유용하지 않다.

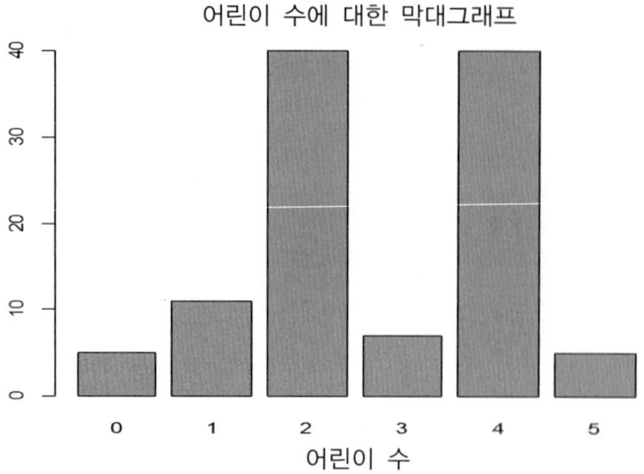

〈그림 5.4.1〉 도시와 시골가정에서의 자녀의 수에 대한 막대그래프

```
R 스크립터:
어린이수<-c(rep(0,5), rep(1,11), rep(2,40), rep(3,7), rep(4,40), rep(5,5))
table(어린이수)
table(어린이수)==max(table(어린이수))
which(table(어린이수)==max(table(어린이수)))
as.numeric(names(which(table(어린이수)==max(table(어린이수)))))
barplot(table(어린이수), main="어린이 수에 대한 막대그래프", sub="어린이 수")
```

<그림 5.4.1>은 봉우리가 둘인 이봉형의 분포를 나타내고 있음을 보여준다.

■ 그룹화 자료(grouped data)의 최빈값

관심개체들의 집단에서 조사된 자료는 두 가지 유형으로 분류된다. 하나는 **개별자료**(ungrouped data)이고 다른 하나는 **집단화된 자료**(grouped data)이다. 개별자료는 개체들의 개별적 관측값들의 모임이고 집단화 자료는 도수분포표 또는 빈도표의 도수로 요약된 자료를 의미한다.

신장 또는 체중과 같은 연속변수를 측정할 때, 조사되는 개체들의 관측값이 모두 다를 수 있다. 이런 경우에 개별 관측값은 도수 1을 갖기 때문에 최빈값이 없다. 그러나, 자료가 계급구간의 도수로 그룹화 되는 경우에 최빈값은 가장 많은 도수를 갖는 계급구간의 계급도수로 정의될 수 있다. 그룹화 된 양적자료에서 **최빈계급**(modal class)은 **가장 큰 도수를 갖는 계급구간**이다. 도수분포표로 정리된 연속형 자료의 최빈값은 가장 많은 도수를 갖는 계급구간의 중간점(midpoint)로 정의된다.

| 예제 5.6 | 64개 점포의 연간 소득에 대한 자료가 〈표 5.4.4〉에서 계급구간의 도수로 요약되어 있다. 소득자료의 최빈값을 구하라.(단위: 만원)

소득	중간점	도수
0−4,000	2,000	4
4,000−8,000	6,000	6
8,000−12,000	10,000	15
12,000−16,000	14,000	28
16,000−20,000	18,000	7
20,000−24,000	22,000	2
24,000−28,000	26,000	2

〈표 5.4.4〉 64개 점포의 연간소득에 대한 도수분포표

| 풀 이 | 계급구간 12,000−16,000에서 가장 많은 도수(28)가 몰려 있으므로 최빈계급이 된다. 최빈계급에 해당하는 계급구간의 중간점(midpoint)이 최빈값으로 정의된다. 이 예에서 최빈값은 14,000만원이다.

최빈값은 질적자료와 범주형의 이산자료에 모두 중심경향의 측도로 이용될 수 있으나 유한개의 범주로 표현되지 않는 양적자료의 위치측도로는 이용에 제한이 있다. 위치의 개념은 순서를 요구하기 때문에 명목자료에는 의미가 없다. 따라서 자료의 중심위치를 나타내는 중심경향의 측도들은 순서, 구간, 또는 비율척도로 행해진 관측치에서만 타당하다.

5.4.2 중앙값(Median)과 분위수(Quantiles)

■ 연속형 자료의 중앙값

자료의 중앙값(median)은 자료를 크기의 순으로 나열하였을 때 중앙에 위치하는 값이다. 따라서 자료집단의 중앙값을 찾을 때 관측 값들을 순서대로 두는 것이 편리하다. 즉, 제일 작은 값이 첫 번째, 그 다음이 두 번째 등의 크기 순서로 배열한다. 순서대로 정리된 관측치 집단을 순서표본(ordered sample)이라 부른다. 관측치의 수가 홀수이면 중앙값은 중앙의 위치에 있는 관측값으로 정의된다.

예를 들면, 일 개월 된 송아지들의 체중(단위: kg)이 59.5, 54, 55, 57, 52.5 라면 순서표본은 52.5, 54, 55, 57, 59.5이다. 중앙값은 55kg이다. 측정값 중 두 개가 55보다 크고 두 개가 55보다 작다. 관측치가 네 개 라면 즉, 52.5, 54, 55, 56.5이면 중앙의 관측값은 없게 된다. 여기서 54와 55사이의 어떤 수도 중앙값으로 이용될 수 있다. 그러나 중앙값으로 구체적 한 수를 이용하는 것이 바람직하다. 우리는 이 수로 중앙의 두 측정값의 중간으로 취한다. 즉, (54+55)/2=54.5 이다.

```
R 스크립터:
송아지<-c(59.5,54,55,57,52.5)
sort(송아지)
median(송아지)                  ##55
송아지홀<-c(52.5,54,55,56.5)
median(송아지홀)                ##54.5
```

■ 이산형 자료의 중앙값

연속형 변수의 경우에 임의의 두 측정값이 같다고 기대하지는 않으나 가족의 수와 같은 이산형 변수의 경우에 동일한 값이 여러 번 반복될 수 있음을 예상하게 된다. 관측 값들이 반복되어도 순서대로 나열할 수 있다. 예를 들어 5 가정의 어린이 수가 2, 1, 5, 2, 2이면, 순서표본은 1, 2, 2, 2, 5이다. 중앙값은 중앙에 있는 관측값 2이다. 네 개의 관측값이 1, 2, 3, 5 이면 1과 2는 아래 쪽 반이고 3과 5는 위쪽 반이다. 2와 3사이의 임의 수는 반반으로 나눈다. 그러나 애매함을 없애기 위해 $2\frac{1}{2}$로 중앙값을 취한다. 비록 $2\frac{1}{2}$이 변수의 가능한 값은 아니라고 해도 이 값을 취한다. 수량자료 또는 양적자료에서 중앙값을 계산하기 위한 공식은 다음과 같다.

정의: 중앙값은 양적자료를 크기의 순서로 배열하였을 때 중앙에 위치하는 값이다.

중앙값을 구하는 공식:

1) 자료의 개수 n이 홀수일 때 $\frac{(n+1)}{2}$번째 관측값

2) 자료의 개수 n이 짝수일 때 $\frac{n}{2}$번째 관측값과 $(\frac{n}{2}+1)$번째 관측값의 평균

5.4.3 사분위수(Quartiles)

중앙값은 관측값들의 집단에서 중앙값 아래로 전체 관측 수의 절반이 존재하고 중앙값 위로 전체 관측 수의 절반이 존재하게 되는 값이다. 즉, 중앙값을 기준으로 자료가 절반씩 나누어지는 위치의 값임을 의미한다. 사분위수는 자료집단을 사등분(quartiles)으로 나누는 값이다.

정의: 사분위수는 자료를 크기의 순으로 나열하였을 때 자료를 사등분하는 값들이다.

자료를 동일한 크기의 비율로 사등분하기 위해 요구되는 세 개의 수를 **제1 사분위수**(first quartile), **제2 사분위수**(second quartile) 그리고 **제3 사분위수**(third quartile)라 한다. 제1 사분위수는 Q_1, 제2 사분위수는 Q_2 그리고 제3 사분위수는 Q_3로 나타낸다.

■ 연속형 자료의 사분위수

8마리의 6주된 돼지 체중을 순서대로 배열하였을 때

$$50.5,\ 51,\ 52,\ 54,\ 55,\ 56,\ 57,\ 59$$

라 두자. 중앙값은 54.5 이다. 8개의 관측값 중 절반(4)이 54.5 미만이고 절반이 54.5보다 크다. 값 51.5는 돼지 체중의 제1 사분위수이다.
8개 관측값 중 $\frac{1}{4}$(25%)에 해당하는 2개의 관측값이 51.5 미만이고 8개 관측값 중 $\frac{3}{4}$(75%)에 해당하는 6개의 관측값이 51.5보다 크다. 값 56.5는 제3 사분위수이다. 왜냐하면 관측값의 $\frac{3}{4}$(75%)에 해당하는 6개의 관측값이 56.5보다 작고 $\frac{1}{4}$(25%)에 해당하는 2개의 관측값은 56.5보다 크다. 제2 사분위수는 중앙값 54.5이다.

```
R 스크립터:
돼지<-c(50.5,51,52,54,55,56,57,59)
sort(돼지)             ## R 프로그램은 제p 백분위수를 정렬된 자료에서 1+p(n-1)
                          인 위치에 있는 값으로 정의
quantile(돼지,0.25)   ##1+.25*(8-1)의 위치에 있는 값, 51.75
quantile(돼지,0.50)   ##1+.50*(8-1)의 위치에 있는 값, 54.5
quantile(돼지,0.75)   ##1+.75*(8-1)의 위치에 있는 값, 56.25
```

관측수가 4의 배수이고 관측값이 다르다면 사분위수를 구하기가 쉽다. 예를 들면, 8개의 관측값이 있을 때 제1 사분위수는 두 번째 순위와 세 번째 순위의 관측값 중간에 위치한 값이고, 제2 사분위수는 네 번째와 다섯 번째 순위의 관측값 사이의 중간값이며 제3 사분위수는 여섯 번째와 일곱 번째 관측값의 중간값이다.

사분위수를 구하는 일반과정은 누적상대도수 항으로 쉽게 행해진다. 5마리의 돼지 무게가 52, 54, 55, 57, 59라 하자. 제1 사분위수는 54이다. 왜냐하면 54미만의 값들에 대해 누적상대도수는 1/4이하이고 54보다 크거나 같은 값들에 대해서 누적상대도수는 3/4 보다 크기 때문이다.

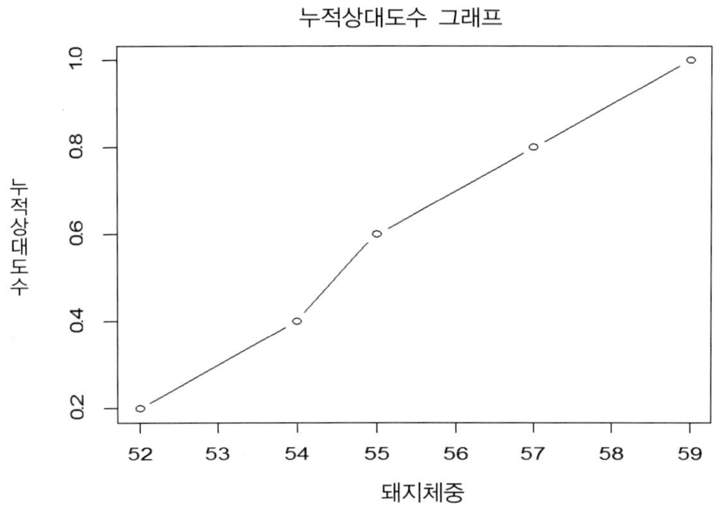

〈그림 5.4.3〉 돼지 체중의 누적상대도수 그래프

```
R 스크립터:
돼지체중<-c(52,54,55,57,59)
도수<-table(돼지체중)
상대도수<-prop.table(도수)
누적상대도수<-cumsum(상대도수)
plot(돼지체중, 누적상대도수, type="b", main="누적상대도수 그래프")
```

"사분위수"는 개체나 개체들의 집합을 언급하지 않는 한 값임을 명심해야 한다. 사분위수는 변수의 단일 값이다. 사분위수는 값들의 모임이나 범위가 아니다. 한 학생의 성적이 상위의 사등분에 속한다는 말은 그 학생의 성적이 제3 사분위수를 초과하고 있다는 의미이다. 학생의 성적이 제3 사분위수에 속한다고 얘기하는 것은 맞지 않다.

■ 이산형 자료의 사분위수

이산형 자료는 먼저 도수분포표로 조직된 다음에 사분위수가 계산된다. 다음 표는 100세대에서 어린이 수에 대한 도수분포이다.

어린이수	도수	상대도수	누적상대도수
0	3	0.03	0.03
1	19	0.19	0.22
2	25	0.25	0.47
3	27	0.27	0.74
4	21	0.21	0.95
5	4	0.04	0.99
6	1	0.01	1.00
합	100	1.00	

〈표 5.4.5〉 100세대에서 어린이 수의 도수

누적상대도수가 0.25, 0.50, 0.75 되는 계급들을 구해 보자. 제1 사분위수는 2이다. 왜냐하면, 2에 해당하는 누적상대도수의 범위가 0.22에서 0.47까지이고 0.25를 포함하고 있다. 누적상대도수의 그림을 그려보면 쉽게 파악할 수 있다.

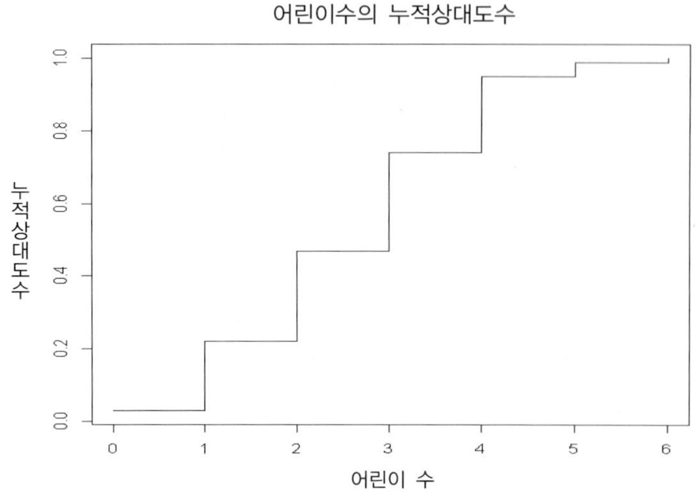

〈그림 5.4.2〉 어린이수에 대한 누적상대도수의 그래프

제2 사분위수는 3이다. 왜냐하면, 3에 해당하는 누적상대도수의 범위는 0.47에서 0.74이고 0.50을 포함하기 때문이다. 제3 사분위수는 4이다. 왜냐하면, 4에 해당하는 누적상대도수는 0.74에서 0.95까지이고 0.75를 포함하기 때문이다. 100 세대 중 25세대를 세대 당 0, 1, 또는 2명의 자녀를 갖는 첫 4등분에

배정하고 25세대를 2명 또는 3명의 어린이를 갖는 두 번째 사등분, 25세대를 3명 또는 4명의 세 번째 사등분 그리고 25세대를 4, 5, 또는 6명의 어린이를 갖는 4번째 사등분에 배정한다는 점에서 사분위수 2, 3, 4는 100세대를 4등분으로 나눈다.

```
R 스크립터:
세대<-c(rep(0,3),rep(1,19),rep(2,25),rep(3,27),rep(4,21),rep(5,4),rep(6,1))
도수<-table(세대)
상대도수<-prop.table(도수)
누적상대도수<-cumsum(상대도수)
cbind(도수, 상대도수, 누적상대도수)
어린이수<-c(0,1,2,3,4,5,6)
plot(어린이수, 누적상대도수, type="s", main="누적상대도수 그래프")
quantile(어린이수, c(0.25,0.50,0.75))
```

5.4.4 십분위수(Deciles), 백분위수(Percentiles), 분위수(Quantiles)

분위수는 사분위수, 십분위수 그리고 백분위수를 포함하는 일반적인 항이다. 십분위수와 백분위수를 정의하고 그 개념을 살펴보기로 한다.

정의: 십분위수는 순서가 주어진 관측값들의 집단을 10등분하는 수이다.

제1 십분위수를 D_1, 제2 십분위수를 D_2, $\cdots$, 제9 십분위수를 D_9이라 둘 때, D_k는 이 값 아래로 자료 전체의 $10k\%$가 존재하고 이 값 위로 자료전체의 $(100-10k)\%$가 존재하게 되는 값이다. 단, $k=1, 2, \cdots, 9$이다.

▌예제 5.7▐ 다음은 한 종합병원에서 건강검진을 받는 사람들의 체류시간을 측정한 자료이다. 제3 십분위수와 제6 십분위수를 구하라.

100, 120, 105, 95, 110, 90, 104, 116, 106, 115
113, 124, 118, 89, 114, 96, 105, 112, 108, 97

| 풀 이 | 제3 십분위수와 제6 십분위수를 각각 D_3와 D_6라 두자. 먼저, 자료를 크기의 순서로 배열한다.

89, 90, 95, 96, 97, 100, 104, 105, 105, 106, 108, 110, 112, 113, 114, 115, 116, 118, 120, 124

제3 십분위수는 D_3아래로 전체 자료의 30%가 존재하고 D_3위로 전체 자료의 70%가 존재하는 값이다. 6번째의 관측값 100과 7번째의 관측값 104의 두 값이 가능한 값들로 주어지므로 D_3는 이들의 평균인 102가 된다. 제6 십분위수는 D_6 아래로 전체 자료의 60%가 존재하고 D_6위로 전체 자료의 40%가 존재하는 값이다. 해당하는 값이 둘 있으므로 이들의 평균인 (110+112)/2=111이 D_6가 된다.

```
R 스크립터:
건강<-c(100,120,105,95,110,90,104,116,106,115,113,124,
        118,89,114,96,105,112,108,97)
sort(건강)
dec3<-quantile(건강,0.3)
dec3            ##1+0.3*(20-1)의 위치에 있는 값, 102.8
dec4<-quantile(건강,0.6)
dec4            ##1+0.6*(20-1)의 위치에 있는 값, 110.8
```

정의: 백분위수는 관측집단의 자료를 크기순으로 나열하여 100등분으로 나누는 수이다.

제k 백분위수를 P_k라 두면 P_k아래로 전체 자료의 k% 존재하고 이 값 위로 전체 자료의 $(100-k)$%가 존재하는 값이다.

| 예제 5.8 | **| 예제 5.7 |** 의 자료에서 제90 백분위수를 구하라.

| 풀 이 | 제90 백분위수를 P_{90}이라 두자. 제90 백분위수는 자료를 크기의 순서로 나열하였을 때 P_{90}아래로 전체 자료의 90%가 존재하고 P_{90}위로 전체 자료의 10%가 존재하는 관측값이다. 따라서 그 값 아래로 90%에 해당하는 값은 118이고 그 값 위로 10%에 해당하는 값이 120이므로 P_{90}은 이들의 평균인 119이다.

```
R 스크립터:
sort(건강)
p90<-quantile(sort(건강),0.9)
p90            ##sort(건강)에서 1+0.9*(20-1)의 위치에 있는 값, 118.2
```

참고로 0.999 분위수 (제99.9 백분위수)는 개체들의 1%의 $\frac{1}{10}$ (0.1%)을 초과하는 값이다. 어떤 분위수도 누적상대도수를 참조하여 계산될 수 있다.

5.4.5 평균(Mean)

양적자료의 평균은 산술평균(arithmetic average)이다. 평균은 수량변수들에 가장 많이 사용되는 중심경향의 측도이다.

정의: 평균은 관측값들의 합을 전체 관측의 수로 나눈 값이다.

| 예제 5.9 | 사촌들의 연령이 15, 12, 14, 17, 19이다. 자료의 평균연령을 구하라.

| 풀 이 | $\frac{15+12+14+17+19}{5} = (15+12+14+17+19) \div 5$는 15.4세 이다.

```
R 스크립터:
연령<-c(15,12,14,17,19)
mean(연령)
```

모집단 자료를 이용하여 평균이 계산되면 모평균이라 하고 그리스 문자 μ로 나타낸다. μ는 미지의 상수이고 "뮤(mu)"로 부른다. 표본 자료를 이용하여 평균이 계산되면 표본평균이라 부르고 $\bar{x}$로 표시한다. x_1, x_2, $\cdots$, x_n을 표본자료라 두면 표본평균 $\bar{x}$는 다음과 같다.

$$\bar{x} = \frac{x_1 + x_2 + \cdots + x_n}{n}$$

이다. 예를 들어, 다섯 개의 측정값을 x_1, x_2, x_3, x_4, x_5라 두자. 이들의 합(sum)은

$$x_1 + x_2 + x_3 + x_4 + x_5 = \sum_{i=1}^{5} x_i$$

로 표현된다. 여기서 $\sum$은 합을 나타내는 기호이다. 표본평균은

$$\frac{x_1 + x_2 + x_3 + x_4 + x_5}{5} = \frac{\sum_{i=1}^{5} x_i}{5} = \bar{x}$$

로 표시된다. n개 관측값의 표본평균에 대한 일반식은

$$\bar{x} = \frac{\sum_{i=1}^{n} x_i}{n}$$

이다. 합은 x_1으로 시작할 필요는 없다. 합 $x_4 + x_5 + x_6$는

$$\sum_{i=4}^{6} x_i$$

로 표시된다.

표본의 위치측도와 모집단의 위치측도 간에 구별할 필요가 있게 된다. 왜냐하면 표본의 한 측도는 모집단의 측도에 대해 추론하기 위해 이용될 수 있기 때문이다. 표본에서 n은 관측값의 수 x_1, x_2, $\cdots$, x_n와 $\bar{x}$를 나타내기 위해 이용된다. 모집단에서의 개체의 수는 N으로 나타내고 모집단의 모든 개체들을 대상으로 하여 조사된 한 변수의 값에 대한 평균은 모평균 μ로 표시된다. 즉 모평균은

$$\mu = \frac{x_1 + x_2 + \cdots + x_N}{N} = \frac{\sum_{i=1}^{N} x_i}{N}$$

로 정의된다.

| 예제 5.10 | 어느 시간대에 대중목욕탕을 이용하는 손님 20명을 대상으로 목욕탕에서 보내는 시간을 측정하였더니 다음과 같았다.(단위: 분)

42 40 55 62 35 48 57 120 100 25

74 82 68 70 68 92 56 98 65 85

표본평균을 구하라.

| 풀 이 | 손님들의 목욕탕 이용시간에 대한 표본평균은 다음과 같다.

$$\bar{x} = \frac{42 + 40 + 55 + \cdots + 98 + 65 + 85}{20} = 67.1$$

이다.

```
R 스크립터:
목욕시간<-c(42,40,55,62,35,48,57,120,100,25,74,82,68,70,68,92,56,98,65,85)
mean(목욕시간)
```

자료의 중심위치를 파악하기 위해 이용되는 평균은 자료에 포함되어 있는 관측값들이 비슷할 때 유의한 정보를 제공하는 측도이나 자료가 상당히 이질적일 때는 중심경향의 측도로 유용하지 않다. 왜냐하면, 자료에 포함된 이상값들의 영향을 크게 받기 때문이다.

■ 이산형 자료의 평균

양적자료이나 이산적인 값들로 반복되는 이산형 자료의 표본평균을 구해보자.

| 예제 5.11 | 10명의 유치원생의 나이이다. 표본평균을 구하라.

$$4,\ 6,\ 5,\ 6,\ 4,\ 5,\ 5,\ 5,\ 6,\ 4$$

| 풀 이 | 나이 합은

$$4+6+5+6+4+5+5+5+6+4=(4\times3)+(5\times4)+(6\times3)=50$$

이므로 나이의 평균은 5이다.

```
R 스크립터:
나이<-c(4, 6, 5, 6, 4, 5, 5, 5, 6, 4)
mean(나이)
```

평균나이를 계산하기 위한 계산식을 부호로 표시해 보자. x_1, x_2, $\cdots$, x_n으로 표시되는 관측값 중 세 개의 구별되는 값을 $u_1=4$, $u_2=5$, $u_3=6$으로 둔다. 세 개의 값에 대한 도수는 각기 $f_1=3$, $f_2=4$, $f_3=3$이다. 따라서 위의 합을 부호로 나타내면

$$f_1u_1+f_2u_2+f_3u_3$$

이다. 평균은

$$\bar{x} = \frac{\sum_{i=1}^{3} f_i u_i}{10}$$

로 구해진다. k개 구별되는 값 u_1, u_2, $\cdots$, u_m이 각기 $f_1, f_{2,}$ $\cdots, f_k$개의 도수를 갖는 다면 평균은

$$\bar{x} = \frac{\sum_{i=1}^{k} f_i u_i}{n} \tag{5.1}$$

이다. 관측 값의 수 $n = \sum_{i=1}^{k} u_i$이고 도수의 합과 같다.

■ 그룹화 자료(grouped data)의 평균

연속형 자료 집단은 도수분포표로 그룹화 될 수 있다. 그룹화 자료(grouped data)의 평균은 앞서의 식 (5.1)로 계산된다. 이 경우 값 u_i는 계급구간의 중간점이다. 임의 한 계급구간의 자료는 모두 그 계급의 중간값과 같다고 간주한다. 그룹화 자료의 평균은 원자료(ungrouped data)에서 계산된 평균과 근사한 차이가 있다. 그러나 때로는 자료가 집단화된 형식에서만 이용가능 할 수 있다. 예를 들면, 여러 종류의 상추들의 무게가 다음과 같이 표로 정리되어 있다고 하자. (무게단위: g)

계급	무게(u_i)	도수(f_i)	곱($f_i u_i$)
1	300	4	1200
2	400	6	2400
3	500	15	7500
4	600	25	15000
5	700	10	7000
6	800	8	6400
7	900	6	5400
8	1000	1	1000
합		$n = \sum_{i=1}^{8} f_i = 75$	$\sum_{i=1}^{8} f_i u_i = 45,900$

〈표 5.4.6〉 상추의 무게자료에 대한 도수분포표

평균은

$$\bar{x} = \frac{\sum_{i=1}^{k} f_i u_i}{n} = \frac{45,900}{75} = 612$$

이다.

```
R 스크립터:
상추<-c(rep(300,4),rep(400,6),rep(500,15),rep(600,25),rep(700,10),
        rep(800,8),rep(900,6),rep(1000,1))
mean(상추)
```

■ 평균으로서의 비율(proportion)

비율(proportion)은 어떤 구체적 특성을 갖는 경우들의 수를 전체 수로 나눈 분수이다. 예를 들면, 한 반의 50명 학생 중 학습동아리에 참여하고 있는 학생의 수가 10명이면 학습동아리 참여비율은 10/50=0.2이다. 일반적으로 비율은 지시변수(indicator variable)의 평균으로 생각될 수 있다.

| 예제 5.12 | 외래환자 8명을 대상으로 예방접종 여부를 조사한 자료이다. 예방접종한 사람들의 비율을 구하라. 단, 변수 I는 접종한 사람이면 1 아니면 0의 값을 위하는 지시변수이다.

환자	1	2	3	4	5	6	7	8
접종여부	접종	미접종	접종	접종	접종	접종	미접종	접종
I	1	0	1	1	1	1	0	1

| 풀 이 | 환자 8명 중 6명이 접종을 하였으므로 비율은 6/8=0.75이다. 이 비율은 지시변수 I의 관측값들의 합(1+0+1+1+1+1+0+1)을 8로 나눈 평균과 일치한다.

```
R 스크립터:
예방접종<-c("접종","미접종","접종","접종","접종","접종","미접종","접종")
도수<-table(예방접종)
상대도수<-prop.table(도수)
상대도수                    ## 접종비율 0.75
I<-c(1,0,1,1,1,1,0,1)
mean(I)                     ##    I 평균 0.75
```

■ 가중평균(weighted average)

가중평균의 계산 예로 다음의 자동차 판매자료를 이용해 보기로 한다.

model	판매대수	퍼센트(%)	가격(단위: 만원)
소 나 타	3,000	60	2,000
그 랜 져	1,500	30	2,500
제네시스	500	10	
합	5,000	100	4,500

〈표 5.4.7〉 2010년도 자동차 판매량과 가격

<표 5.4.7>에서 평균가격은

$$\frac{(3000\times 2000)+(1500\times 2500)+(500\times 4500)}{5000}$$
$$=\frac{3000}{5000}\times 2000+\frac{1500}{5000}\times 2500+\frac{500}{5000}\times 4500$$
$$=.60\times 2000+.30\times 2500+.10\times 4500$$
$$=2400$$

으로 계산된다. 상대도수 0.60, 0.30, 0.10은 비중(weight)이다. 이때의 평균은 가중평균(weighted average)이다.

```
R 스크립터:
model<-c("소나타","그랜져","제네시스")
판매대수<-c(3000,1500,500)
퍼센트<-c(60,30,10)
가격<-c(2000,2500,4500)
자동차<-data.frame(model,판매대수,퍼센트,가격)
가중치<-c(0.6,0.3,0.1)
avg<-t(가중치)%*%가격
avg1<-0.6*2000+0.3*2500+0.1*4500
```

자동차 판매가가 2011년도에 올랐다고 가정하자.

Model	2010년도 판매가	2011년도 판매가	증가액
소나타	2,000	2,050	50
그랜져	2,500	2,600	100
제네시스	4,500	4,900	400

〈표 5.4.8〉 자동차 판매가격의 증가액(단위: 만원)

2010년도 판매량 기준으로 증가액의 가중평균을 구해보면

$$.60\times 50+.30\times 100+0.10\times 400=100.$$

이다. 가격인상이 고지된 시점에는 2011년도의 3개 모형에 관한 관련 판매고가 알려져 있지 않기 때문에 증가액의 가중평균은 2010년도 비중에 근거하고 있음을 나타낸다. 2011년도에 세 모형의 상대적 판매량이 .50, .35, .15라 가정하자. 그러면 2011년도 평균가격은

$$.50 \times 2050 + .35 \times 2600 + .15 \times 4900 = 2895$$

이다. 이 평균가격은 2010년도 2400보다 높다. 개별가격의 인상뿐만 아니라 판매량에 있어서 값싼 모형에서 비싼 모형으로의 판매고에 있어 변화가 있었기 때문이다. 2010년도 비중에 근거한 100만원의 평균가 인상은 가격에 있어 변화를 반영하나 모형의 상대도수에서의 변화는 아니다.

■ 표준화 평균(Standardized Average)

판매량의 상대도수가 2년에 걸쳐 동일하였다면 2011년도의 평균가는

$$.60 \times 2050 + .30 \times 2600 + .10 \times 4900 = 2500$$

이 되어야 한다. 이 가격은 2010년도 평균가 보다 정확히 100만원 많다. 2500은 표준화 평균이다. 왜냐하면, 가격이 표준비중에 기초하여 계산되기 때문이다. 2010년도는 기준연도(base year)이다.

■ 소비자 물가지수(Consumer Price Index)

소비자 물가지수는 표준화된 평균이다. 이 지수는 도시의 봉급 소득자와 사무직 가계와 독신자에 의해 구매된 상품과 서비스의 평균가격을 측정한 값이다. 지수계산에 이용된 비중은 봉급소득자와 사무직 종사자들이 실제 지출한 비용조사에 근거하고 있다. 장바구니 항목의 양과 품질은 연이어지는 물가측정기간에 동일하므로 지수는 단지 가격변동이 이들 세대의 생계비에 미치는 효과를 측정한다. 이 지수는 기간 1997-1999동안에 지수의 값을 100으로 두고 계산한다.

한다. 이 지수는 기간 1997−1999동안에 지수의 값을 100으로 두고 계산한다. 여러 해에 대한 지수의 값들이 표에 주어져 있다.

연도	2000	2001	2002	2003	2004	2005	2006	2007
지수	103.1	106.7	108.1	109.9	113.1	116.3	121.2	127.7

〈표 5.4.9〉 소비자 물가지수: 2000−2007 (1997−1999=100)

■ 표준화 평균의 이용

표준화 평균은 비교하고자 하는 그룹의 구성에 있어 차이를 조정하기 위해 계산될 수 있다. <표 5.4.10>은 아이오와 주 시골의 비농가여성 과 농가여성에 대한 연령별 출산율을 나타낸다.

연령	비 농가		농가	
	도수(비율)	1000명당 5세미만의 어린이 수	도수(비율)	1000명당 5세미만의 어린이 수
15−19	20,564(.165)	114	25,372(.184)	43
20−24	17,448(.140)	1,096	12,275(.089)	1158
25−29	16,843(.135)	1,263	15,752(.114)	1429
30−34	17,319(.139)	800	18,898(.137)	901
35−39	18,285(.146)	478	21,963(.159)	522
40−44	17,483(.140)	210	22,208(.161)	241
45−49	16,954(.136)	69	21,357(.155)	56
15−49	124,896	562	137,825	529

〈표 5.4.10〉 농촌의 농가집단과 비농가집단에서 15세에서 49세 까지의 여성들의 출산율
(자료출처: T.W. Anderson/S.L. Sclove(1986))

출산율은 여성 1000명당 5세 미만의 어린이수로 정의된다. 표에서 비농가여성 출산율은 562로 농가여성의 출산율 529보다 높다. 그러나 연령별 출산율은 가장 나이어린 범주와 가장 나 많은 범주를 제외한 모든 연령범주에서 농가여성이 높다. 두 집단의 전체 출산율 간의 차는 연령분포에 기인할 수 있다. 예를 들면, 20−24 연령 그룹에 비농가여성은 14%이나 농가 여성은 8.9%밖에 되지 않

출산율 간의 차이가 연령분포들에 의해 설명될 수 있는 가를 살펴보기 위해 표준화 평균을 이용할 수 있다. 비농가여성이 농가여성의 연령분포와 같다면 비농가여성의 출산율은 얼마가 되겠는가? 농가그룹으로부터 비중을 이용하여 비농가여성에 대한 가중 평균을 계산하여 구한다.

$$\frac{25,732 \times 114 + 12,275 \times 1096 + \cdots + 21357 \times 69}{137,825} = 493$$

이다.

농가여성이 비농가여성과 동일한 연령분포를 가진다면 이들의 출산율은 1000명당 605가 된다. 이 값은 비농가의 1000명당 562보다 크다. 어느 집단의 비중이 이용되는 가에 상관없이 실제로 출산율은 농가여성이 높다.

```
R 스크립터:
비농출<-c(114,1096,1263,800,478,210,69)
농가비중<-c(0.184,0.089,0.114,0.137,0.159,0.161,0.155)
표준화평균<-t(농가비중)%*%비농출
```

출산율 차이는 어느 비중이 이용되는 가에 관계없이 1000명당 약 40명이다. 출산율의 차이는 두 집단의 연령분포와 연령별 출산율로 인해 매우 달라진다. 심지어 한쪽 집단의 비중이 이용될 때 농가여성이 높은 출산율을 가질 수도 있고 다른 쪽 집단의 비중이 이용될 때 비농가여성이 높은 출산율을 갖는 것이 가능하다.

■ 분포의 모양(Shape of Distributions)

산술평균(arithmetic mean), 중앙값, 최빈값은 이들 측도의 단순성과 유용성으로 인해 가장 중요한 평균(average)들로 간주된다. 그러나 세 개의 평균은 어떤 조건에서도 동일하게 적용되지 않는다. 이들 세 측도의 상대적 위치는 왜도(skewness)라 불리는 분포의 기울어진 정도에 달려있다. 현실의 실제 문제들이 위치측도의 선택을 명시하지 않을 때, 분포의 모양이 도움 된다.

■ 이봉성(Bimodality)

분포가 이봉일 때 어떤 위치측도도 유용한 정보를 전달하지 않는다. 반면에 중앙값은 적어도 어떤 점에서 관측 집단이 절반으로 나누어지는 가를 알려준다.

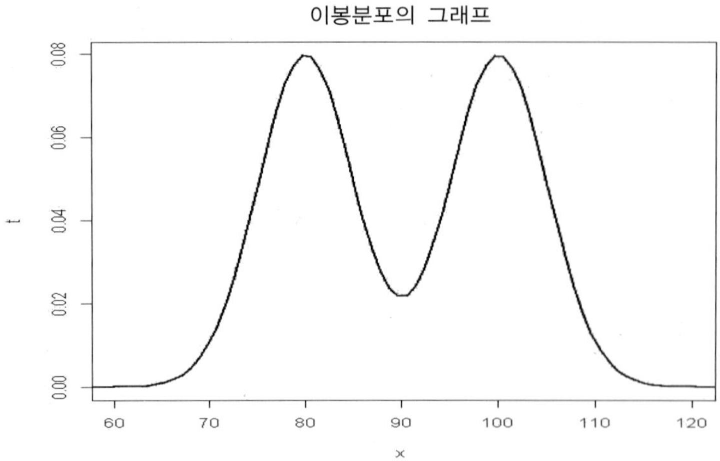

〈그림 5.4.3〉 대칭의 이봉분포(symmetric bimodal distribution)

■ 왜도(skewness)

평균이 기술될 수 없는 또 다른 상황은 분포가 기울어져(skewed) 있을 때이다. 즉, 자료에 소수의 매우 큰 값 또는 작은 값이 있을 때이다.

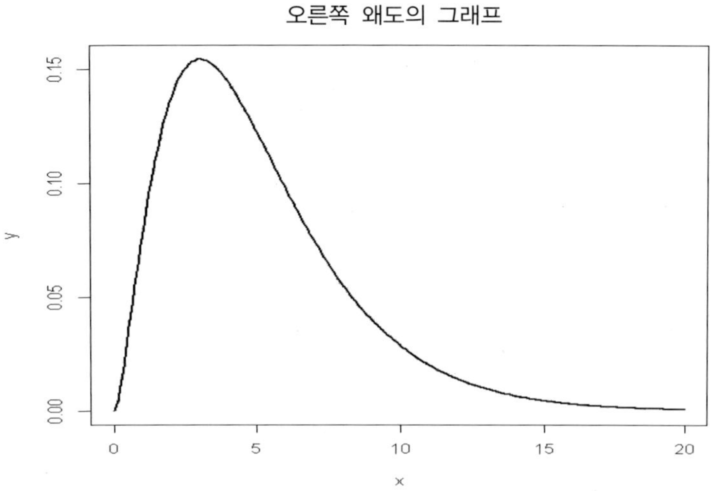

〈그림 5.4.4〉 오른쪽 긴 꼬리의 분포(Right-skewed distribution)

■ 중앙값의 장점

일반적으로 중앙값은 분포가 매우 비대칭일 때 평균보다 나은 위치측도이다. 왜냐하면 가장 큰 관측값과 가장 작은 관측값의 위치는 중앙값에 영향을 미치지 않기 때문에 평균보다 좀 더 신뢰할 수 있는 중심경향의 측도가 된다.

■ 대칭분포

대칭분포는 거울에서 동일하게 보이는 분포이다.

대칭의 단봉분포(unimodal distribution)에서는 평균, 중앙값, 최빈값 모두 일치한다.

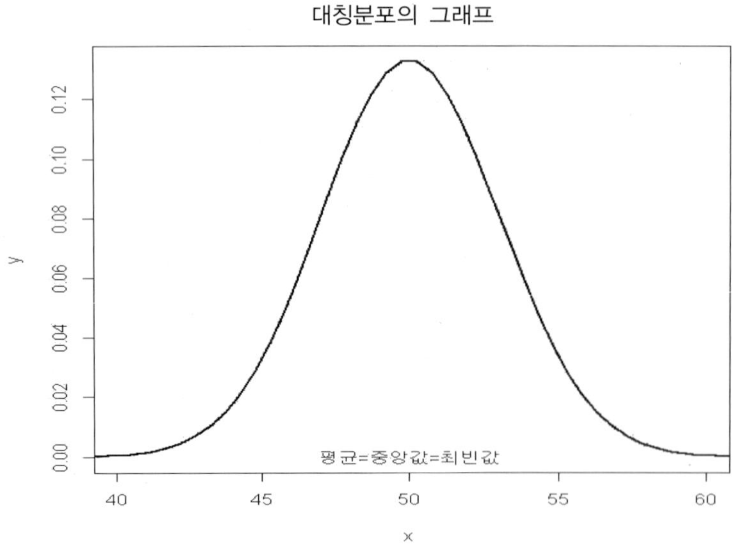

〈그림 5.4.5〉 대칭 분포(Symmetric distribution)

■ 가중평균의 이용

분포가 서로 다른 그룹의 평균을 비교할 때, 그룹들을 비교가능하기 위해 표준화 평균을 이용하는 것이 필요하다. 서로 다른 그룹에서의 폐암사망률을 비교할 때, 연령은 폐암발생에 영향을 미치는 것으로 알려져 있다. 비교그룹 간의 폐암 비교서 연령효과를 제거하기 위해 표준화된 평균, 즉, 연령조정(age-adjusted)된 사망률이 이용된다.

▌예제 5.13▐ 흡연자 그룹과 비흡연자 그룹에서의 폐암사망률을 비교하기 위해 조사한 자료이다. 흡연그룹의 연령분포를 이용하여 비흡연그룹의 표준화 평균을 구하고 폐암사망률을 비교하라. 사망자 수는 인구 100,000명당 사망률이다.

연령	흡연		비흡연	
	흡연자수	사망자수	비흡연자수	사망자수
20−29	540(0.106)	4	842(0.176)	3
30−39	1,136(0.222)	6	1,426(0.298)	2
40−49	2,048(0.400)	12	1,218(0.254)	5
50−59	840(0.164)	8	426(0.089)	7
60−69	554(0.108)	6	875(0.183)	4
계	5,118(1.000)	26	4,787(1.000)	21

〈표 5.4.10〉 흡연그룹과 비흡연그룹의 폐암사망률

| 풀 이 | 비흡연그룹의 표준화 평균은 흡연그룹의 연령분포에 대한 비중을 이용하여 계산된다. 흡연그룹의 가중평균은

$$0.106 \times 4 + 0.222 \times 6 + 0.400 \times 12 + 0.164 \times 8 + 0.108 \times 6$$

로 계산되고 그 값은 8.516이다. 흡연그룹의 비중을 이용한 비흡연그룹의 표준화 평균은

$$0.106 \times 3 + 0.222 \times 2 + 0.400 \times 5 + 0.164 \times 7 + 0.108 \times 4 = 4.342$$

이므로 표준화 평균을 이용한 두 그룹 평균의 차이는 3.174이다.

평균비교를 위한 모든 환경에서 타당한 비중을 이용할 수 없거나 또는 전혀 어떤 조정이 행해지지 않을 때 잘못된 평균을 나타내게 된다.

```
R 스크립트:
흡연가중<-c(0.106,0.222,0.400,0.164,0.108)
흡연사망<-c(4,6,12,8,6)
가중평균<-t(흡연가중)%*%흡연사망          ##8.516
비흡연사망<-c(3,2,5,7,4)
표준화평균<-t(흡연가중)%*%비흡연사망      ##4.342
```

5.5 수값으로 요약하는 방법: 이산측도(Measures of Dispersion)

5.5.1 변동측도(Measures of Variability)

매우 드문 경우에 평균이 자료집단을 기술하는 데 충분할 수도 있으나 일반적으로 자료의 기술에 평균보다 더 많은 정보가 필요하게 된다. 통계자료의 한 중요한 특성은 자료의 변동성이다. 즉, 측정값이 개체 간에 얼마나 많이 차이가 있는 가를 나타내는 특성이다. 이절에서 변동성의 수치평가를 다룬다. 이 개념의 다른 용어는 퍼짐(spread), 흩어짐(scatter), 그리고 산포(dispersion)이다. 자료집단에서의 변동이 클 때 보다 작을 때 자료의 중심위치를 기술하는 위치측도는 나은 대푯값이 된다.

신장 171, 172, 173 센티미터는 신장 166, 172, 178과 동일한 평균 172cm이나 172cm는 두 번째 신장집단보다 첫 번째 신장집단을 잘 기술한다고 느낀다. 두 자료집단이 동일한 평균을 갖는다면 평균값은 작은 변동을 갖는 집단을 훨씬 잘 설명한다.

■ 범위(The Range)

한 반 학생들의 신장에 대한 변동성은 가장 큰 사람과 가장 작은 사람을 비교함으로서 그 정도를 파악할 수 있다. 왜냐하면 차이가 크지 않다면 신장은 크게 달라지지 않는다. 한 자료집단에서 가장 큰 측정값과 가장 작은 측정값 간의 차이를 범위라 한다.

정의: 범위는 자료의 최댓값과 최솟값의 차이로 주어진다.

변동측도로 범위의 단점은 두 극단 값에 의존한다는 것이다. 두 번째 단점은 가장 큰 측정값과 가장 작은 측정값에 직접 의존하기 때문에 집단 내 측정값의 개수에 간접적으로 의존한다. 예를 들면 두 세대가 각기 1명과 4명의 자녀가 있다면 $4-1=3$이다. 세 번째 세대를 추가 할 때 이 세대의 자녀의 수가 1, 2, 3, 또는 4인 경우에 범위는 여전히 3이고 자녀의 수가 0 또는 4 보다 크면 범위는 커진다. 요점은 범위는 관측집단의 크기로 증가하나 결코 감소하지는 않는다. 반면에 변동측도는 측정값의 개수와는 무관해야 한다.

```
R 스크립터:
자녀의수<-c(1,2,3,4)
range(자녀의수)
```

■ 사분위수 범위

범위와는 달리 표본크기에 그리 민감하지 않고 이상값에 영향 받지 않는 변동측도는 IQR로 표시되는 사분위수 범위(interquartile range)이다. 사분위수 범위는 제3 사분위수와 제1 사분위수 간의 차이로 주어진다. 8세대의 자녀의 수가 0, 1, 1 ,2, 2, 3, 3, 9일 때 제1 사분위수는 1이고 제3 사분위수는 3이다. 사분위수 범위는 3−1=2 이다.

정의: 사분위수 범위(IQR) = 제3 사분위수−제1 사분위수

$$= Q_3 - Q_1$$

= 제75 백분위수−제25 백분위수

$$= P_{75} - P_{25}$$

이다.

```
R 스크립터:
자녀수<-c(0, 1, 1 ,2, 2, 3, 3, 9)
IQR(자녀수)        ## 2
```

동일 범위를 갖는 다른 8개 관측값의 집합은 0, 1, 1, 2, 3, 6, 6, 9이다. 우리 대다수는 이 집합이 처음 것 보다 더 많은 변이를 나타낸다고 느낀다. 범위는 이

러한 사실을 반영하지 않으나 사분위수 범위는 반영한다. 새로운 집합의 사분위수 범위는 6−1=5이다.

```
R 스크립터:
자녀수<−c(0, 1, 1 ,2, 3, 6, 6, 9)
IQR(자녀수)      ## 5
```

사분위수는 위치측도(measures of location)이다. 즉, 이들은 위치지표(positional indicators)이다. 따라서 사분위수 범위를 위치변동측도(positional measure of variability)라 부른다.

자료집단에 관측치가 추가될 때 범위는 줄어들지 않으나 늘어날 수 있고 이런 관점에서 범위는 관측치의 수에 지나치게 민감하다는 것을 언급했다. 사분위수 범위는 이러한 결점을 갖지 않는다. 범위는 관측치가 표본에 추가될 때 증가 또는 감소하게 된다. 1, 2, 3, 4, 5의 관측집단에서 범위는 5−1=4 이고 제1사분위수는 2, 제3 사분위수는 4이고 사분위수 범위는 4−2=2이다. 4개의 관측값 6, 3, 3, 4가 1, 2, 3, 4, 5에 추가되면 1, 2, 3, 3, 3, 4, 4, 5, 6인 자료에서 범위는 6−1=5로 증가된다. 그러나 사분위수 범위는 Q_1이 3이고 Q_3가 4이므로 1로 감소하게 된다.

```
R 스크립터:
x<−c(1, 2, 3, 4, 5)
IQR(x)       ## 2
x1<−c(1, 2, 3, 3, 3, 4, 4, 5, 6)
IQR(x1)      ## 1
```

또 다른 위치변동측도로 제9 십분위수(the ninth decile)와 제1 십분위수(the first decile) 간의 차이로 주어지는 십분위수 범위(interdecile rage)를 들 수 있다. 관측값의 대부분(80%)가 이들 십분위수 사이에 놓여진다.

■ 평균편차(The Mean Deviation)

평균편차는 직관적인 느낌을 주는 변동측도이다. 다섯 갓난아이의 출생체중(단위: kg)이 3.5, 2.6, 2.8, 3.2, 2.9이면 평균은 3이다. 평균으로부터의 개별체중의 편차는 0.5, −0.4, −0.2, 0.2, −0.1이다. 편차는 측정값 마이너스 평균이다. 편차의 일부는 양수이고 일부는 음수이다. 평균을 빼기 때문에 편차의 합이 0이라는 점에서 양의 차이와 음의 차이는 균형을 이다.

편차의 절대값 즉, 부호를 떼어 놓은 값은 체중이 평균으로부터 얼마나 다른가를 나타낸다. 이들 값의 평균은 변동측도를 제공한다. 다시 말하면, 편차를 나타내는 값들의 평균은 체중의 평균으로부터 개별 체중이 평균적으로 어느 정도 떨어져 있는 가에 관한 정보를 제공한다. **평균편차("평균절대편차"**의 약어)는 평균으로부터의 점 y_1, y_2, ⋯ , y_N의 평균거리이다. 즉,

$$\frac{\sum_{i=1}^{N}|y_i-\mu|}{N}$$

이다. 이 단계에서 모집단 측도와 표본 측도를 구별해야 한다. 우리는 종종 모집단으로부터 표본을 추출하고 표본특성을 이용하여 해당하는 모집단 특성을 추정한다. 이들을 적절히 대응시키기 위해 표본 변동측도는 모집단 측도와는 약간 다르게 정의된다. 구체적으로 표본평균편차는

$$\frac{\sum_{i=1}^{n}|x_i-\bar{x}|}{n-1}$$

로 정의된다. x_1, x_2, ⋯ , x_n은 n개 표본을 구성하고 $\bar{x}$는 표본평균이다. 중앙값으로 부터의 평균편차가 평균으로부터의 평균편차보다 작거나 같다는 사실은 흥미롭다. 실제로 주어진 관측값들의 집단에서

$$\sum_{i=1}^{n}|x_i - a|$$

는 a를 중앙값으로 선택할 때 최소가 된다. 편차들이 중앙값으로부터의 관측값의 차이로 정의되고 평균편차가 이들의 평균일 수 있으나 이것은 일반적이지 않다.

■ **표준편차**(The Standard Deviation)

표준편차는 가장 많이 이용되는 변동측도이다. 이것은 평균으로부터 관측값의 절대편차를 제곱하여 구해진 양을 이용한 평균의 한 종류이다. 측정값 $y_1, y_2, \cdots, y_N$의 모집단에 대한 모표준편차는

$$\sigma = \sqrt{\frac{\sum_{i=1}^{N}(y_i - \mu)^2}{N}}$$

이다. σ^2은 모분산이다. 표본표준편차는

$$s = \sqrt{\frac{\sum_{i=1}^{n}(x_i - \overline{x})^2}{n-1}}$$

이다. 표본분산은 s^2이다.

표준편차와 분산은 평균으로부터의 편차의 제곱합으로 정의되었다. 이 양들을 계산하기 위해 편차를 구하지 않고 제곱합을 이용하는 것이 편리하다. 왜냐하면, 평균이 몇 개의 유효수자로 행해질 때 편차를 구하는 것이 상당히 번거롭고 반올림 오차로 인한 계산상의 정확성을 유지하기가 어렵기 때문이다. 따라서 식

$$\sum_{i=1}^{n}(x_i - \overline{x})^2 = \sum_{i=1}^{n} x_i^2 - n\overline{x}^2$$

의 이용이 간편하다.

| 예제 5.14 | 어느 지역의 20가구에서 사용한 한 달 전기 소비량(단위: kwh)을 검침한 자료이다. 분산과 표준편차를 구하라.

422.8 442.1 439.2 350.4 394.9 402.9 397.3 355.7 356.3 367.0
370.1 375.2 417.9 394.3 369.7 386.3 349.3 440.2 448.2 375.2

| 풀 이 | 가구의 전기소비량 평균은

$\bar{x} = \frac{1}{20}(422.8 + 442.1 + \cdots + 375.2) = 392.75$

이다. 표본분산 s^2을 구하기 위해 관측값의 제곱합 $\sum_{i=1}^{20} x_i^2$과 $20\bar{x}^2$을 구한다.

$\sum_{i=1}^{20}(422.8^2 + 442.1^2 + \cdots + 375.2^2) = 3,105,384.00$ 이고 $20\bar{x}^2 = 3,085,051.00$이다.

따라서 표본분산과 표본표준편차는

$s^2 = \frac{1}{19}(3,105,384.00 - 3,085,051.00) = 1070.17$ 이고

$s = \sqrt{(s^2)} = \sqrt{(1070.17)} = 32.71$ 이다.

```
R 스크립터:
전기<-c(422.8,442.1,439.2,350.4,394.9,402.9,397.3,355.7,356.3,367.0,
 448.2,375.2,370.1,375.2,417.9,394.3,369.7,386.3,349.3,440.2)
mean(전기)
var(전기)
sd(전기)
```

■ 표본크기보다 하나 작은 수로 나누는 이유

n개의 수 x_1, x_2, ,⋯, x_n이 주어졌을 때, $\sum_{i=1}^{n}(x_i - a)^2$은 a가 $\bar{x}$되도록 취하면 최소가 된다. 이 양 $\sum_{i=1}^{n}(x_i - a)^2$은 a에 대한 제곱편차들의 합(sum of squared deviations about a)이라 불린다. 따라서 $\bar{x}$에 대한 제곱편차의 합은 임

의의 점 a에 대한 제곱편차의 합만큼 작다. 특히 표본평균 $\overline{x}$에 대한 제곱편차의 합 $\sum_{i=1}^{n}(x_i-\overline{x})^2$은 모평균 μ에 대한 제곱편차의 합 $\sum_{i=1}^{n}(x_i-\mu)^2$만큼 작거나 더 작다. 모평균 μ를 알고 있으나 모표준편차 σ를 모르면 μ에 대한 편차를 이용하여

$$\sqrt{\frac{\sum_{i=1}^{n}(x_i-\mu)^2}{n}}$$

를 계산한다. 평균 μ의 값을 모를 때 μ를 $\overline{x}$로 대체하여

$$\sqrt{\frac{\sum_{i=1}^{n}(x_i-\overline{x})^2}{n}}$$

를 계산한다. 그러나 $\overline{x}$에 대한 제곱편차의 합은 μ에 대한 합보다 작아지므로 두 번째 식은 σ를 작게 평가하는 경향이 있다(underestimate σ). 따라서 n보다 작은 어떤 값으로 나눔으로써 이 상황을 교정할 수 있다. n대신 $n-1$로 나누면 바르게 된다. 이렇게 하는 이유는 편차 $x_1-\overline{x}, x_2-\overline{x}, \cdots, x_n-\overline{x}$를 생각하면 알 수 있다. 편차의 합은 0이다. 즉,

$$\sum_{i=1}^{n}(x_i-\overline{x})=0$$

이다. 이 방정식은 n개 편차들이 n개 독립적인 양이 아님을 의미한다. $x_1, x_2, \cdots, x_{n-1}$에 대한 편차의 값이 주어졌을 때 x_n의 편차값은 모든 편차의 합이 0이 되어야 하므로 자동적으로 결정된다. 따라서 n개 양 $x_1-\overline{x}, x_2-\overline{x}, \cdots, x_n-\overline{x}$ 중에 단지 $n-1$개 독립인 양이 있으므로 이것이 n대신 $n-1$로 나누게 되는 이유이다.

■ 변동계수(Coefficient of Variation)

두 개의 상당히 다른 과정이나 모집단에서 자료의 변동을 비교하기 위한 목적의 변동측도로 변동계수를 이용한다. 변동계수는 모집단에서 자료의 변화를 모평균의 크기에 상대적으로 측정한 값이다. 평균 μ와 표준편차 σ를 갖는 모집단 또는 실험과정에서 변동계수는

$$CV = \frac{\sigma}{|\mu|} \quad (\text{단 } \mu \neq 0)$$

로 정의된다. 따라서 변동계수는 μ의 단위로 표현된 모집단의 표준편차이다. 변동계수는 단위가 없는 수이다. 왜냐하면, 표준편차와 평균이 같은 단위를 이용하여 측정되기 때문이다. 그래서 CV는 실험과정 또는 모집단 변동의 지수로 종종 이용된다. 많은 응용에서 CV는 백분율로 표현된다:

$$CV = 100\left(\frac{\sigma}{|\mu|}\right)\%.$$

모집단으로부터 표본자료를 이용할 때 CV는 $100\left(\frac{s}{|\bar{y}|}\right)\%$로 추정된다.

| 예제 5.15 | 다음은 전력소비량의 차이가 있는 두 산업집단에서 조사된 평균전력소모량(단위: kwh)과 표준편차를 나타낸다. 변동계수로 두 집단의 분포를 비교하라.

산업집단	평균전력소비량	표준편차
1	15,000	1,200
2	7,000	900

| 풀 이 | 산업집단1에서의 변동계수를 CV_1이라 두면 $CV_1 = 100\left(\frac{1200}{15000}\right)\% = 8\%$이다. 산업집단2에서의 변동계수를 CV_2이라 두면 $CV_2 = 100\left(\frac{700}{7000}\right)\% = 10\%$

이다. 변동계수의 값으로 분포를 비교할 때 산업집단1에서 전력소비량의 변동이 산업집단2에서 보다 변동이 작다.

```
R 스크립터:
sd1<-1200
m1<-15000
cv1<-(sd1/m1)*100
sd2<-700
mean2<-7000
cv2<-(sd2/mean2)*100
```

5.5.2 변동측도의 이용

■ 위치측도에 포함된 정보량의 평가

변동측도는 종종 위치측도와 함께 제공되어 그 위치측도가 있는 모집단이 어떤 특성을 나타내는 가의 지표로써 보고된다. 따라서 한 소득분포의 중앙값이 190만원이라는 사실은 사분위수 범위가 60만원일 때 보다 35만원일 때 전체소득 분포에 대해 더 많이 얘기해 준다. 마찬가지로 표준편차는 평균이 전체분포의 특성을 어느 정도 반영하는 가에 대한 지표를 나타낸다. 실제로 분산은 평균으로부터의 관측치의 제곱거리 합에 비례한다. 두 분포가 큰 변동을 가지면 이들의 위치측도에 있어서 작은 차이는 중요하지 않게 된다. 왜냐하면 다소 작은 위치측도를 갖는 모집단에서의 측정값들이 다른 모집단에서의 측정값보다 훨씬 더 많은큰 측정값을 포함할 수 있기 때문이다.

자료의 변이를 나타내는 여러 변동측도들은 일반적으로 서로 다른 표본을(또는 모집단) 다른 값으로 비교하게 된다. 예를 들면, 동일한 크기 $n=5$인 두 표본, 표본1과 표본2에서의 평균은 각기 4이고 평균편차는 6/4=1.5로 구해진다.

표본1: 2, 3, 4, 5, 6

표본2: 1, 4, 4, 4, 7

그러나 표본1의 표준편차를 s_1이라 두면

$$s_1 = \sqrt{10/4} = \sqrt{5/2} = 1.581$$

이다. 표본2의 표준편차를 s_2라 두면

$$s_2 = \sqrt{18/2} = \sqrt{9/2} = 2.121$$

로 구해진다. 표준편차가 평균으로부터의 편차들의 제곱이기 때문에 표준편차는 극단값들을 강조하게 된다. 따라서 소수의 매우 극단적 측정값이 있는 분포의 변동을 기술할 때 때로는 사분위수 범위와 같은 다른 통계량을 이용하는 것이 바람직하다.

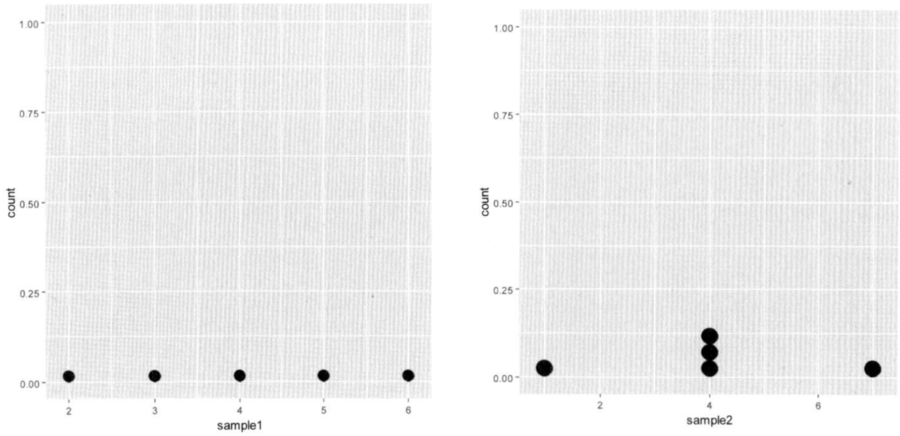

〈그림 5.5.2〉 표본1과 표본2의 점그림표

```
R 스크립터:
library(gcookbook)
library(ggplot2)
sample1<-c(2,3,4,5,6)
f1<-c(1,1,1,1,1)
data1<-data.frame(sample1,f1)
data1
sd1<-sd(data1$sample1)
sd1
p<-ggplot(data1,aes(x=sample1))
p+geom_dotplot()

sample2<-c(1,4,4,4,7)
f2<-c(1,1,1,1,1)
data2<-data.frame(sample2,f2)
data2
sd2<-sd(data2$sample2)
sd2
p<-ggplot(data2,aes(x=sample2))
p+geom_dotplot(binwidth=.30)
```

■ 분포의 비교

두 분포를 비교할 때 우리는 종종 위치와 변동에 집중한다. 두 분포의 위치가 같다 하더라도 변동 또는 변이에 있어 다를 수 있다. 두 분포의 변이가 같다 하더라도 위치에서 다를 수 있다. 평균이 동일하나 표준편차가 다른 소득분포를 갖는 두 국가는 부의 분포가 매우 다른 패턴을 가질 수 있다. 한 국가는 중류층이 다수이나 다른 국가는 중류층이 소수이거나 전혀 없을 수 있다. 다른 예로 상표 A의 타이어와 상표 B의 타이어는 가격이 동일하고 타이어의 평균수명이 비슷하다고 알려져 있다. 타이어를 교체해야 할 때에 어느 한쪽 상표의 4짝 또는 5짝 타이어의 동시 구매 시에 20% 할인이 행해진다고 하자. 타이어가 거의 동시에 마모된다면 절약할 수 있다. 상표 B의 수명시간이 1000마일의 표준편차를 갖고 상표 A의 수명시간이 5000마일의 표준편차를 갖는 다면 상표 B의 타이어를 선호하게 된다. 상표 B의 평균 수명시간이 상대적으로 짧다고 하더라도 타이어 전체 비용은 상표 B가 작게 든다. 왜냐하면 그 타이어들이 동시에 또는 거의 같은 비율로 마모되기 때문이다.

5.6 상자그림(Box plot)

줄기와 잎 그림은 분포의 모양, 점수의 범위 그리고 점수들이 몰려있는 위치를 조사하기 위해 이용될 수 있는 점수자료의 도형화 표현을 나타낸다. 상자그림은 분포의 대칭성에 좀 더 관심이 치중되어 있으며 중심경향과 위치의 수치측도를 포함시키고 있다. 이들은 점수들의 변동과 분포의 꼬리에 있는 점수들의 정도를 파악하기 위한 측도들이다. 상자그림을 그리기 위해 사분위수 외에 분포의 꼬리에 있는 이상값에 대한 정보를 포함하는 다음 양들을 추가로 계산한다.

아래쪽 내부울타리(lower inner fence): $Q_1 - 1.5(IQR)$
위쪽　내부울타리(upper inner fence): $Q_3 + 1.5(IQR)$
아래쪽 외부울타리(lower outer fence): $Q_1 - 3(IQR)$
위쪽　외부울타리(upper outer fence): $Q_3 + 3(IQR)$

어느 한쪽의 내부울타리를 초과하는 점수를 순한 이상값(mild outlier)으로 정의하고 어느 한쪽의 외부울타리를 초과하는 점수는 극단 이상값(extreme outlier)이라 부른다. 위쪽 내부 울타리에 근사한 점수를 위쪽 인접값(upper adjacent value) 그리고 아래쪽 내부 울타리에 근사한 점수를 아래쪽 인접값(lower adjacent value)이라 부른다.

■ 상자그림의 구성단계

1. 제1 사분위수에서 제3 사분위수까지 상자를 표시한다.
2. 중앙값에 해당하는 위치를 나타내기 위해 상자의 세로로 직선을 긋는다.
3. 하위와 상위의 인접 값 위치에 x로 표시한다.
4. 각 사분위수와 인접 값을 점선으로 연결한다.
5. 극단 값을 부호 o로 표시한다.

■ 상자그림(box plot)으로부터 유도될 수 있는 정보

1. 상자그림에서 점수분포의 중심은 중앙값 직선으로 표시된다.
2. 점수변동의 한 측도는 상자의 길이로 표시되는 사분위수 범위로 주어진다. 상자가 하위 사분위수와 상위 사분위수 사이에서 구성되므로 분포에 있는 점수 중 중앙의 50%를 차지하고 있다.
3. 중앙선의 상대적 위치를 검토함으로써 중앙 50% 점수의 대칭성을 계측할 수 있다. 예를 들면, 중앙선이 위쪽 보다는 아래쪽 사분위수에 가깝다면 상자내 중앙값의 아래쪽에 위쪽보다 더 많은 점수들이 몰려있다. 점수의 대칭 분포는 상자의 중앙에 중앙선을 갖게 된다.
4. 왜도에 대한 추가적인 정보는 수염의 길이로부터 구해진다. 어느 한쪽 수염이 다른 쪽에 비해 길면 길수록 더 긴 수염을 갖는 꼬리에서 더 많은 왜도가 있다.
5. 순한 이상값으로 분류된 점수의 개수와 극단 이상값으로 분류된 개수를 조사함으로써 이상값의 존재에 대한 일반적인 평가가 행해진다.

예제 5.16 30명 초등학교 3학년 학생의 한 학급에서 신장을 측정한 결과가 다음과 같다고 하자. 신장의 측정단위는 cm이다. 사분위수, 내부울타리, 외부울타리, 인접값을 구하고 상자그림을 그려라. 이상값이 존재하는 가를 확인하고 순한 이상값과 극단 이상값으로 분류하라.

132, 145, 127, 146, 148, 136, 133, 125, 132, 138, 139, 131, 129, 130, 134, 136, 137, 142, 155, 160, 162, 115, 128, 137, 140, 133, 138, 140, 132, 137

| 풀 이 | 신장자료를 먼저 작은 값에서 큰 값으로 크기의 순으로 배열한다.

115 125 127 128 129 130 131 132 132 132 133 133 134 136 136
137 137 137 138 138 139 140 140 142 145 146 148 155 160 162

제1 사분위수 Q_1 은 이 값 아래로 전체의 1/4이하가 존재하고 이 값 위로 3/4이 존재하게 되는 값이다. 따라서 Q_1 아래의 관측 수는 $30 \times \frac{1}{4} = 7.5$개 이하이고 Q_1 위쪽으로의 관측 수는 $30 \times \frac{3}{4} = 22.5$개가 존재해야 한다. 최솟값에서 위쪽으로 7.5개의 관측값을 갖는 값은 8번째 132이다. 최댓값에서 아래쪽으로 22.5개의 관측값을 갖는 값은 위로부터 23번째에 해당하는 값 132이다. 두 값 모두 132이므로 $Q_1 = \frac{132+132}{2} = 132$이다. Q_2는 $n = 30$이므로 중앙에 위치한 두 값 136과 137의 산술평균이다. 즉, $Q_2 = \frac{136+137}{2} = 136.5$이다. 제3 사분위수 Q_3는 이 값 아래로 전체의 3/4(75%)이 존재하고 이 값 위로 전체의 1/4(25%)이 존재하는 값이다. 따라서 최솟값으로부터 위쪽으로 $30 \times \frac{3}{4} = 22.5$개가 존재하게 되는 가능한 값은 23번째 관측값 140이다. 최댓값에서 아래쪽으로 $30 \times \frac{1}{4} = 7.5$개를 포함하는 값은 24번째 관측값 240이다. 두 값 모두 140이므로 $Q_3 = \frac{140+140}{2} = 140$이다. IQR=140−132=8이므로

아래쪽 내부울타리$= Q_1 - 1.5(IQR) = 132 - 1.5 \times 8 = 120$
위쪽 내부울타리$= Q_3 + 1.5(IQR) = 140 + 1.5 \times 8 = 152$
아래쪽 외부울타리$= Q_1 - 3(IQR) = 132 - 3 \times 8 = 108$
위쪽 외부울타리$= Q_3 + 3(IQR) = 140 + 3 \times 8 = 164$

이다. 아래쪽 인접값은 아래쪽 내부울타리에 가장 가까운 값인 125이다. 위쪽 인접값은 위쪽 내부울타리에 가장 가까운 값인 148임을 알 수 있다. 이들 값을 이용한 상자그림이 <그림 5.6>이다.

순한 이상값은 아래쪽 외부울타리와 아래쪽 내부울타리 사이의 값 즉, (108,

120)에 포함되는 115와 위쪽 내부울타리와 위쪽 외부울타리 사이의 값 즉, (152, 164)에 포함되는 155, 160, 162이다.

극단 이상값은 아래쪽 외부울타리나 위쪽 외부울타리를 벗어나는 값으로 존재하지 않는다.

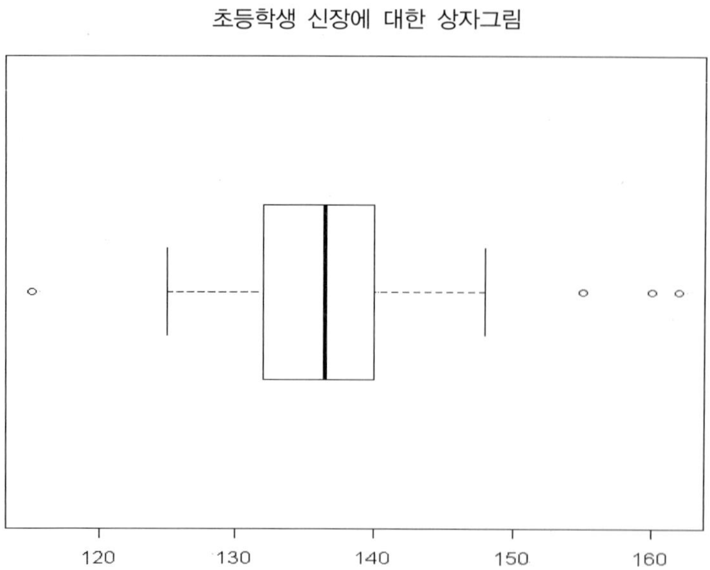

〈그림 5.6〉 상자그림표(box-and-whisker plot)

```
R 스크립터:
신장<-c(132,145,127,146,148,136,133,125,132,138,139,131,129,130,
        134,136,137,142,155,160,162,115,128,137,140,133,138,140,132,137)
sort(신장)
quantile(신장,c(0.25,0.5,0.75))
IQR(신장)
boxplot(신장)
```

초등학생들의 상자와 수염그림으로부터 상자 내 검은 선은 자료의 중앙값을 나타내고 있다.중앙값이 오른쪽에 치우쳐 있으므로 자료의 전체 분포모양은 약간 비대칭임을 파악할 수 있다. 작은 원의 표시는 이상값으로 분류되는 작은 키의 신장과 큰 키의 신장에 대한 관측값이 있음을 보여준다.

상자그림은 여러 개의 서로 다른 처리나 모집단으로부터 표본을 비교하기 위한 강력한 도형기법을 제공한다.

연습문제

5.1 다음은 50개 지역병원에서 출산된 아기의 수이다.

30 55 27 45 56 48 45 50 36 57
48 46 52 34 54 42 32 59 35 46
32 47 55 28 36 47 42 53 22 47
39 56 47 38 43 49 50 34 44 26
57 46 54 34 24 48 42 54 53 51

㉠ 도수분포표를 작성하라.
㉡ 줄기와 잎 그림표를 그려라.
㉢ 자료의 평균을 구하라.
㉣ 자료의 분산을 구하라.
㉤ 왜도를 계산하고 대칭성에 대해 설명하라.

5.2 다음은 응급실에 입원한 30명 환자들의 연령이다.

60 53 33 46 57
45 55 34 37 39
43 45 22 44 38
32 12 34 40 27
35 46 28 47 66

㉠ 줄기와 잎 그림표를 그려라.
㉡ 중앙값을 구하라.
㉢ 제1 사분위수를 구하라.
㉣ 제3 사분위수를 구하라.
㉤ 범위를 구하라.
㉥ 사분위수 범위를 구하라.

5.3 다음은 어느 학과의 학생들의 체중을 조사한 자료의 도수분포표이다.

계급	계급구간	도수	상대도수
1	34.5−39.5	2	0.033
2	39.5−44.5	6	0.100
3	44.5−49.5	8	0.133
4	49.5−54.5	24	0.400
5	54.5−59.5	10	0.167
6	59.5−64.5	7	0.117
7	64.5−69.5	2	0.033
8	69.5−74.5	1	0.017
합계		60	1.000

㉠ 최빈계급을 구하라.
㉡ 최빈값을 구하라.
㉢ 평균을 구하라.
㉣ 상대도수를 이용하여 히스토그램을 그려라.
㉤ 분포모양에 대해 설명하라.

5.4 다음은 어느 과목을 수강하는 학생들의 전공을 조사한 자료이다.

통상 무역 무역 경영 경영 회계 언론 식품 식품 화학
심리 문헌 사회 통계 통계 보건 의용 의용 식품 식품
경영 경영 통상 경영 경영 심리 문헌 보건 사회 문헌

㉠ 자료의 유형을 설명하라.
㉡ 최빈값을 구하라.
㉢ 막대그래프를 그려라.
㉣ 파이그림을 그려라.
㉤ 도수분포표를 작성하라.
㉥ 식품이 차지하는 비율을 구하라.

5.5 다음은 어느 봄철 31일의 최고기온을 조사한 자료이다.

−2 7 4 8 5 10 4 12 14 6
0 5 10 12 13 8 7 5 8 9
−5 4 7 9 11 9 9 9 12 13 15

㉠ 줄기와 잎 그림을 그려라.
㉡ 제20 백분위수를 구하라.
㉢ 제65 백분위수를 구하라.
㉣ 사분위수 범위를 구하라.
㉤ 평균편차를 구하라.
㉥ 표준편차를 구하라.
㉦ 제3 십분위수를 구하라.
㉧ 변동계수를 구하라.

5.6 다음은 어느 중학교 50명 학생들의 수학성적을 나타내는 자료이다.

62 78 88 75 56 68 72 83 79 55
93 84 85 76 52 48 64 90 76 69
77 70 82 58 55 63 74 77 82 91
17 69 28 69 82 49 55 78 85 93
66 71 88 94 53 64 80 72 81 77

㉠ 중앙값을 구하라.
㉡ 제1 사분위수를 구하라.
㉢ 제2 사분위수를 구하라.
㉣ 사분위수 범위를 구하라.
㉤ 아래쪽, 위쪽의 인접값을 구하라.
㉥ 두 내부울타리를 구하라.
㉦ 아래쪽과 위쪽의 외부울타리를 구하라.
㉧ 이상값을 구하라.
㉨ 상자그림을 그려라.

5.7 다음은 9명의 초등학생이 조각 맞추기에 걸린 시간(단위: 분)이다.

20 22 25 24 19 22 12 10 38

㉠ 분산을 구하라.
㉡ 표준편차를 계산하라.
㉢ 편차들의 합을 구하라.
㉣ 변동계수를 계산하라.

5.8 x_1, x_2, x_3, x_4, x_5를 크기 5인 표본자료라 두자.

㉠ x_1의 편차를 구하라.
㉡ 분산을 식으로 나타내어라.
㉢ 표준편차를 구하라.
㉣ 평균을 식으로 표시하라.
㉤ 편차들의 합을 구하라.

5.9 다음 질문에 답하라.

$\sum_{i=1}^{5} x_i = 20$이고 $\sum_{i=1}^{5} x_i^2 = 64$이다.

㉠ 평균을 구하라.
㉡ 분산을 계산하라.
㉢ 표준편차를 계산하라.

5.10 다음은 진료를 받기 위해 대기하고 있는 9명 환자들의 시간을 측정한 자료이다.

$x_1 = 10$, $x_2 = 15$, $x_3 = 8$, $x_4 = 12$, $x_5 = 16$, $x_6 = 20$, $x_7 = 17$, $x_8 = 14$, $x_9 = 9$

측정단위는 분이다.

㉠ $\sum_{i=1}^{5} x_i$를 구하라.

㉡ $\sum_{i=6}^{9} x_i$를 구하라.

㉢ $\overline{x} = \frac{1}{n}\sum_{i=1}^{9} x_i$ 를 구하라.

㉣ $x_2 - \overline{x}$를 계산하라.

㉤ $\sum_{i=1}^{5}(x_i - \overline{x})$를 계산하라.

㉥ $\sum_{i=6}^{9}(x_i - \overline{x})$를 계산하라.

㉦ $\sum_{i=1}^{9}(x_i - \overline{x})$를 구하라.

㉧ $\sum_{i=1}^{9}(x_i - \overline{x})^2$을 계산하라

㉨ $\sum_{i=1}^{9} x_i^2$을 계산하라

㉩ $\sum_{i=1}^{9} x_i^2 - \sum_{i=1}^{9} \overline{x}^2$을 계산하라.

㉪ 표본분산 s^2을 계산하라.

㉫ 표본표준편차 s를 계산하라.

㉬ 중앙값을 구하라.

5.11 다음은 재래시장의 한 야채가게에서 판매되고 있는 시금치 중 임의로 27단을 표본으로 추출하여 중량을 측정한 자료이다.

175 182 170 169 181 180 176 190 183
184 180 185 168 193 194 175 188 169
150 177 169 180 190 188 179 200 205

㉠ 중앙값을 구하라.
㉡ 제1 사분위수 Q_1을 구하라.
㉢ 제3 사분위수 Q_3를 구하라.
㉣ 사분위수 범위 IQR을 구하라.
㉤ 제20 백분위수 P_{20}을 구하라.
㉥ 제60 백분위수 P_{60}을 구하라.
㉦ 제4 십분위수 D_4을 구하라.
㉧ 제5 십분위수 D_5를 구하라.
㉨ 하위와 상위의 인접값을 구하라.
㉩ 이상값을 구하라.

5.12 다음은 전국의 야채가게에서 판매되는 채소의 포기당 평균가격을 알아보기 위해 임의로 31개의 상점을 추출하여 조사한 가격이다.

802 960 747 923 958 861 810 798 811 830
689 673 728 692 867 800 782 412 884 861
877 887 799 752 892 843 934 841 657 725 1250

㉠ 모집단을 기술하라.
㉡ 개체는 무엇인가?
㉢ 제1 사분위수 Q_1을 계산하라.
㉣ 제3 사분위수 Q_3를 구하라.
㉤ 사분위수 범위 IQR을 구하라.
㉥ 하위와 상위의 인접값을 구하라.
㉦ 이상값을 구하라.

5.13 입시시험을 앞두고 있는 40명 학생들의 심리상태를 조사하였더니 다음과 같았다.

불안 매우불안 정상 정상 불안 정상 정상 불안 정상 매우불안
매우불안 불안 정상 정상 정상 불안 매우불안 불안 정상 정상
정상 불안 불안 정상 정상 매우불안 정상 매우불안 정상 정상
정상 불안 정상 정상 정상 불안 불안 매우불안 매우불안 정상

㉠ 개체를 기술하라.
㉡ 변수를 기술하라.
㉢ 변수의 관측값들의 집합을 기술하라.
㉣ 각 범주에 대한 도수를 구하라.
㉤ 각 범주의 상대도수를 구하라.
㉥ 막대그래프를 그려라.
㉦ 파이그림을 그려라.
㉧ 자료의 유형에 대해 설명하라.
㉨ 변수를 측정척도에 따른 명칭으로 분류하라.
㉩ 자료로부터 얻게 되는 정보에 대해 설명하라.
㉪ 자료의 중심위치를 나타내는 정보에 대해 설명하라.
㉫ 자료의 분포는 대칭인 가를 설명하라.
㉬ 자료를 도수분포표로 작성하라.

제6장
정보의 신뢰성

제6장

정보의 신뢰성

6.1 확률과 정보

수집된 정보가 정보로서의 가치가 있는 가에 대한 평가는 정보의 정확성, 신뢰성 및 객관성에 근거해야 한다. 불확실성이 존재하는 사회현상 또는 자연현상의 발생에 대한 추측과 실현가능성의 정도에 대해 객관적이고 과학적인 근거에 의해 정보가 제공될 때 정보의 가치가 높이 평가된다. 예를 들면, 내일 날씨에 대한 일기 예보가 맑음, 비, 구름의 세 현상들로 표현되고 비가 내릴 가능성이 90%±3%로 예보 되었을 때 우리는 비가 온다고 믿고 우산을 준비하게 된다. 여기서 90%는 불확실한 일기 현상에 대한 정보의 **신뢰수준을** 나타낸다. 즉, 내일 비가 온다는 정보의 실현성이 어느 정도인 가를 확률에 근거하여 제공하고 있다. ±3%는 표본오차로 정보에 대한 정확성을 나타낸다. 날씨에 대한 정보는 날씨와 관련된 변수들의 **객관적** 자료 분석에 있다. 날씨와 관련된 변수로는 기온, 기압, 풍향, 풍속 등을 들 수 있다. 이들 변수에 대한 자료가 수집되고 종합적인 분석이 행해질 때 날씨에 대한 정보를 갖게 된다.

다른 예로 기업정보와 관련된 변수들로 기업의 사업품목, 시장점유율, 성장 전망 등을 살펴 볼 수 있다. 기업정보는 그 기업과 관련된 여러 변수들의 자료 분석을 통해 얻게 된다. 이밖에도 교통정보, 물가정보, 부동산 정보, 주식시장 정보 등을 생각해 볼 수 있다.

유용한 정보는 관련된 변수들의 자료를 분석함으로써 구해진다. 변수는 개체간에 변하는 어떤 특성이다. 머리 색깔, 직업, 취미 등은 범주형 변수이다. 자료는 다수의 개체들을 대상으로 관심변수에 대한 관측 값의 모임이다. 예를 들면, 학교주변의 한 지역 내 원룸의 평균월세에 대한 정보를 얻기 위해 관심지역 내 임의로 추출된 다섯 개 원룸의 월세로 평균월세에 대한 정보를 얻게 된다. 조사된 값이 35, 40, 42, 38, 45만원이라면 평균월세에 대한 정보로 40만원을 얻게 된다. 따라서 필요한 정보를 얻기 위해서는 관심변수가 취할 수 있는 가능한 값들이 무엇인 가를 먼저 파악해야 한다.

모집단에서 개체의 특성인 변수가 취할 수 있는 가능한 값들과 그 값들이 발생할 가능성이 주어지면 모집단의 전체적 특성인 모수에 대한 추론이 가능하다. 모집단의 특성을 조사하기 위해 표본을 취하고 표본으로부터 수집된 표본자료에 근거하여 모수에 대한 정보를 제공하는 통계량을 이용하게 된다. 표본으로부터 계산되는 통계량의 관측값은 표본에 따라 다른 값을 가질 수 있으므로 통계량이 취하는 값들의 분포를 확인할 필요가 있다. 모집단으로부터 임의 추출된 한 표본에서 계산된 값이 동일 크기의 표본추출분포에서 어떤 위치에 놓여 있으며 중심경향의 측도로부터 얼마나 멀리 떨어져 있는 가를 분석하기 위해 표본공간의 개념과 표본공간의 사상에 대한 확률의 정의가 필요하게 된다.

6.2 확률과 집합

확률은 실험의 결과로 주어지는 집합의 모든 가능한 부분집합들에 0과 1사이의 실수 값을 배정하는 집합함수에 의해 주어진다. 다시 말하면, 실험을 통하여 관측되는 모든 가능한 결과들의 모임인 집합을 대상으로 확률이 정의되므로 집합에 관한 개념을 살펴보기로 한다. 집합은 다음과 같이 정의된다.

정의: 집합은 명확히 구별되는 대상들의 모임으로 정의된다.

집합을 구성하는 대상을 집합의 **원소**(element) 또는 **구성원**(member)이라 한다. 집합을 구성하는 원소는 사람, 수 또는 문자 등의 구별되는 대상이면 무엇이든 가능하다. 예를 들면, 문자 A, B, C가 개별로 취급될 때 서로 구별되는 대상들이나 이들 문자가 집단적인 모임의 구성요소로 간주될 때 크기 3인 단일의 집합임을 나타내고 집합기호 { }를 이용하여 $\{A, B, C\}$로 표시한다.

| 예제 6.1 | 동전 한 개를 두 번 던지는 실험을 가정한다. 동전의 표면(앞면)이 나오면 H, 이면(뒷면)이 나오면 T로 나타낼 때 실험으로부터 관측되는 결과들의 집합을 구성하라.

| 풀 이 | 동전 한 개를 두 번 던지는 실험으로부터 가능한 결과들은 HH, HT, TH, TT 가운데 하나이므로 가능한 결과들의 집합은 $\{HH, HT, TH, TT\}$이다.

실험으로부터 주어지는 모든 가능한 결과들의 집합을 **전집합**(universal set)이라 한다. 전집합을 Ω로 표시한다. 다음은 부분집합(subset)에 대한 정의이다.

정의: 임의의 두 집합 A와 B에 대해 A내 모든 원소가 또한 B에 있으면 A는 B의 **부분집합**이다. 또는 A는 B에 포함되어 있다고 $A \subset B$로 표시한다.

정의: 원소를 하나도 갖지 않는 집합을 **공집합**(empty set) 또는 **영집합**(null set)이라 하고 $\varnothing$로 나타낸다.

공집합은 모든 집합의 부분집합이다.

정의: A와 B가 Ω의 임의의 두 부분집합이라 두자.

A와 B의 **합집합**(union)은 A나 B 또는 A와 B에 모두 포함되어 있는 모든 원소들의 집합으로 정의되고 $A \cup B$로 표시된다.

정의: A와 B가 Ω의 임의의 두 부분집합이라 두자.

A와 B의 **교집합**(intersection)은 A와 B에 모두 포함되어 있는 모든 원소들의 집합으로 정의되고 $A \cap B$로 표시된다.

정의: A가 Ω의 부분집합이라 두자.
A의 **여집합**(complement)은 A에 있지 않은 Ω내 모든 원소들의 집합으로 정의되고 $\overline{A}$ 또는 A^c로 표시된다.

정리: $A \cup \overline{A} = \Omega$이다.

정의: A와 B가 Ω의 임의의 두 부분집합이라 두자.
$A \cap B = \varnothing$이면 A와 B는 **상호배반**(mutually exclusive)**이다** 또는 **중복되지 않는**(disjoint)**다**고 말한다.

두 집합 A와 B가 상호배반이면 두 집합은 공유하는 원소가 없음을 의미하고 있다. 이러한 집합의 개념은 표본공간과 사상 그리고 확률의 정의를 위해 요구된다.

6.3 표본공간(sample space)과 사상(events)

표본공간은 개념적 실험으로부터 주어지는 모든 가능한 구별되는 결과들의 전집합이다. 표본공간의 부분집합을 **사상**(event)이라 정의한다. 표본공간과 사상들을 살펴보자.

표본공간의 예로써 주사위를 하나 던지는 실험을 생각해 본다.
주사위는 6개의 면을 갖고 있으므로 모든 가능한 결과는 1의 눈, 2의 눈, 3의 눈, 4의 눈, 5의 눈, 6의 눈 중의 하나로 관측 된다. 집합으로 표시하면, $\Omega = \{1,2,3,4,5,6\}$으로 표시된다. 이때 한 실험의 모든 가능한 결과를 갖는 표본공간은 언제나 발생하므로 **전사상**(sure event)으로 정의된다. 표본공간의 표시는 전집합의 기호와 구별하여 S로 표시하기도 한다. 주사위 실험에서 표본공

간의 부분집합은

ϕ,

$\{1\},\{2\},\{3\},\{4\},\{5\},\{6\}$

$\{1,2\},\{1,3\},\{1,4\}\{1,5\}\{1,6\}$
$\{2,3\},\{2,4\},\{2,5\}\{2,6\}$
$\{3,4\},\{3,5\},\{3,6\}$
$\{4,5\},\{4,6\}$
$\{5,6\}$

$\{1,2,3\},\{1,2,4\},\{1,2,5\},\{1,2,6\}$
$\{1,3,4\},\{1,3,5\},\{1,3,6\}$
$\{1,4,5\},\{1,4,6\}$
$\{1,5,6\}$
$\{2,3,4\},\{2,3,5\},\{2,3,6\}$
$\{2,4,5\},\{2,4,6\},\{2,5,6\}$
$\{3,4,5\},\{3,4,6\},\{3,5,6\}$
$\{4,5,6\}$

$\{1,2,3,4\},\{1,2,3,5\},\{1,2,3,6\},\{1,2,4,5\},\{1,2,4,6\},\{1,2,5,6\}$
$\{1,3,4,5\},\{1,3,4,6\},\{1,3,5,6\},\{1,4,5,6\}$
$\{2,3,4,5\},\{2,3,4,6\},\{2,3,5,6\},\{2,4,5,6\},\{3,4,5,6\}$

$\{1,2,3,4,5\},\{1,2,3,4,6\},\{1,2,3,5,6\}\{1,2,4,5,6\},\{1,3,4,5,6\},\{2,3,4,5,6\}$

$\{1,2,3,4,5,6\}$

로 주어지는 $2^6=64$개의 부분집합이 있다. 부분집합 중 원소를 하나도 갖고 있지 않은 공집합과 단일원소로 주어진 부분집합을 다음과 같이 정의한다.

정의: 원소가 0개인 부분집합 ϕ를 **영사상** 또는 **공사상**이라 한다.

정의 : 단일 원소의 부분집합을 **단순사상** 또는 **근원사상**이라 부른다.

단순사상이외의 사상을 사상 또는 복합사상이라 한다. 때로는 사상을 사건이라 부른다. 표본공간 S의 부분집합으로 $A=\{1,3,5\}$를 생각해 보자. 실험의 결과로 주사위의 눈 1이 관측될 때 사상 A가 발생했다고 말한다. 즉, A의 세 원소 중 임의의 하나가 결과로 관측될 때 사상 A가 발생한다고 얘기한다. A의 여사상 A^c는 짝수 눈들의 집합이다. 사상 A가 발생하게 되면 A의 여사상 A^c는 발생하지 않음을 의미하므로 A와 A^c는 상호배반인 사상들이다.

버스정류장에서 타야하는 버스를 기다려야 하는 시간은 길어야 10분이라면 모든 가능한 값은 $S=\{t|0 \leq T \leq 10\}$으로 나타낼 수 있다. 또 다른 예로 활화산의 상태가 폭발하거나 폭발하지 않거나의 두 범주로 분류되면 폭발가능성의 정도는 활화산의 활동에 대한 정보이다. 즉, 화산이 폭발할 가능성이 90%라고 한다면 폭발위험에 대비해야 할 필요가 있다. 이러한 정보는 활화산의 상태를 나타내는 변수들의 자료 분석에서 구해진다. 화산의 폭발은 한 관심사상이다. 관심사상의 발생가능성에 대한 정도는 정보에 속한다. 화산활동과 관련된 여러 특성, 가스분출량, 분진량, 온도 등에 관한 조사 자료를 이용하여 폭발가능성에 대한 정보를 탐지하게 된다.

6.4 확률의 정의

주사위를 던지는 실험에서의 결과는 변수이다. 왜냐하면, 매번 던질 때마다 같지 않은 다른 수의 눈이 관측될 수 있기 때문이다. 주사위를 한번 던질 때 어떤 눈이 나올지 확신할 수는 없지만 가능성을 얘기할 수 있다. 그 이유는 1에서 6까지의 6개 눈 중 하나로 나오는 것은 분명한 사실임에 틀림없기 때문이다. 주사위의 6개면이 결과로 주어질 가능성이 동일하다고 가정될 때 그 가능성을 확률이라 한다. 확률은 0과 1사이의 실수값으로 주어진다.

사상에 대한 확률을 생각해 보기로 한다.

6.4.1 동등발생가능성의 확률 또는 고전적 확률

정의: 표본공간내의 원소들의 수가 N개이고 N개 원소들이 발생할 가능성이 동일하다고 가정할 때 사상 $E=\{e_1, e_2, \cdots, e_k\}$가 k개의 원소를 갖는 부분집합이면 사상E의 확률은

$$P(E) = \frac{k}{N}$$

로 정의된다.

이 고전적 확률의 정의를 이용하여 홀수 눈이 발생할 사상을 E_1이라 두자. 사상 $E_1 = \{1,3,5\}$이므로 $P(E_1) = \frac{3}{6}$으로 주어진다. 짝수 눈이 발생할 사상을 E_2라 두자. 사상 $E_2 = \{2,4,6\}$이므로 $P(E_2) = \frac{3}{6}$이다. $E_1 \cap E_2 = \{\ \}$이므로 공유원소가 없는 영사상이다. 따라서 $P(E_1 \cap E_2) = \frac{0}{6} = 0$가 된다. 공유원소를 갖지 않는 두 사상을 상호배반인 사상이라 한다. 표본공간의 단일 원소로 구성된 단순사상들은 상호배반이다. $E_3 = \{1,2,3\}$라 두자. 이때 E_3는 3이하의 눈이 발생할 사상이다. $E_1 \cap E_3 = \{1,3\}$는 홀수이고 3이하의 눈이 발생할 사상이다. $E_1 \cap E_3$인 사상을 E_1과 E_3의 곱사상 또는 결합사상이라고도 한다. 이 결합사상의 확률은 $P(E_1 \cap E_3) = \frac{2}{6}$이다.

정의: 사상 E의 **여사상**(complement)은 E가 발생하지 않는 사상이다.
E의 여사상을 $\overline{E}$ 또는 E^c로 표시한다.

확률은 또한 상대도수의 개념으로 정의될 수 있다.

6.4.2 상대도수의 개념에 의한 확률

정의: 어떤 과정이 n번의 많은 수로 반복되고 특성 E를 갖는 어떤 결과의 사상이 m번 발생하면 E가 발생한 상대도수 $\frac{m}{n}$은 E의 확률에 근사하다. 즉 사상 E의 확률은

$$P(E) = \frac{m}{n}$$

이다.

윷놀이에서 윷이 나올 확률을 생각해 보자. 윷놀이 횟수가 늘어남에 따라 윷이 나오는 횟수는 일정한 값으로 수렴하게 되리라 예상할 수 있다. 또는 잘 훈련된 궁수가 과녁에서 만점을 맞출 확률은 횟수가 늘어남에 따라 일정한 값으로 수렴하게 된다.

표본공간 S내 임의의 한 사상 A의 확률은 0과 1사이의 실수 값으로 배정되고, 표본공간 S는 전집합이므로 전사상으로 부르며 전사상의 확률은 1이어야 한다. 또한, A_1과 A_2가 S내 임의의 두 사상이라 두자. 확률은 다음 세 성질을 만족해야 한다.

1) $0 \leqq P(A) \leqq 1$

2) $P(S) = 1$

3) A_1과 A_2가 상호배반인 사상이면 $P(A_1 \cup A_2) = P(A_1) + P(A_2)$

성질 3)은 $A_1, A_2, \cdots, A_n$이 S내 상호배반인 n개 사상들에 대해서도 성립한다. 즉,

$$P(A_1 \cup A_2 \cup \cdots \cup A_n) = P(A_1) + P(A_2) + \cdots + P(A_n)$$

이다. 관심사상의 확률에 관한 정보는 표본공간에서 정의된 사상들의 확률을 이용하여 구한다.

정의: 상호배반이 아닌 두 사상 A와 B의 합사상의 확률은

$$P(A \cup B) = P(A) + P(B) - P(A \cap B)$$

이다. 이는 확률의 일반적인 덧셈법칙으로 알려져 있다.

정의: 두 사상 A와 B의 결합사상은 A와 B의 양쪽에 모두 포함된 결과들의 집합이다. 결합사상, 교사상 또는 곱사상은 $A \cap B$로 표시된다.

조건부확률의 정의:
A와 B는 확률 $P(A) > 0$ 와 $P(B) > 0$ 를 갖는 두 사상이라 두자.
사상 B가 주어졌을 때 사상 A의 조건부 확률은

$$P(A|B) = \frac{P(A \cap B)}{P(B)}$$

이다.

사상 A가 주어졌을 때 사상 B의 조건부 확률은

$$P(B|A) = \frac{P(A \cap B)}{P(A)}$$

이다.

조건부확률에 대한 정의로부터 확률의 곱셈법칙이 유도된다.

확률의 곱셈법칙:
두 사상 A와 B의 결합사상 $A \cap B$의 확률은

$$\begin{aligned} P(A \cap B) &= P(A)P(B|A) \\ &= P(B)P(A|B) \end{aligned}$$

이다. 조건부확률이 아닌 $P(A)$ 와 $P(B)$는 사상 A와 B의 **주변확률**(marginal probability) 또는 **무조건부 확률**(unconditional probability)이라 부른다.

6.5 독립사상과 종속사상

두 사상 A와 B가 어떤 확률실험의 표본공간으로부터 임의의 사상이라 두자.

정의: 사상 $A \cap B$의 확률 $P(A \cap B)$가
$P(A \cap B) = P(A)P(B)$ 이기만 하면 사상 A와 B는 서로 **독립**이라 한다.

정의: 사상 $A \cap B$의 확률 $P(A \cap B)$가
$P(A \cap B) \neq P(A)P(B)$ 이면 사상 A와 B는 서로 **종속**이라 한다.

정의: 두 사상 A와 B는
$P(A|B) = P(A)$ 이거나 $P(B|A) = P(B)$ 이면 **독립**이다.

독립성의 개념은 표본추출에서 특히 중요하다. 모평균, 모분산 또는 어떤 다른 모수들을 비교하기 위해 둘이상의 모집단에서 표본을 추출하게 된다. 이 경우에 한 표본에서의 관측 값들은 다른 표본에서 관측되는 값들과는 독립이 되는 표본을 추출한다. 이러한 표본을 **독립표본**이라 부른다.

6.6 베이즈 정리(Bayes' Theorem)

표본자료를 이용하여 조건부 확률을 갱신하기 위하여 베이즈 정리를 어떻게 이용하는 가를 살펴보자.

자연 상태(states of nature)라 불리는 상호배반인 기본사상들 $A_1, A_2, \cdots, A_k$의 k개가 있고 사상들 각각에 무조건부 확률 또는 사전확률로 호칭되는 $P(A_1)$, $\cdots$, $P(A_k)$가 주어져 있다. m개의 상호배반인 사상 $B_1, \cdots, B_m$이 관측가능하다고 가정한다. 자연 상태 A_i가 주어질 때 관측 가능한 사상 B_j의 조건부 확률 $P(B_j|A_i)$를 우도(likelihoods)라 부르며 구체적으로 주어진다. 문제는 사후확률

$P(A_i|B_j)$를 구하는 것이다. 사전과 사후는 사상 B_j를 관측하기 전과 후의 확률을 말한다.

베이즈 정리:

$A_1, A_2, \cdots, A_k$가 상호배반인 자연 상태이고 $B_1, \cdots, B_m$이 m개의 상호배반인 관측 가능한 사상이면

$$P(A_i|B_j) = \frac{P(B_j|A_i)}{P(B_j|A_1)P(A_1) + P(B_j|A_2)P(A_2) + \cdots + P(B_j|A_k)P(A_k)}$$
$$= \frac{P(B_j|A_i)P(A_i)}{\sum_i P(B_j|A_i)P(A_i)}$$

이다.

베이즈 정리가 어떻게 이용되는 가를 다음의 예제들로 살펴보자.

예제 6.2 어떤 질병에 대한 새로운 진단방법이 개발되었다고 가정한다. 새로운 진단방법이 우수하나 완전하지는 않으므로 그 진단방법을 입증하기 위해 실험을 행한다. 실험은 질병에 감염된 1000명의 표본과 질병에 감염되어 있지 않은 2000명의 표본을 대상으로 감염여부를 검사하게 된다. 질병에 감염되는 비율은 인구 1000명당 1명으로 알려져 있다. 실험의 결과는 감염자 중 99%가 양성으로 판정되었고 감염되지 않은 사람 중 단지 5%가 양성반응으로 주어졌다. 따라서 진단방법은 상당히 우수한 것으로 평가된다. 다음 〈표 6.5.1〉은 검사의 결과를 나타내는 표이다.

검사결과 \ 질병유무	유	무
양성	990(99%)	100(5%)
음성	10(1%)	1900(95%)
결과	1000(100%)	2000(100%)

〈표 6.6.1〉 진단법에 의한 실험결과

검사결과가 양성일 때 실제로 질병을 갖고 있지 않는 사람일 확률 $P(\text{유}|\text{양성})$을 구하라.

| 풀 이 | 표본이 추출된 사람들의 집단을 모집단으로 둘 때 모집단의 구성원들은 질병이 있거나 없거나 이다. 질병을 갖고 있는 사상을 A라 두고 질병을 갖고 있지 않는 사상을 $\overline{A}$라 두자. 두 사상 A와 $\overline{A}$는 질병유무의 특성과 관련된 자연 상태의 상호배반인 사상들이고 표본공간을 구성하는 한 분할이다. $P(A)$는 사상 A의 무조건부 확률 또는 사전확률을 나타내고 질병에 대한 감염비율이 인구 1000명당 1명으로 알려져 있으므로 $P(A)$에 대한 정보는 0.001로 주어진다.

표본공간이 질병의 유무와 관련된 두 배반 사상 A와 $\overline{A}$로 구분된 자연 상태에서 진단방법의 검사결과로 관측가능한 상호배반의 두 사상을 B와 $\overline{B}$로 두자. 사상 B는 새로운 진단방법에 따른 검사결과가 양성으로 판정되는 사상을 나타내고 $\overline{B}$는 음성인 사상을 나타낸다. 두 사상 B와 $\overline{B}$는 관측가능한 배반사상들이다. $P(B|A)$를 자연 상태의 A가 주어졌을 때 관측가능한 사상 B의 조건부확률이라 두자. $P(B|\overline{A})$는 자연 상태의 $\overline{A}$가 주어졌을 때 관측가능한 사상 B의 조건부확률이다. $P(B|A)$에 관한 정보는 표본을 대상으로 한 진단방법의 검사결과로 주어지고 그 값은 0.99이다. 마찬가지로 $P(B|\overline{A})$에 관한 정보는 0.05로 주어진다. 관측가능한 두 배반사상의 조건부 확률 $P(B|A)$와 $P(\overline{B}|A)$는 우도이다.

관측가능한 사상 B가 발생하였을 때 자연 상태의 사상 A의 조건부 확률은 $P(A|B)$는 사후확률이 되고 $P(\text{유}|\text{양성})$는 $P(A|B)$로 구해진다. 베이즈 정리의 공식을 이용하면

$$
\begin{aligned}
P(A|B) &= \frac{P(A)P(B|A)}{P(A)P(B|A)+P(\overline{A})P(B|\overline{A})} \\
&= \frac{P(\text{유})P(\text{양성}|\text{유})}{P(\text{유})P(\text{양성}|\text{유})+P(\text{무})P(\text{양성}|\text{무})} \\
&= \frac{0.001\times 0.99}{0.001\times 0.99+0.999\times 0.05}
\end{aligned}
$$

로 계산되고 그 값은 0.01943이다.

예제 6.3 어느 도시의 에너지원별로 소비 동향을 살펴보면 석유, 석탄, 천연가스 순으로 소비가 이루어지고 있다. 이중에서 석유는 38% 석탄은 32% 천연가스 17% 기타 13%를 차지한다고 가정한다. 다음 표는 에너지원에 따른 부문별 소비량을 나타내고 있다.

소비부문	에너지원			
	석유	석탄	천연가스	기타
산업	48%	54%	63%	50%
가정	32%	36%	20%	35%
수송	20%	10%	17%	15%

〈표 6.6.2〉 에너지원의 부문별 소비량(%)

에너지의 소비부문이 가정이라면 에너지원이 천연가스일 조건부확률 $P(\text{천연가스}|\text{가정})$을 구하라.

풀 이 에너지원의 네 범주는 자연 상태의 상호배반인 사상들이다. 그 중 하나인 천연가스일 사상에 대한 확률을 $P(\text{천연가스})$로 두면 $P(\text{천연가스})$는 사전확률 또는 무조건부 확률이고 $P(\text{천연가스})$의 정보는 0.017로 주어져 있다. 자연 상태의 천연가스인 범주에서 소비부문이 가정일 사상의 우도를 $P(\text{가정}|\text{천연가스})$로 나타낼 때 $P(\text{가정}|\text{천연가스})$의 정보는 0.20으로 주어져 있다. 에너지원의 네 범주가 자연 상태로 주어졌을 때 관측가능한 소비부문의 상호배반인 사상들은 산업, 가정, 수송으로 구분된다. 이 가운데 소비부문이 가정인 경우의 사상은 다음의 벤 다이어그램(Venn diagram)에서 자연 상태를 나타내는 사상들의 합사상으로 주어진다.

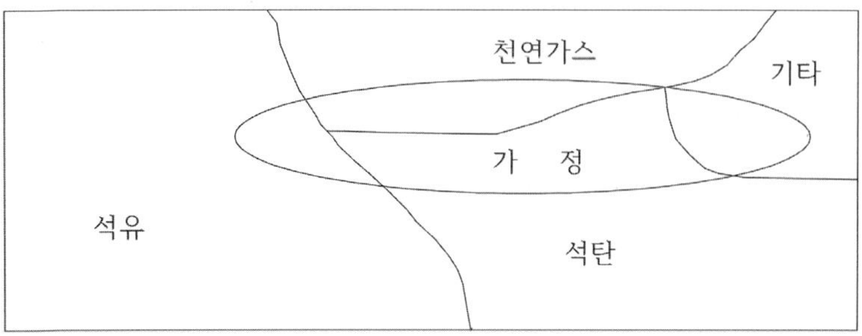

〈그림 6.6.1〉 에너지원의 소비에 따른 가정부문의 벤 다이어그램

그림으로부터 소비부문의 가정일 사상은 자연 상태의 석유, 석탄, 천연가스 그리고 기타의 네 범주와 공통인 결합범주로 구성되는 사상임을 보여준다. 즉, 사상 가정을 집합기호로 나타내면

$$\{가정\}=\{\{석유\}\cap\{가정\}\}\sqcup\{\{석탄\}\cap\{가정\}\}\sqcup\{\{천연가스\}\cap\{가정\}\}\sqcup\{\{기타\}\cap\{가정\}\}$$

로 주어진다. 소비부문이 가정인 사상일 확률을 $P(\{가정\})$으로 둘 때

$$P(\{가정\}) = P(\{석유\}\cap\{가정\}) + P(\{석탄\}\cap\{가정\}) + P(\{천연가스\}\cap\{가정\}) + P(\{기타\}\cap\{가정\})$$

로 구해진다. 관측가능한 상호배반인 각 사상의 확률은

$$P(\{석유\}\cap\{가정\}) = P(\{가정|석유\})P(\{석유\}) = 0.32\times 0.38 = 0.1216,$$

$$P(\{석탄\}\cap\{가정\}) = P(\{가정|석탄\})P(\{석탄\}) = 0.36\times 0.32 = 0.1152,$$

$$P(\{천연가스\}\cap\{가정\}) = P(\{가정|천연가스\})P(\{천연가스\}) = 0.20\times 0.17 = 0.0340$$

이고

$$P(\{기타\}\cap\{가정\}) = P(\{가정|기타\})P(\{기타\}) = 0.35\times 0.13 = 0.0455$$

이므로 $P(\{가정\}) = 0.1216 + 0.1152 + 0.0340 + 0.0455 = 0.3163$이다. 따라서

$$P(\{천연가스|가정\}) = \frac{P(\{가정\cap 천연가스\})}{P(\{가정\})} = \frac{0.0340}{0.3163} = 0.1075$$

이다.

6.1 다음 용어를 설명하라.

㉠ 표본공간
㉡ 사상
㉢ 단순사상
㉣ 여사상
㉤ 독립사상
㉥ 종속사상
㉦ 배반사상
㉧ 전사상
㉨ 합사상
㉩ 결합사상

6.2 동전을 한 개 던지는 실험에서 표면이 나오면 H 이면이 나오면 T라 표기한다. 다음물음에 답하라.

㉠ 표본공간을 기술하라.
㉡ 표면일 사상을 A라 둘 때 A의 여사상을 구하라.
㉢ 사상 A의 배반사상을 B라 둘 때 B를 기술하라.
㉣ 전사상의 여사상을 구하라.
㉤ 사상 A와 A의 여사상 A^c의 합사상을 구하라.

6.3 동전을 두 개 던지는 실험에서 표면이 나오면 H 이면이 나오면 T라 표기한다. 그리고 표본공간의 모든 원소들이 발생할 가능성이 동일하다고 가정한다. 표면이 하나인 사상을 A, 표면이 둘인 사상을 B라 둘 때 다음물음에 답하라.

㉠ 표본공간을 기술하라.
㉡ A의 여사상 A^c를 구하라.
㉢ 사상 A의 배반사상들을 기술하라.
㉣ 전사상의 여사상을 구하라.
㉤ 사상 A와 A^c의 합사상을 구하라.
㉥ 사상 A의 확률 $P(A)$를 구하라.
㉦ $P(A^c)$를 구하라.
㉧ B를 기술하라.
㉨ A와 B의 합사상을 $A \cup B$라 둘 때 $A \cup B$를 구하라.
㉩ $A \cup B$의 여사상 $(A \cup B)^c$을 구하라.
㉪ A와 B의 곱사상을 $A \cap B$라 둘 때 $A \cap B$를 구하라.
㉫ $P(A \cap B)$를 구하라.
㉬ A와 B는 독립사상인 가를 보여라.

6.4 주사위를 두 개 던지는 실험에서 주어지는 모든 가능한 결과들은 발생가능성이 동일하다고 가정한다. 표본공간에서 눈의 합이 2인 사상을 A_2, 눈의 합이 3인 사상을 A_3, 눈의 합이 4인 사상을 A_4, 눈의 합이 5인 사상을 A_5, 눈의 합이 6인 사상을 A_6 이와 같이 계속하여 눈의 합이 12인 사상을 A_{12}로 정의한다. 다음 물음에 답하라.

㉠ 표본공간을 기술하라.
㉡ 각 사상 A_i의 확률 $P(A_i)$의 확률을 구하라. $i = 2, 3, \cdots, 12$이다.
㉢ 눈의 합이 10이하인 사상을 B라 둘 때 B의 여사상 B^c를 기술하라.
㉣ $P(B^c)$를 계산하라.
㉤ B의 배반사상들을 구하라.
㉥ 눈의 합이 10이상인 사상을 C라 둘 때 C를 기술하라.
㉦ $P(B \cap C)$를 계산하라.
㉧ 두 사상 B와 C는 독립인 가를 보여라.

6.5 다음은 백화점의 한 매장에서 상품을 구매한 전 고객의 연령과 구매가격을 조사한 표이다. 연령이 20대이면 A_1, 30대이면 A_2, 40대이면 A_3라 두고 구매가격이 고가이면 B_1, 중가이면 B_2 그리고 저가이면 B_3로 표시한다. 다음 물음에 답하라.

연령	구매가격		
	고가	중가	저가
20대	8	25	47
30대	12	20	28
40대	10	40	10

㉠ 표본공간을 기술하라.
㉡ A_1을 기술하고 $P(A_1)$을 구하라.
㉢ A_2를 기술하고 $P(A_2)$를 구하라.
㉣ A_3를 기술하고 $P(A_3)$를 구하라.
㉤ A_1의 여사상을 기술하라.
㉥ A_2의 여사상을 기술하라.
㉦ A_3의 여사상을 기술하라.
㉧ B_1을 기술하고 $P(B_1)$을 구하라.
㉨ A_i와 B_j가 독립인 가를 보여라. $i, j = 1, 2, 3$이다.
㉩ $P(B_2|A_1)$를 구하라.
㉪ $P(B_2|A_2)$를 구하라.
㉫ $P(B_2|A_3)$를 구하라.

6.6 다음 용어를 설명하라.

㉠ 주변확률 또는 무조건부 확률
㉡ 조건부확률

6.6 다음은 교통법규를 위반한 32명 사람들의 자료이다.

주차위반 중앙선침범 신호위반 신호위반 과속 과속 신호위반 중앙선침범
음주운전 음주운전 중앙선침범 신호위반 신호위반 과속 과속 주차위반
난폭운전 난폭운전 신호위반 주차위반 주차위반 중앙선침범 과속 과속
과속 주차위반 과속 신호위반 신호위반 중앙선침범 주차위반 신호위반

6.7 중앙선침범한 사람 중 2명, 과속한 사람 중 5명, 신호위반 중 3명 그리고 음주운전자 중 1명 그리고 난폭운전자는 모두 부상을 입었다. 다음 물음에 답하라.

㉠ 개체를 기술하라.
㉡ 변수를 설명하라.
㉢ 표본공간을 기술하라.
㉣ 상호배반인 사상들에 대해 설명하라.
㉤ A_1을 주차위반일 사상, A_3를 신호위반인 사상이라 둘 때 $P(A_1 \cup A_3)$를 구하라.
㉥ $A_1 \cup A_3$의 여사상을 기술하라.
㉦ 영사상 $\varnothing$의 확률 $P(\varnothing)$를 구하라.
㉧ 부상을 입은 사람일 때 중앙선침범을 한 사람일 확률을 구하라.
㉨ 부상을 입은 사람일 때 난폭운전을 한 사람일 확률을 구하라.
㉩ 부상을 당한 사람일 사상을 B_1이라 둘 때 $P(B_1)$을 구하라.
㉪ 두 사상 A_1과 B_1는 독립사상인 가를 보여라.

제7장

확률변수와 확률분포

제7장

확률변수와 확률분포

확률분포의 개념

한 실험에 대한 확률모형은 실험의 표본공간과 표본공간의 원소들로 구성되는 사상들의 확률로 규정된다. 표본공간의 원소들이 수가 아닌 부호나 문자 또는 상태를 기술하는 문장 등으로 주어질 때 변수의 관측 값들에 대한 확률분포의 특성을 요약하기가 용이하지 않게 된다. 수가 아닌 값들로 구성되는 표본공간의 원소들에 실수 값을 배정하는 수치함수인 확률변수를 정의하고 표본공간에서 정의된 확률을 이용하여 확률변수의 확률분포를 유도해 보기로 한다.

확률변수의 확률분포는 도수분포와는 달리 확률변수의 값들에 확률을 배정하는 이론적인 모형이다. 반면에 도수분포는 실험이나 관측을 여러 번 반복하여 수집한 자료로부터 구해지므로 다른 상황에서 다른 도수분포를 가질 수 있으나 확률분포는 정해진 유형의 이론적 분포를 따른다는 점에서 차이가 있다.

7.1 확률변수

확률변수는 표본공간의 원소(또는 표본점)에 숫값을 부여해 주는 수치함수로 정의된다. 표본공간내의 원소들의 수가 s개라 두자. s개의 원소를 $e_1, e_2, \cdots, e_s$라 두자. 사상 $\{e_i\}$를 E_i라 두면

$$\pi_i = P(E_i), \quad i = 1, 2, \cdots, s.$$

로 표시된다.

표본공간에서 각 표본점에 수치 사상의 값을 나타내는 실수를 배정한다. 실수는 표본점 마다 다를 수 있으나 일부 점은 같은 수를 배정 받을 수도 있다. 따라서 S내 표본점의 함수인 변수가 정의된다. Y가 표본공간에서 정의된 변수라면 $Y=a$는 수 a가 배정된 모든 표본점을 포함하는 수치사상이다. 실제로 표본공간 S는 부분집합들로 분해될 수 있고 한 부분집합내 점들은 Y의 값이 동일하게 된다. S의 분할은 사상을 나타내는 Y의 값으로 표시된다.

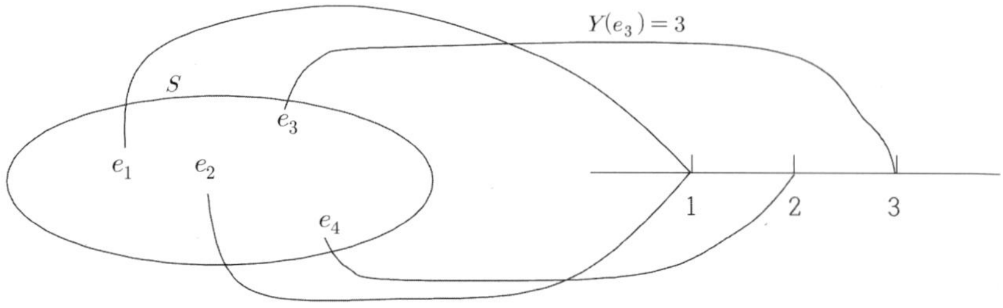

〈그림 7.1〉 표본공간에서 정의된 확률변수 Y

▌예제 7.1▐ 두 개의 동전을 던져 관측하는 실험을 생각해 보자. Y가 관측된 표면의 수라 두자. S내 표본점을 확인하고 Y의 값 하나가 각 표본점에 배정된다. 확률변수의 값과 연관된 표본점을 확인해 보자.

| 풀 이 | H와 T가 표면과 이면을 나타낸다 하자. 부호의 한 순서쌍은 첫 번째와 두 번째 동전의 결과를 나타낸다. 따라서 HT는 첫 동전에서 표면이고 두 번째에서 이면을 의미한다. S내 네 개의 표본점은 HH, HT, TH, TT 이다. 표본점들에 배정된 Y값들은 각 점이 나타내는 표면의 수에 달려있다. $Y=2$는 표본공간 내의 표본점 HH에 배정된다. 마찬가지로 $Y=1$은 HT와 TH에 배정된다. TT는 표면의 개수가 0이므로 $Y=0$의 값이 배정된다.

표본공간에서 확률변수를 정의하게 됨으로써 자체보다는 확률변수로 정의되는 사상에 더 관심을 갖는다. y가 확률변수 Y의 관측 값이라 두자. 그러면 $Y=y$가 될 확률은 y값이 배정된 표본점들의 확률의 합과 동일하게 정해진다.

| 예제 7.2 | **| 예제 7.1 |** 의 표본공간에서 정의된 확률변수 Y의 값들이 발생할 사상들의 확률을 구하라.

| 풀 이 | $P(Y=0)=P(\{TT\})=\frac{1}{4}$, $P(Y=1)=P(\{HT \cup TH\})=\frac{2}{4}$이고 $P(Y=2)=P(\{HH\})=\frac{1}{4}$이다.

<표 7.1.1>은 한 조사연도의 특정지역에서 18세 미만의 어린이 수에 의한 가족의 분포를 나타낸다. 이 표는 모집단에 대한 도수분포이다. 세 자녀를 갖는 가정의 상대도수는 0.105이다. 자녀가 둘인 세대의 상대도수는 0.169이다. 한 가족이 무작위로 추출된다면 0.105는 임의로 뽑힌 가정이 세 명의 자녀를 가질 확률이다. 모집단에 대한 상대도수는 무작위 추출(random sampling)에 대한 확률이다. 모집단에 대한 상대도수분포는 확률분포이다.

어린이수	0	1	2	3	4이상
가족의 비율	0.442	0.181	0.169	0.105	0.103

〈표 7.1.1〉 18세 미만의 어린이수에 의한 가족의 분포

확률분포를 기술할 때 어린이수에 의한 가족분포라 하지 않고 종종 변수에 중점을 두고 **어린이수**의 분포라 한다. 한 가족이 임의로 추출될 때 어린이수가 3일 확률은 0.105이고 어린이수가 2일 확률은 0.169이다. "어린이수"는 변수이고 변

수의 값은 어떤 가족이 추출되는 가에 달려있다는 면에서 확률변수이다. X를 어린이수라 두자. $X=3$은 한 가족이 3자녀를 갖는 사상을 나타낸다. $P(X=3)$은 임의로 추출된 한 가족이 3자녀를 가질 확률을 나타낸다. 따라서 $P(X=3)=.105$이다.

▌예제 7.3▐ 〈표 7.1.1〉에서 적어도 1명의 어린이가 있는 가정일 때 자녀가 둘 이상일 확률을 구하라.

▌풀 이▐ 적어도 1명의 자녀가 있는 가정은 자녀가 하나 또는 둘 또는 셋 또는 넷 이상인 상호배반인 네 범주 중의 하나인 가정이므로 적어도 한 자녀를 가질 확률은

$$\begin{aligned} P(X \geq 1) &= P(X=1)+P(X=2)+P(X=3)+P(X \geq 4) \\ &= 0.181+0.169+0.105+0.103 \\ &= 0.558 \end{aligned}$$

이므로

$$\begin{aligned} P(X \geq 2 | X \geq 1) = \frac{P(X \geq 2)}{P(X \geq 1)} &= \frac{P(X=2)+P(X=3)+P(X \geq 4)}{P(X \geq 1)} \\ &= \frac{0.377}{0.558} \end{aligned}$$

로 계산되고 0.676이다.

관심의 일부 변수들이 표본으로 추출된 각 개별 원소에 대해 관측되기도 한다. 예를 들어 일정크기의 가족들이 표본을 구성하고 있는 경우에 각 가족에서 어린이수, 가족의 수, 자동차의 수, 받아보는 잡지의 수를 관측할 수 있다. 그러나 이들 하나하나는 이산적인 확률변수이다.

다음으로 연속변수의 확률분포를 논의해 보자. 예로써 100명의 16세 소년들의 모집단에서 측정된 체중(단위: kg)을 생각해 보자. <표 7.1.2>는 계급구간의 폭이 5인 구간에서 소년들의 수를 나타낸다. 100명의 체중 분포로 각 구간내의 모든 체중은 그 구간의 중간값과 같다고 생각함으로써 근사적인 확률분포를 생각할 수 있다.

계급구간 (Class interval)	중간점 (Midpoint)	도수 (Frequency)	상대도수 (Relative Frequency)
35.5−40.5	38	1	.01
40.5−45.5	43	5	.05
45.5−50.5	48	8	.08
50.5−55.5	53	11	.11
55.5−60.5	58	15	.15
60.5−65.5	63	18	.18
65.5−70.5	68	15	.15
70.5−75.5	73	11	.12
75.5−80.5	78	9	.09
80.5−85.5	83	5	.05
85.5−90.5	88	2	.02

〈표 7.1.2〉 100명 소년들의 체중에 대한 도수분포표

이때 100명 중 임의로 추출되는 한 소년의 체중은 확률변수이다. 만일 모집단이 매우 크고 측정이 매우 정밀하면 구간들은 아주 작을 수 있다. 이 경우 매우 작은 구간의 기둥그림표(histogram)는 매끈한 곡선(smooth curve)으로 표현되는 연속변수의 확률분포로 간주된다.

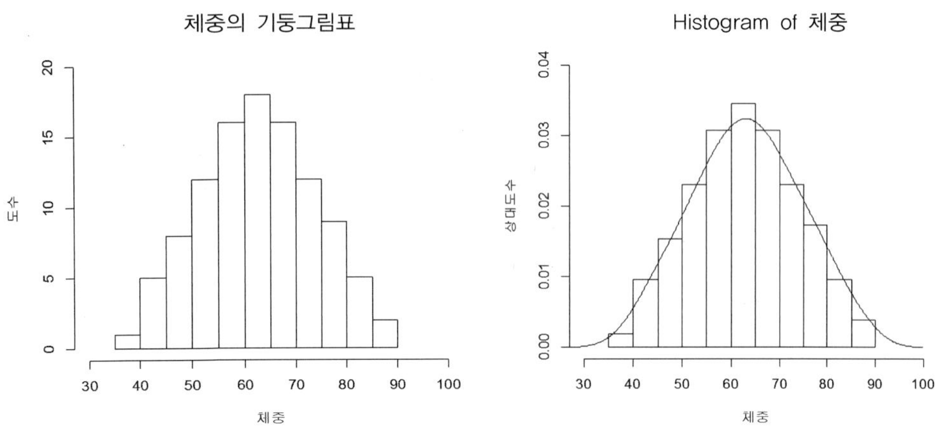

〈그림 7.1.1〉 체중의 기둥그림표

<그림 7.1.1>은 기둥그림표와 유연한 곡선을 나타낸다. 체중이 55.5와 65.5

사이의 상대도수는 55.5와 65.5kg를 포함하는 기둥의 면적 즉, 55.5부터 60.5kg까지 기둥그림표의 면적으로 주어진다. 왜냐하면 전체기둥그림의 면적은 1이기 때문이다. 기둥그림아래의 면적은 55.5부터 65.5까지의 매끄러운 곡선아래의 면적과 거의 동일하다. 임의로 표본을 취할 때 한 신장이 55.5와 65.5사이일 확률은 이 면적과 동일하다. 실제로, 임의 구간에 있는 한 측정값을 얻을 확률은 그 구간위에 걸친 면적이다.

7.2 누적확률(cumulative probability)

누적확률은 5장에서 다루어진 누적상대도수와 비슷하다. <표 7.2.2>는 <표 7.2.1>의 확률분포에 해당하는 누적확률들을 나타낸다. 각 어린이수에 해당하는 누적확률은 단순히 그 어린이수 또는 그 보다 적은 수를 갖는 가족의 비율이다. 누적확률들은 또한 연속확률변수에 대해서도 구해진다.

어린이수	0	1	2	3	4	5
가족의 비율	.2	.2	.3	.1	.1	.1

〈표 7.2.1〉 어린이수의 확률분포

어린이수	0	1	2	3	4	5
가족의 누적비율	.2	.4	.7	.8	.9	.10

〈표 7.2.2〉 어린이수의 누적분포함수

```
R 스크립터:
어린이수<-c(0,1,2,3,4,5)
확률<-c(0.2,0.2,0.3,0.1,0.1,0.1)
누적확률<-cumsum(확률)
가족<-data.frame(어린이수, 확률, 누적확률)
```

7.3 확률분포의 평균과 분산

7.3.1 확률분포의 평균

5장에서 n개 개체들의 한 표본평균을

$$\bar{x}=\frac{f_1u_1+f_2u_2+\cdots+f_ku_k}{n}$$

로 표현하였다. 단, k개의 $u_1,u_2,\cdots,u_k$는 각기 $f_1,f_2,\cdots,f_k$의 도수로 표본에서 발생함을 가정하고 있다. 각 f_i를 n으로 나누면 식은

$$\bar{x}=\frac{f_1}{n}u_1+\frac{f_2}{n}u_2+\cdots+\frac{f_k}{n}u_k$$

로 표현되고

$$\bar{x}=r_1u_1+r_2u_2+\cdots+r_ku_k$$

과 동일하다. 여기서 k개의 비로 주어지는 $r_1=\frac{f_1}{n}$, $r_2=\frac{f_2}{n}$, $\cdots$, $r_k=\frac{f_k}{n}$은 u_1, u_2, $\cdots$, u_k의 상대도수들이다. 따라서 $\bar{x}$는 가중치가 r_1, r_2, $\cdots$, r_k인 u_1, u_2, $\cdots$, u_k의 가중평균이다.

일반적으로 한 확률분포의 평균은 <표 7.3.1>로부터

$$\bar{u}=\pi_1u_1+\pi_2u_2+\cdots+\pi_ku_k$$

이다.

값	u_1	u_2	$\cdots$	u_k
확률	π_1	π_2	$\cdots$	π_k

〈표 7.3.1〉 $u_1, u_2, \cdots, u_k$의 확률분포

즉, 한 확률분포의 평균은 k개의 값 u_1, u_2, $\cdots$,u_k의 가중평균으로 주어진다. 가중치는 k개의 확률 π_1, π_2, $\cdots$, π_k이다. 다시 말하면, u_1, u_2, $\cdots$,u_k의 가중평균은 확률가중평균(probability-weighted average)이다.

한 확률분포의 평균은 고려중인 변수의 모평균 μ와 같다. 표본평균 $\bar{x}$가

$$\bar{x}=\frac{\sum_{i=1}^{n} x_i}{n}=\sum_{j=1}^{k} r_j u_j$$

와 같이 쓸 수 있는 것과 마찬가지로 유한모집단에 대한 평균 μ는

$$\mu=\frac{\sum_{i=1}^{N} y_i}{N}=\sum_{j=1}^{k} \pi_j u_j$$

로 계산된다. 단, y_1, y_2, $\cdots$,y_N은 모집단에서 개별적인 값들이다.

7.3.2 확률분포의 분산

한 확률분포의 평균은 m개의 값 u_1, u_2, $\cdots$,u_k의 확률가중평균이다. 확률분포의 분산은 제곱편차들 $(u_1-\mu)^2$, $(u_2-\mu)^2$, $\cdots$,$(u_k-\mu)^2$의 확률가중평균이다.

$$\text{확률분포의 분산} = \pi_1(u_1-\mu)^2+\ \pi_2(u_2-\mu)^2+\ \cdots\ +\pi_k(u_k-\mu)^2$$

$$= \sum_{j=1}^{k} \pi_j (u_j - \mu)^2$$

이다.

확률분포의 분산의 개념은 해당하는 모집단의 분산 σ^2의 개념과 일치한다. 왜냐하면,

$$\sum_{j=1}^{k} \pi_j (u_j - \mu)^2 = \frac{\sum_{i=1}^{N} (y_i - \mu)^2}{N} = \sigma^2$$

이기 때문이다. 표준편차는 분산의 제곱근으로 정의되고 σ로 표시한다.

▌예제 7.4▐ 병원 A에서 정기검사를 받는 임산부 50명을 대상으로 출산횟수를 조사한 자료이다.

2 1 1 1 1 1 2 1 2 0 1 0 3 0 2 2 2 1 0 0
2 1 2 3 2 1 2 1 0 1 1 2 2 2 1 0 0 0 1 2
2 3 1 2 2 0 0 2 2 0

출산횟수를 확률변수 X라 둘 때 X의 확률분포를 구하고 평균과 분산을 계산하라.

▌풀 이▐ 확률변수 X의 네 값 0, 1, 2, 3에 대한 확률은 상대도수로 구해지므로 X의 확률분포는 다음과 같이 표현된다.

x	0	1	2	3	합
$P(X=x)$	0.24	0.32	0.38	0.06	1.0

확률변수 X의 평균은

$$\mu = \sum_{i=1}^{4} x_i P(X = x_i) = 0 \times 0.24 + 1 \times 0.32 + 2 \times 0.38 + 3 \times 0.06 = 1.26$$

이다. 단, $x_1 = 0$, $x_2 = 1$, $x_3 = 2$, $x_4 = 3$이다. X의 분산은

$$\begin{aligned}\sigma^2 &= \sum_{i=1}^{4} (x_i - \mu)^2 P(X = x_i) \\ &= (0-1.26)^2 \times 0.24 + (1-1.26)^2 \times 0.32 + (2-1.26)^2 \times 0.38 + (3-1.26)^2 \times 0.06 \\ &= 0.7924\end{aligned}$$

이다.

7.3.3 연속확률변수의 평균과 분산

연속변수의 평균과 분산을 논의해 보자. 7.1 절의 <표 7.1.2>는 어느 집단의 16세 소년들의 체중을 나타낸다. <표 7.1.2>로부터 체중분포의 평균과 분산을 계산하기 위해 구간의 중간점을 그 구간에 몰려 있는 모든 소년들의 체중으로 가정한다. 이와 같이 계산된 평균과 분산은 100명의 체중에 근거한 평균과 분산과는 다소 차이가 있을 수 있다. 우리는 이러한 차이를 계급폭 5킬로그램보다 더 작은 구간들을 이용하여 줄일 수 있다. 만일 모집단이 크다면 구간들은 매우 작을 수 있다. 매끄러운 곡선으로 표시되는 연속확률변수의 확률분포는 평균과 분산을 갖게 되며 이 값들은 근사적인 기둥그림의 평균과 분산으로 근사적으로 구해진다.

지금까지 주어진 유한모집단으로부터 하나의 개체를 임의로 추출한다는 가정 아래 확률분포, 평균 그리고 분산을 정의했다. 확률분포와 평균 그리고 분산은 이론적 근거나 수학공식으로부터 정의될 수 있다. 평균은 분포의 무게중심(center of gravity)이다.

7.4 균등분포(Uniform Distributions)

7.4.1 이산균등분포

가장 간단한 확률분포 중의 하나는 10개의 아라비아 숫자에서 임의로 취해지는 수에 대한 확률분포이다. 이 경우에 정수 0, 1, 2, ⋯, 9는 발생가능성이 동일하다. 확률은

$$P(\text{선택된 정수} = i) = \frac{1}{10},\ i = 0,\ 1,\ \cdots\ ,9.$$

이다. 이 확률분포를 10개의 정수 0, 1, 2, ⋯ ,9 에 관한 균등분포 또는 균일분포라 부른다. 이 분포는 “임의로 한 수를 선택하기” 위한 확률모형을 제공한다. 이와 유사하게 10개의 값들 0.0, 0.1, 0.2, ⋯ ,0.9에서 임의로 하나를 선택하는 것을 생각해 보자. 이 경우에

$$P(\text{선택된 값} = \frac{i}{10}) = \frac{1}{10},\ i = 0.0,\ 0.1,\ \cdots\ ,0.9$$

이다. 이들 확률들의 분포에 대한 그래프가 다음의 <그림 7.4.1>에 나타나 있다.

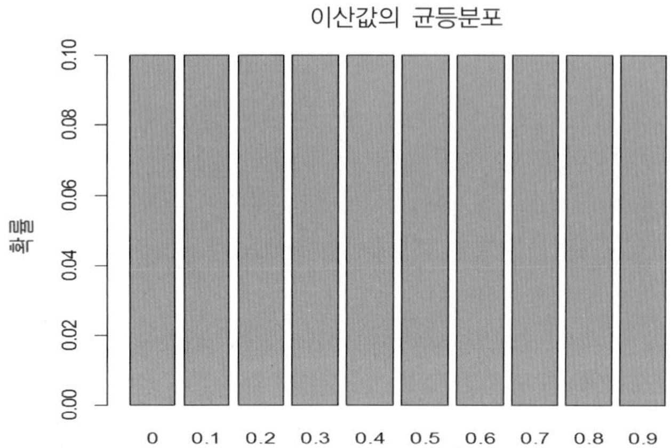

〈그림 7.4.1〉 10개의 이산값에 대한 균등분포의 그래프

그래프에서 알 수 있듯이 10개의 관측값에 대한 확률이 동일함을 보여주고 있다. 다시 말하면, 각 관측값에 확률이 균등하게 배분되어 있음을 보여준다. 임의의 아라비아 숫자 쌍을 이용하는 경우에 100개의 값 0.00, 0.01, 0.02, ⋯ ,0.99에 확률

$$P(\text{선정된값} = \frac{i}{100}) = \frac{1}{100},\ i = 0,\ 1,\ 2,\ \cdots\ ,99.$$

이 동일하게 배정되는 균일분포를 갖게 된다. 또한 1000개의 값 0.000, 0.001, 0.002, ⋯, 0.999에 대한 균일 분포도 생각할 수 있다. 이들 확률분포의 그래프들은 100개와 1000개의 막대를 갖는 점 이외에는 <그림 7.4.1>과 같다.

7.4.2 연속균등분포

소숫점 이하의 자리수를 점점 더 늘려나가며 0과 1사이의 수의 집합에서 균등분포를 고려하는 과정을 계속하면 결국에 그 분포는 0에서 1까지의 구간에 걸친 연속적인 균등분포로 주어진다. 이 확률분포는 1/2의 확률을 구간 0에서 1/2까지, 구간 1/2에서 1까지, 구간 1/4에서 3/4까지에 배정한다. 이 분포는 1/4의 확률을 길이 1/4인 임의구간에 배정한다. 0에서 1까지의 구간에 대한 연속균등분포는 구간(0, 1)내의 임의의 소구간에 그 길이에 해당하는 확률을 부여한다.

회전축상의 바늘을 회전시키는 실험에 대한 모형으로 연속균등분포를 적용할 수 있다. 실험에서 바늘이 회전하고 수평을 이루는 각도를 관측할 때 바늘이 멈추어 수평을 이루는 각도는 모든 각도에서 발생할 가능성이 동일한 것으로 가정한다. 관측되는 각도를 360°의 분수로 측정하면 전체 원의 분수로 측정된다. 그러면

$$P(a < \text{각도} < b) = b - a$$

이다. a와 b는 0과 1사이에 있고 b는 a보다 큰 값이다.

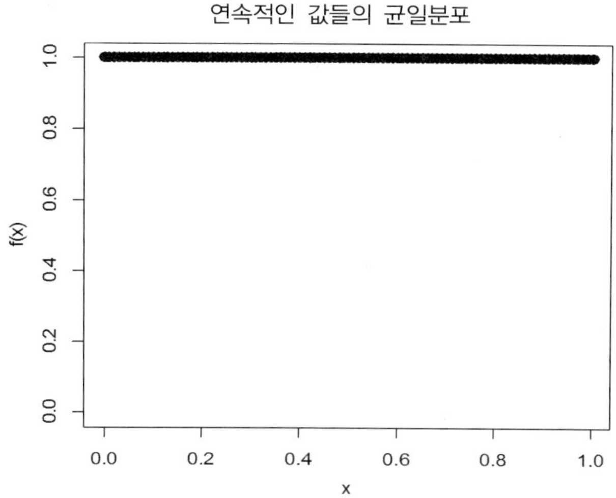

〈그림 7.4.2〉 연속적인 값들의 균등분포

<그림 7.4.2>는 길이와 높이가 1인 정사각형이다. 구간(0,1)의 임의의 실수값에 대해 밀도는 1로 동일하게 주어진다. 밀도의 높이는 1이고 밀도가 정의된 구간의 폭이 1이므로 $f(x)=1$인 직선아래의 구간(0,1)사이의 면적은 1이 된다. 즉, 연속적인 값들의 구간에서 정의된 확률밀도함수는 그 함수 아래의 면적이 확률을 나타낸다.

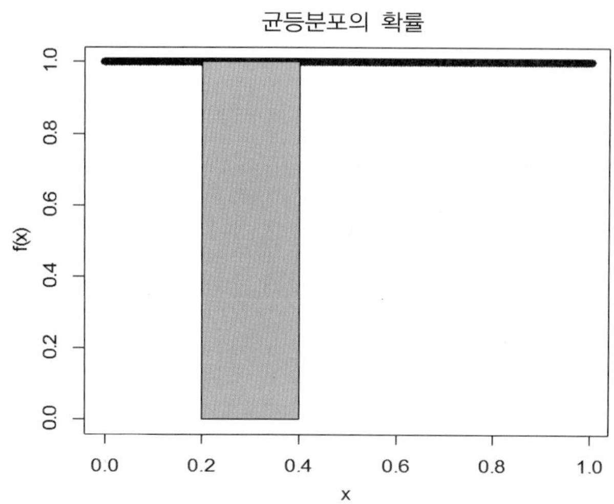

〈그림 7.4.3〉 구간 0과 1에서 균등분포의 확률

바늘이 a와 b사이에서 멈출 확률은 a와 b사이의 면적으로 주어진다. 예를 들면, a=.2이고 b=0.4일 때의 확률은 0.2로 계산된 면적으로 구해진다.

한 확률변수 X가 균등분포를 가질 때 $X \sim U(a,b)$로 표시하기도 한다. 이는 확률변수 X가 실수구간 (a,b)에서 균등분포를 따르고 있음을 의미한다. 따라서 X가 실수구간 $(0,1)$에서 균등분포를 따르고 있을 때 $X \sim U(0,1)$로 표현된다.

| 예제 7.5 | $X \sim U(0,1)$일 때 $P(0.3 < X < 0.5)$인 확률을 R로 구하라.

| 풀 이 | $P(0.3 < X < 0.5) = 0.2$

```
R 스크립터:
punif(0.5,min=0,max=1)-punif(0.3,min=0,max=1)  ##0.2
```

7.5 정규분포 족(The Family of Normal Distributions)

7.5.1 정규분포

많은 연속적 통계변수들은 비슷해 보이는 분포를 갖는다. 신장과 체중 같은 생체 측정값 그리고 IQ점수와 같은 심리 측정값의 기둥그림표들은 공통적 특성을 갖는다. <그림 7.1.1>의 기둥그림표는 이러한 특징들을 나타낸다. 최빈계급은 63킬로그램의 중간점을 갖는 60.5-65.5 킬로그램이다. 63킬로그램의 어느 한쪽에 있는 계급들에서 도수들은 처음에는 천천히 그 다음에는 급격히 감소한 다음 다시 천천히 감소한다. 58킬로그램에 대한 도수는 68킬로그램의 도수와 동일하다. 73킬로그램에 대한 도수는 53킬로그램의 도수와 동일하다. 즉, 기둥그림은 63킬로그램 근처에서 거의 대칭이다. 이 기둥그림표는 <그림 7.5.1>에서 매끄러운 곡선으로 근사화된다.

많은 경우에 매끄러운 곡선은 특별한 수학적 관계의 그래프 모양을 갖는 것으로 입증된다.

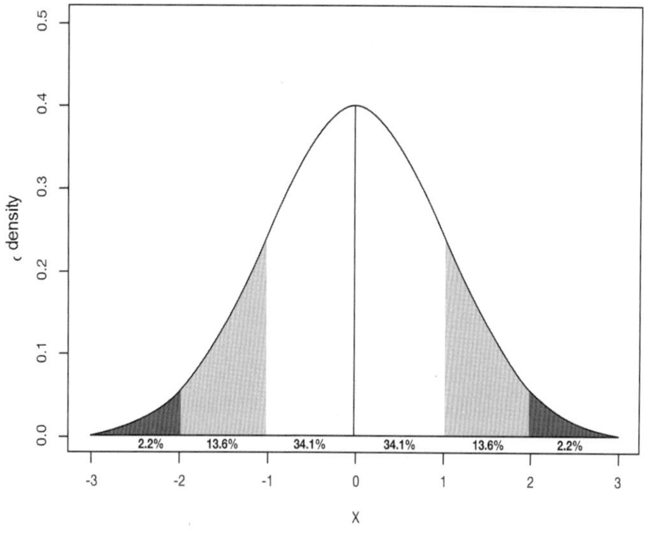

〈그림 7.5.1〉 평균이 0 분산이 1인 정규분포

이러한 수학적 관계 또는 식은 정규분포로 알려진 이론적 확률분포를 규정한다. 때로는 가우시안 분포 또는 라플라스 분포로도 부른다. 특정한 정규분포 하나가 <그림 7.5.1>에 있다.

이 도형은 대칭이고 단봉의 종모양이다. 곡선아래의 전체면적을 기준으로 백분율 수치는 여러 수직선 사이의 곡선아래의 면적을 나타낸다. 예를 들면, 전체면적의 34.1%는 0과 1사이에 있고 동일 퍼센트가 −1과 0사이에 있다. 확률로 표현하면 한 값이 0과 1사이에 있을 확률은 .341이다. 이것은 기둥그림표에서 상대적 면적을 상대도수로 해석하는 것에 해당한다.

z가 수평축이고 y가 수직축을 나타내면 <그림 7.5.1>의 곡선은

$$y = \frac{1}{\sqrt{(2\pi)}} e^{-z^2/2}, \qquad -\infty < z < \infty$$

의 그래프이다. 이 곡선과 수평축 사이의 면적은 1이다. 정규분포의 전체 족이 있다. 수평적인 크기가 확장되고 봉우리는 다양한 점으로 이동될 수 있다. 각 분포의 곡선은 대칭이며 단봉의 종모양이다. 세 개의 서로 다른 정규분포가 <그림 7.5.2>, <그림 7.5.3>과 <그림 7.5.4>에 있다.

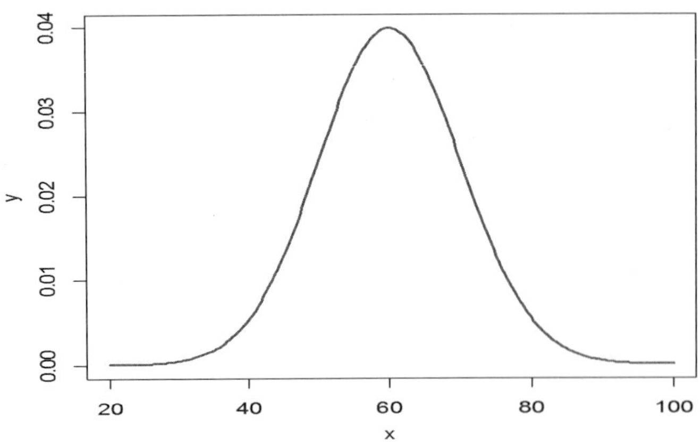

〈그림 7.5.2〉 평균이 60 표준편차가 10인 정규분포

다음 두 그림은 분산은 동일하나 평균이 같지 않은 경우의 정규분포를 나타낸다.

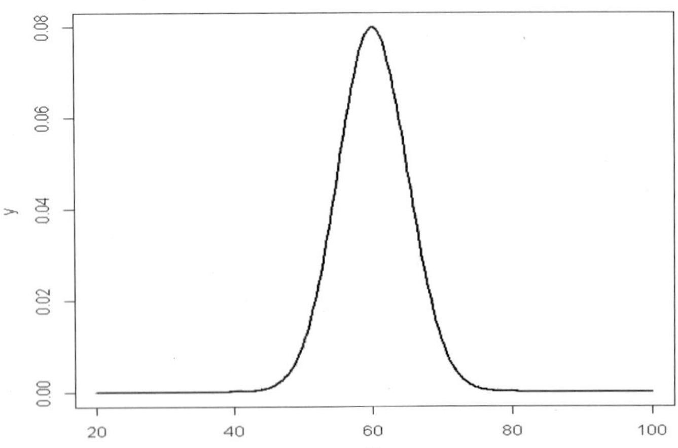

〈그림 7.5.3〉 평균이 60 표준편차가 5인 정규분포

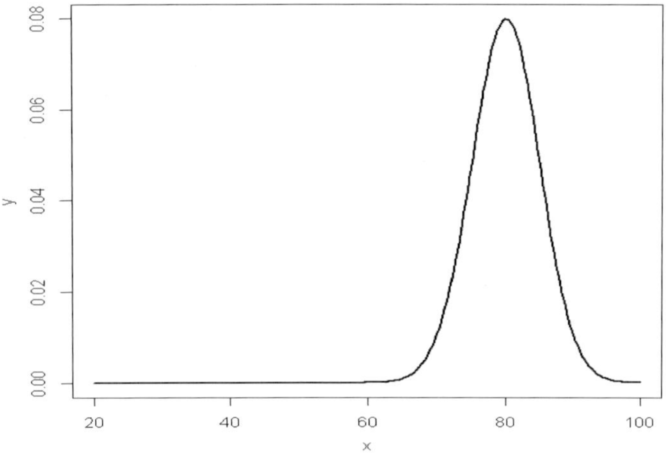

〈그림 7.5.4〉 평균이 80 표준편차가 5인 정규분포

7.5.2 다른 정규분포들

16세 소년들의 체중에 대한 기둥그림표는 대략적으로 정규분포의 전형적 모양을 보여준다. 17세 소년들의 체중의 기둥그림표도 비슷하나 65킬로그램에 중심이 있다고 하자. 한 살 간격에 있는 소년들의 체중을 나타내는 기둥그림표들이 비슷한 모양을 가지나 서로 다른 평균과 백분위수와 서로 다른 변동을 갖는 경우이다. 사람이 아닌 동물의 체중도 정규분포로 근사시킬 수 있는 기둥그림표를 나타낼 수 있으나 위치와 산포는 소년들의 분포와는 다를 것이다. 각 경우에 기둥그림표는 정규분포족의 구성요소(member)에 의해 근사화 될 수 있다.

모든 정규분포는 동일한 형태를 갖고 비슷한 수학 공식으로 정의된다. 특정한 정규분포는 평균과 표준편차로 규정된다. 평균 μ는 수평축에서의 위치를 나타낸다. 표준편차 σ는 평균 μ로부터 분포가 얼마나 퍼져있는 가를 말해준다. σ가 커질수록 분포는 더욱 넓게 처진다. <그림 7.5.2>에서 $\mu=60$이고 $\sigma=10$이다. <그림 7.5.3>에서 $\mu=60$이고 $\sigma=5$이다. <그림 7.5.4>에서 $\mu=80$이고 $\sigma=5$이다. μ와 σ는 정규분포의 두 특성을 나타내는 모수들이다.

수학 공식. 정규분포의 곡선은 확률밀도함수라 불리는 식

$$y = \frac{1}{\sigma\sqrt{(2\pi)}} e^{-(x-\mu)^2/(2\sigma^2)}$$

의 그래프이다.

평균이 0이고 표준편차가 1인 정규분포를 표준정규분포라 한다. <그림 7.5.1>은 표준정규분포의 모양을 보여준다.

자료를 구성하는 각 측정값에서 자료의 평균을 뺀 값들로 구성된 변환된 자료의 평균은 0이다. 모든 측정값을 하나의 양수로 나누면 변환된 측정값들의 표준편차는 원래의 표준편차를 그 수로 나눈 값이다. 특히 모집단을 구성하는 원래의 측정값들의 표준편차 σ로 나누면 변환된 측정값들의 표준편차는 1이다. 원래의 측정값에서 평균 μ를 빼고 원래의 측정값의 표준편차 σ로 나누면 평균이 0이고 표준편차 1인 변환된 측정값들을 얻게 된다. 본래의 측정값이 x이면 변환된 측정값은

$$z = \frac{x-\mu}{\sigma}$$

이다. 이러한 z값을 **표준점수**라 한다.

한 확률변수 X가 평균 μ이고 표준편차 σ인 정규분포를 따를 때 $X \sim N(\mu, \sigma^2)$로 표시한다. 따라서 표준화된 변수 Z는 평균이 0이고 표준편차가 1인 표준정규분포이므로 $Z \sim N(0,1)$로 표현된다. Z가 $N(0,1)$인 분포를 따를 때 Z를 표준정규변수라 한다.

예제 7.6 X가 평균이 15이고 분산이 4인 정규분포를 따른다고 하자. X의 분포로부터 추출된 3개의 값이 $x_1 = 12.4$, $x_2 = 13.6$, $x_3 = 15.5$일 때 해당하는 표준점수 z_i를 구하라.

| 풀 이 | $z_1 = \frac{12.4-15}{2} = -1.3$, $z_2 = \frac{13.6-15}{2} = -0.7$, $z_3 = \frac{15.5-15}{2} = 0.25$이다.

```
R 스크립터:
x<-c(12.4,13.6,15.5)
z<-(x-15)/2
```

7.5.3 누적정규확률

50.5와 55.5사이 또는 50.5와 60.5 사이 또는 60.5 미만인 신장을 갖는 소년들의 수를 <표 7.1.2> 또는 <그림 7.1.1>로부터 찾을 수 있다. 이 도수들을 상대도수들로 바꿀 수 있다. 한 소년을 임의로 이 모집단에서 추출하면 상대도수는 확률을 나타낸다.

누적상대도수는 구간의 상대도수들을 합하여 얻는다. 예를 들면 <표 7.1.2>에서 50.5까지의 누적상대도수는 .14이고 55.5까지는 .14+.11=.25이며 60.5까지는 .14+.11+.15 =.40이다. 역으로 임의구간의 상대도수는 두 누적상대도수로 부터의 뺄셈으로 구한다. 예로써 50.5에서 60.5까지의 상대도수는 60.5의 누적상대도수 0.40에서 50.5까지의 누적상대도수 .14를 뺀 값 .26이다. 확률을 누적하여 누적분포함수를 얻는다. <표 7.5.1>은 표준정규누적분포의 단순한 표이다. 이 표에서 수는 <그림 7.5.1>에서 확률을 z의 해당 값 좌측까지 확률들을 합하여 구해진다. 표준정규분포의 분포함수를 $\Phi(z)$로 표시한다.

z	$P(Z \leq z)$
−3	.001
−2	.023
−1	.159
0	.500
1	.841
2	.977
3	.999
∞	1.000

〈표 7.5.1〉 누적표준정규분포의 요약표

| 예제 7.7 | Z가 표준정규변수일 때 〈표 7.5.1〉을 이용하여 $P(-2 < Z < 2)$를 구하라.

| 풀 이 | $P(-2 < Z < 2) = P(Z < 2) - P(Z < -2) = 0.977 - 0.023 = 0.954$ 이다.

```
R 스크립터:
p<-pnorm(2,0,1)-pnorm(-2,0,1)
round(p,3)
```

표준정규분포에서의 확률은 <그림 7.5.1>에서 표준정규분포를 나타내는 곡선 아래 z의 좌측까지의 면적으로 정의된다. 전체면적이 1이므로 z의 우측의 면적은 $1-\Phi(z)$이다.

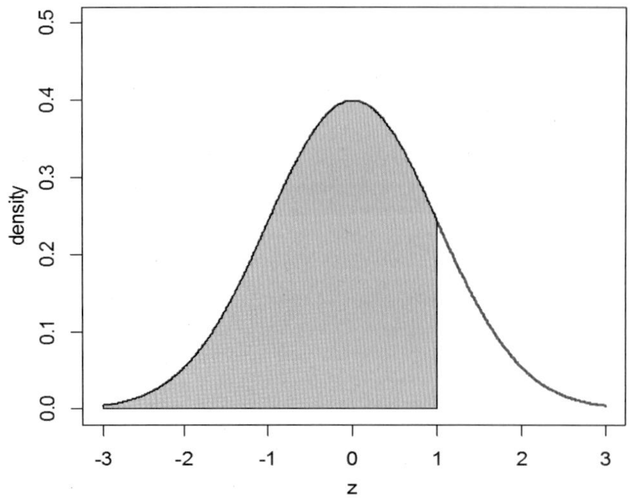

〈그림 7.5.1〉 $z = 1$까지의 누적확률

정규곡선은 대칭이다. 표준정규곡선은 $z=0$을 기준으로 대칭이다. 즉, $z=0$을 지나는 수직축을 회전축으로 이용하여 표준정규분포의 그래프를 180° 회전시키면 결과의 모습은 원래의 형태와 동일하다. 결과적으로 z 우측의 면적은 $-z$ 좌측의 면적과 동일하다. 즉, $1-\Phi(z) = \Phi(-z)$이다. $\Phi(-1.5)$를 구해보면

$$\Phi(-1.5) = 1 - \Phi(1.5) = 1 - .9332 = .0668$$

이다.

| 예제 7.8 | Z가 표준정규분포를 따를 때 $\Phi(0) - \Phi(-2)$를 구하라.

| 풀 이 | $\Phi(0) = 0.5$이므로 $\Phi(0) - \Phi(-2) = 0.5 - 1 + \Phi(2) = -0.5 + 0.977 = 0.477$ 이다.

```
R 스크립터:
p<-(pnorm(0,0,1)-pnorm(-2,0,1)
round(p,3)
```

누적표준정규분포의 그래프는 <그림 7.5.2>에 주어져 있다.

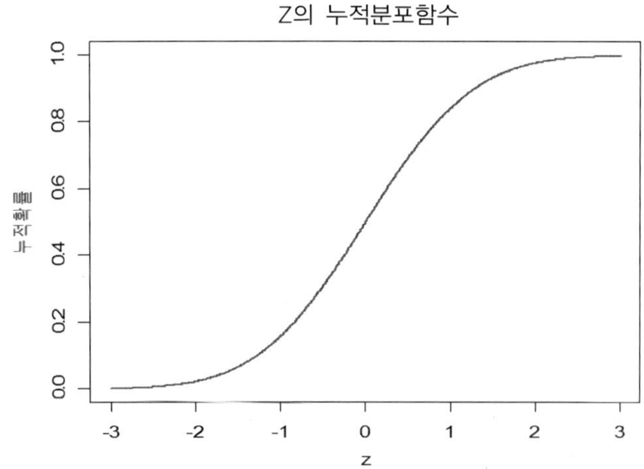

〈그림 7.5.2〉 표준정규분포의 누적분포함수

7.5.4 정규분포로부터의 확률계산

정규분포는 평균과 표준편차의 값이 달라질 때 다른 모양의 정규분포를 갖게 된다는 점에서 차이가 있다. 그러나 모든 정규분포는 평균과 평균 위로 1 표준편차 사이의 면적이 .341이되는 확률을 갖는다. 마찬가지로 평균과 평균 아래로 1 표준편차 사이의 확률도 .341이다. 평균의 1 표준편차이내에 모집단 전체의 약 2/3인 68.2%가 놓여 있다. 측정값들이 평균으로부터 표준편차의 수로 주어지면 모든 정규분포의 확률들은 <그림 7.5.1>와 <표 7.5.1>에 해당한다.

IQ검사 점수의 평균이 100이고 표준편차가 20이다. <그림 7.5.2>에 그려져 있다. 모집단의 120또는 그 이하의 IQ를 갖게 되는 모집단의 비율은 얼마인 가? 이 질문에 답하기 위해 120은 평균보다 더 많은 1 표준편차이다. <그림 7.5.2>의 아래 부분에 표준정규변수에 해당하는 축을 그려 두었다. 120이하의 확률을 구하기 위해 .341(100과 120사이의 확률)에 100미만의 확률인 .500을 더한다. 확률은 .841이다.

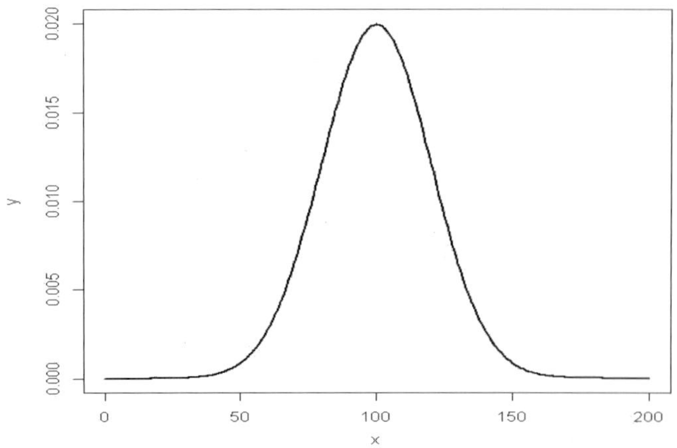

〈그림 7.5.2〉 IQ점수의 분포

또 다른 예로, 임의로 추출된 한 사람이 110을 넘지 않는 IQ를 가질 확률을 생각해 보자. 표준편차가 20이기 때문에

$$P(IQ \leq 110) = P(\frac{IQ-100}{20} \leq \frac{110-100}{20})$$

$$= P(Z \leq \frac{1}{2}) = \Phi(\frac{1}{2}) = .6915$$

이다.

모집단의 69.15%가 110이하의 IQ를 갖는다고 해석한다.

7.5.5 정규분포의 퍼센트 점(백분위수)

모집단의 단지 10%만이 초과되는 IQ 점수는 무엇인 가? 즉, 제90 백분위수는 무엇인 가? 부록의 누적표준정규분포표로부터 σ단위로 이 점수는 확률 .8997을 나타내는 1.28과 .9015가 되는 1.29사이에 있다. 표준정규분포의 제90 백분위수는 1.282이다. <그림 7.5.3>은 표준정규분포에서 제90 백분위수를 그래프로 도시하고 있다. 이 값을 IQ점수로 전환하기 위해 σ를 곱하고 μ를 더하여 20×1.282+100=25.64+100=125.64를 구한다.

표준정규분포의 제40 백분위수는 얼마인 가? 비율 .40에 해당하는 표준점수는 비율 .60에 해당하는 음인 표준점수이다. 제60 백분위수는 0.253이다. 따라서 제40 백분위수는 −0.253이다.

체중, 신장, 그리고 IQ는 정확히 정규분포는 아니나 경험적으로 정규분포가 좋은 근사분포임을 보이고 있다.

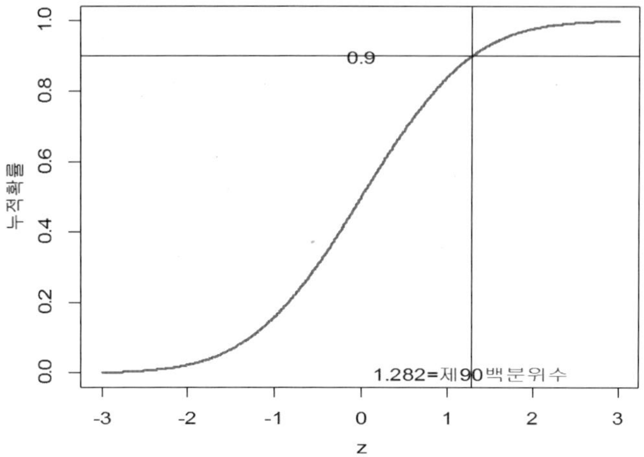

〈그림 7.5.3〉 표준정규분포의 제90 백분위수의 그래프

7.5.6 곡선상의 성적평가

교사는 학생들의 점수가 평균 위 또는 아래쪽에 표준편차 단위로 어느 정도 멀리 떨어져 있는 가에 따라 성적을 매긴다. 시험에서 평균점수가 $\mu = 79$이고 표준편차 σ가 9일 때 학생의 점수가 88이면 그 학생의 점수는 평균 위로 1표준편차 거리에 있다. 이때 학생의 표준점수는 +1이다. 학생 B의 점수가 61점이면 그이 표준점수는 −2이다. 왜냐하면 61은 평균 아래로 2 표준편차 떨어져 있기 때문이다. x_i가 i번째 학생의 점수라면 그 학생의 표준점수 z_i는

$$z_i = \frac{x_i - \mu}{\sigma}$$

이다. 표준점수들은 평균이 0이고 표준편차 1을 갖는다. 때때로 교사는 표준점수들을 표준정규분포로 부터의 표본으로 취급한다. 실제로 원 점수들 $x_1,\ x_2,\ \cdots\ ,x_n$ 이 어떤 정규분포로부터의 한 표본이라면 이와 같은 근사화가 성립한다.

학생들 점수가 정규분포를 따른다고 가정하면 <표 7.5.2>에 요약된 성적평가 기준으로 교사는 A, B, C, D, F의 백분율을 배정하게 된다.

성적	표준점수	학생들의 백분율
A	1.5이상	6.68
B	.5~1.5	24.17
C	−.5~.5	38.30
D	−1.5~−.5	24.17
F	−1.5미만	6.68

〈표 7.5.2〉 성적평가 기준

이 성적기준에 따라 표준점수가 +1인 학생은 B를 받게 되고 표준점수가 −2인 학생은 F를 받게 된다.

7.1 다음 용어를 설명하라.

㉠ 확률변수
㉡ 확률분포
㉢ 이산확률변수
㉣ 연속확률변수

7.2 고위공무원에 대한 탄핵의 결과는 각하, 기각, 인용 세 가지이다. 결과가 인용이면 직위에서 파면되므로 1의 값을 배정하고 각하 또는 기각이면 직위를 유지하므로 0의 값을 배정하는 실수 값의 함수를 X라 두자. 판결이 각하일 확률이 0.1, 기각될 확률이 0.5이다.

㉠ $P(X=1)$를 계산하라.
㉡ X의 확률분포를 구하라.
㉢ $\sum_{\text{모든 } x} P(X=x)$를 구하라.
㉣ X의 평균을 구하라.
㉤ X의 분산을 구하라.

7.3 어떤 전공학과에서 학생들의 취업진로를 조사하였더니 다음과 같은 비율로 확인 되었다. 공직자이면 1, 회사원이면 2, 대학원이면 3 그리고 자영업이면 4의 값으로 배정하는 확률변수를 X라 두자.

취업진로	공직자	회사원	대학원	자영업
확률	0.2	0.4	0.3	0.1

㉠ 표본공간을 기술하라.
㉡ X의 확률분포를 구하라.
㉢ $P(X \le 3)$를 구하라.
㉣ $P(X=1 | X \le 3)$를 계산하라.

ⓜ X의 평균을 구하라.
ⓑ X의 분산을 구하라.
ⓢ X의 누적확률분포를 구하라.

7.4 학생들의 체중이 평균이 48이고 분산이 16인 정규분포를 따른다고 하자. 체중을 나타내는 변수를 Y라 두자.

㉠ $P(Y=48)$을 구하라.
㉡ $P(32 \leqq Y \leqq 54)$를 계산하라.
㉢ $P(X \geqq 32)$를 구하라.
㉣ $Y=32$를 표준점수로 나타내어라.

7.5 4지선다형의 퀴즈문제에서 가능한 정답으로 가, 나, 다, 라의 항목이 있을 때 이중 하나를 선택할 확률이 1/4이다. 가를 선택하면 1, 나를 선택하면 2, 다를 선택하면 3, 라를 선택하면 4인 값으로 배정하는 확률변수를 X라 두자.

㉠ 표본공간을 기술하라.
㉡ X의 확률분포를 구하라.
㉢ $P(X \leqq 3)$를 구하라.
㉣ $P(X=1|X \leqq 3)$를 계산하라.
ⓜ X의 평균을 구하라.
ⓑ X의 분산을 구하라.
ⓢ X의 분포를 부호로 나타내어라.

7.6 다음은 이산확률변수 X의 확률분포를 나타내는 표이다.

x	1	2	3	4	5
$P(X=x)$	0.15	0.20	0.30	0.20	0.15

㉠ X의 평균을 구하라.
㉡ X의 표준편차를 구하라.

㉢ X의 평균은 어떤 정보를 나타내고 있는 가를 설명하라.
㉣ X의 표준편차는 어떤 정보를 나타내고 있는 가를 설명하라.
㉤ $P(2 < X \leq 4)$를 구하라.
㉥ $P(X > 2)$를 구하라.
㉦ X의 누적확률분포를 구하라.
㉧ X의 누적확률분포에 대한 그래프를 그려라.

7.7 군 입대를 위한 신검대상자들의 신체검사의 결과는 현역, 보충역, 면제로 판정된다. 현역으로 입대 가능성은 0.8, 보충역으로 입대할 가능성은 0.15라 가정한다. X를 현역이면 3, 보충역이면 2, 면제는 0의 값을 취하는 확률변수라 둔다.

㉠ 모집단을 기술하라.
㉡ 개체를 기술하라.
㉢ 변수에 대해 설명하라.
㉣ 신체검사에 따른 표본공간을 기술하라.
㉤ X의 확률분포를 구하라.
㉥ X의 평균을 구하라.
㉦ X의 분산을 계산하라.
㉧ $P(0 \leq X \leq 2)$를 구하라.
㉨ $F(x) = P(X \leq x)$를 나타내어라.

7.8 어떤 질병에 대한 MRI 검사결과가 양성이면 1 음성이면 0의 값을 취하는 변수를 X라 두자. 양성일 확률은 π로 알려져 있다.

㉠ 표본공간을 기술하라.
㉡ X의 확률분포를 구하라.
㉢ X의 평균을 구하라.
㉣ X의 분산을 계산하라.

7.9 가정용 난방에 태양광 전기를 이용하는 가구의 비율은 15%, 등유는 45%, 가스는 25%, 연탄은 10%, 기타 5%로 알려져 있다. 태양광전기를 이용하는 가구의 50%가 절약난방을 하고 등유나 가스 사용가구 중 30%, 연탄 사용 가구 중 10%가 절약난방에 참여하고 있다. 표본공간에서 확률변수 X는 전기이면 1, 등유나 가스이면 2, 연탄이면 3이고 기타이면 4의 값을 갖는 변수로 정의된다. Y는 절약난방가구이면 1 아니면 0의 값을 취하는 변수라 두자.

㉠ 표본공간을 기술하라.
㉡ X의 확률분포를 구하라.
㉢ X의 평균을 구하라.
㉣ X의 분산을 계산하라.
㉤ $P(Y=1)$를 구하라.
㉥ $P(X=2|Y=1)$
㉦ Y의 평균을 구하라.
㉧ Y의 분산을 구하라.

7.10 변수와 확률변수의 차이에 대해 설명하라.

7.11 확률변수의 확률분포에 대해 설명하라.

7.12 표본공간에서 확률변수를 정의하는 이유에 대해서 논의하라.

7.13 $\{X \leq 2\}$에 해당하는 표본공간의 사상을 기술하라.

제8장

통계량의 표본분포

8.1 확률표본

8.2 표본분포

8.3 확률변수들의 독립성

8.4 확률분포로부터의 표본추출

8.5 합의 표본분포

연습문제

제8장

통계량의 표본분포

모집단의 모수에 관한 통계적 정보는 표본으로 추출된 개체들의 특성을 조사한 자료로부터 얻어진다. 모집단에 관한 지식을 얻기 위해서 표본으로부터의 정보를 이용하는 방법이 개발되고 평가되어야 한다. 예를 들면, 표본평균이나 표본분산과 같은 표본의 특성을 기술하는 양이 해당하는 모집단 양을 얼마나 근사하게 기술하고 있는 가를 아는 것이 필요하다. 이 장에서는 이러한 기술적 양에 대한 표본 간 변이를 통계량의 확률분포의 개념에 근거하여 설명하고자 한다.

8.1 확률표본(random sample)

규정된 개체들의 유한 모집단으로부터 한 확률표본이 어떻게 추출되는 가를 살펴보기로 한다. 52매의 카드 한 벌로부터 배분받는 13매의 카드는 비복원으로 추출되는 확률표본이다. 왜냐하면, 카드를 잘 섞은 후 13매를 나누어 주기 때문이다. 다른 예로 1000개 구슬이 담긴 항아리에서 50개 구슬의 확률표본은 구슬을 잘 섞은 후 임의로 50개를 꺼내어 얻게 된다. 또한 1000명 학생의 학급으로부터 50명의 확률표본은 학생들에게 1에서 1000사이의 번호를 부여하고 50개의 서로 다른 임의수를 이용하여 얻는다. 13매의 모든 가능한 집합들은 추출될 가능성이 동일하고 크기가 50인 학생들의 집합 모두가 확률표본으로 나타날 가능성은 동일하다.

정의: **표본의 크기**는 표본 내 개체들의 수이다.

위의 예들에서 배분된 카드 한패의 크기는 13이고 구슬과 학생들의 표본크기는 50이다.

정의: 주어진 크기의 한 **확률표본**은 같은 크기의 모든 그룹이 표본으로 나타날 가능성이 동일하게 되는 방식으로 얻어지는 모집단 원소들의 한 그룹이다 .

"**무작위의** 또는 **임의의**(random)"라는 용어는 표본이 의도되지 않은 임의적인 과정에 의해서 생산됨을 의미한다. 무작위 또는 임의로 추출된 표본을 무작위표본, 임의표본, 랜덤표본 또는 확률표본으로 부른다. 랜덤표본이 추출된 후 카드의 네 유형 중 하나인 스페이드가 한 패에 몇 장이 있는 가를 확인하기 위해 하나씩 13매 카드 모두를 조사할 수 있다. 마찬가지로 임의표본으로 주어진 50개 구슬 중 붉은 색 또는 푸른 색 구슬이 몇 개인 가를 파악하기 위해 하나씩 색깔을 확인해 볼 수 있다. 또한 확률표본으로 추출된 50명 학생의 평균수능점수를 알기 위해 개인의 수능점수를 파악할 수 있다.

동일한 어떤 특성에 관한 관측 또는 측정이 랜덤표본의 각 구성개체에 대해 고려될 때. 이러한 성질(property) 이나 측정(measurement)은 조사되기 이전에 구체적이지 않기 때문에 확률변수이다.

확률표본의 추출 후 관심의 초점은 카드의 경우 카드 패에서 스페이드인 카드의 수일 수 있고 구슬의 경우 표본내의 각 색깔의 구슬 수가 되며 수능점수의 경우 수능점수의 표본평균일 수 있다. 표본에서의 이러한 특성을 통계량(statistic)이라 한다. **통계량**으로 중앙값, 범위, 표준편차 등을 들 수 있다.

정의: 통계량은 표본의 한 특성이다.

랜덤표본인 카드 한 패의 스페이드 수는 랜덤표본마다 달라질 수 있음을 알 수 있다. 마찬가지로 빨간 색의 구슬 수는 50개의 임의로 추출된 집합에서 다르게 된다. 또한 평균수능점수는 50명씩의 학생들의 랜덤표본마다 다를 것이다.

| 예제 8.1 | 한 내무반의 신병 3명 중 임의로 두 명을 선정하여 특별휴가를 주기로 한다. 신병 3명이 가, 나, 다일 때 모든 가능한 확률표본을 구하고 표본으로 추출될 확률을 구하라.

| 풀 이 | 확률표본으로 {가, 나}, {가, 다}, {나, 다}의 3개가 가능하다. 각 표본이 추출될 확률은 $\frac{1}{3}$로 동일하다.

8.2 표본분포(sampling distribution)

한 대학의 학생들 가운데서 농구팀 5명의 확률표본을 추출한다면 팀을 구성하는 개인은 달라지고 이들 팀의 평균 신장도 신장의 범위에 걸쳐 달라진다. 이들 팀 중 임의의 한 팀에 대한 평균 신장이 다양한 팀에 속한 선수들의 평균 신장과 같게 될 가능성은 희박하다. 추출된 각 농구팀은 하나의 표본이다. 한 팀의 평균 신장은 그 표본에 대한 통계량의 한 값이다. 서로 다른 표본들은 대개 그 통계량의 서로 다른 값들을 이끌어낸다. 농구팀들의 다수는 서로 다른 평균 신장을 갖게 된다. 통계량의 표본분포는 통계량의 각 가능한 값의 확률을 나타낸다.

정의: 통계량의 확률분포를 **표본분포**라 한다.

한 대학의 모집단에서 5명의 농구팀을 선정하는 예보다 좀 더 단순한 예를 생각해 보기로 한다. 크기가 4인 모집단으로부터 크기 2인 표본들을 추출하는 경우를 생각해 보자. 모집단은 4명의 소년들 **김, 이, 박, 오**로 구성되어 있다고 가정한다. 이들의 신장이 <표 8.2.1>에 주어져 있다. 두 명의 서로 다른 소년을 확률표본으로 추출하여 두 소년의 신장을 측정하고 그 표본의 평균을 계산하기로 한다.

임의 수를 이용하여 랜덤표본을 추출하기 위해 소년들에게 번호를 배정한다. 즉, 1은 김, 2는 이 3은 박 4는 오이다. 1과 4사이의 수 1은 첫 번째 소년을 결정하고 첫 번째 수와는 다른 1과 4사이에서 추출된 수 2는 두 번째 소년을 정한다. 이러한 표본추출방법을 비복원에 의한 표본추출법이라 한다.

성	김(1)	이(2)	박(3)	오(4)
신장	156	160	168	172

〈표 8.2.1〉 소년의 신장(단위 cm)

4명의 소년 중 2명을 임의로 비복원에 의해 추출하였을 때 모든 가능한 표본이 <표 8.2.2>에 나열되어 있다.

순서쌍의 수들	순서쌍의 표본	순서를 고려하지 않은 표본
(1,2)	(김,이)	{김, 이}
(2,1)	(이,김)	
(1,3)	(김,박)	{김, 박}
(3,1)	(박,김)	
(1,4)	(김,오)	{김, 오}
(4,1)	(오,김)	
(2,3)	(이,박)	{이, 박}
(3,2)	(박,이)	
(2,4)	(이,오)	{이, 오}
(4,2)	(오,이)	
(3,4)	(박,오)	{박, 오}
(4,3)	(오,박)	

〈표 8.2.2〉 모든 가능한 두 명의 표본들

김이 첫 번째 소년으로 추출될 확률은 1/4이고 김이 주어졌을 때 두 번째 소년으로 이가 추출될 조건부확률은 1/3이다. 김과 이가 이 순서로 짝일 확률은 $1/4 \times 1/3 = 1/12$이다. 마찬가지로 이와 김의 순서일 확률도 1/12이다. 따라서 각 가능한 소년들의 쌍의 확률은 1/6이다. <표 8.2.3>에 6개 가능한 소년들의 표본, 6개 가능한 신장들의 쌍과 산장들의 쌍의 평균을 나타내었다. 이 예로부터 서로 다른 표본들은 일반적으로 통계량의 다른 값들을 나타내고 있음을 명확히 알 수 있다.

표본	표본의 확률	신장	평균신장
{김,이}	1/6	156, 160	158
{김,박}	1/6	156, 168	162
{김,오}	1/6	156, 172	164
{박,이}	1/6	160, 168	164
{박,오}	1/6	160, 172	166
{이,오}	1/6	168, 172	170

〈표 8.2.3〉 각 표본에 대한 표본평균의 값들

표본평균의 값	58	62	64	66	70
확률	1/6	1/6	1/6	1/6	1/6

〈표 8.2.4〉 표본평균의 표본분포

<표 8.2.4>에서 표본평균의 5개 가능한 값과 이들의 확률을 표로 나타내고 있다. 64일 확률은 {김,오}의 확률과 {박,이}의 확률의 합이다. <표 8.2.4>는 평균의 표본분포를 나타낸다.

8.3 확률변수들의 독립성

A와 B가 두 사상이라 두자. 그러면

$P(B|A) = P(B)$이면
두 사상 A와 B는 독립이라고 한다.

두 개의 확률변수가 조사될 때 사상은 관심의 두 확률변수의 값으로 정의된다. 예로써 <표 8.3.1>로 조사된 모집단으로부터 임의로 추출된 한 시민에 대해 가족의 자녀수와 정기적으로 구독하는 잡지의 수를 나타내는 두 확률변수를 생각해 보자. 여기서 사상 A는 자녀의 수를 나타내는 확률변수 X의 한 특정한 값의 발생으로 정의된다. 그리고 사상 B는 정기적으로 구독하는 잡지의 수를 나타내는 확률변수 Y의 한 특정한 값의 발생으로 정의될 수 있다. <표 8.3.1>은 모든 두 관심사상의 독립을 나타낸다.

자녀의 수 (X)	정기적으로 구독하는 잡지의 수 (Y) 0	1	2	3	합
0	40(10%)	200(50%)	120(30%)	40(10%)	400(100%)
1	20(10%)	100(50%)	60(30%)	20(10%)	200(100%)
2	20(10%)	100(50%)	60(30%)	20(10%)	200(100%)
3	10(10%)	50(50%)	30(30%)	10(10%)	100(100%)
4	10(10%)	50(50%)	30(30%)	10(10%)	100(100%)
합	100(10%)	500(50%)	300(30%)	100(10%)	1000(100%)

〈표 8.3.1〉 독립인 확률변수들

예를 들면, A를 $X=1$인 사상이라 두고 B를 $Y=2$인 사상이라 두자.

$$P(B|A)=P(Y=2|X=1)=.3,$$
$$P(B)=P(Y=2)=.3$$

이므로 A와 B는 독립이다. 0에서 4까지의 임의의 정수 a와 0에서 3까지의 임의의 정수 b에 대해

$$P(Y=b|X=a)=P(Y=b)$$

임을 증명한다. 따라서 X와 Y는 독립인 확률변수들이다.

사상 A와 B의 독립성을 얘기하는 또 다른 방법은

$$P(A\cap B)=P(A)\times P(B)$$

이다.

<표 8.3.1>에서 임의추출(random sampling)을 위한 확률을 얻기 위해 도수를 1000으로 나누면 a와 b의 모든 값들에 대해

$$P(X=a, Y=b) = P(X=a) \times P(X=b)$$

임을 알 수 있다.

<표 8.3.1>로 설명된 개념은 확률 $P(X=a, Y=b)$이 정의되는 임의 쌍의 확률변수 X, Y에 적용된다.

정의: X와 Y를 두 확률변수라 두자. a와 b의 모든 값들에 대해

$$P(X=a, Y=b) = P(X=a) \times P(X=b)$$

이면 두 이산확률변수 X와 Y는 독립이다.

때로는 여러 개의 확률변수의 독립성을 필요로 한다. 예를 들면, 모든 가능한 값 a, b와 c에 대해

$$P(X=a, Y=b, Z=c) = P(X=a) \times P(Y=b) \times P(Z=c)$$

이면 X, Y와 Z의 세 변수는 독립이다.

8.4 확률분포로부터의 표본추출

앞에서 랜덤표본의 정의는 유한모집단 즉, 유한개의 원소 또는 구성원을 갖는 집단으로부터 표본을 추출하는 경우에 타당하다. 표본들은 또한 확률분포와 확률변수가 정의된 무한모집단에서도 추출된다. 예를 들어, 동전 하나를 던지는 시행을 무한히 반복한 무한 모집단으로부터 한 번 시행에서 표면이 나올 확률이 π이고 이면이 나올 확률을 $q=1-\pi$라 둘 수 있다. 각 시행이 독립으로 행해질 때

두 번 시행에서의 결과들은 독립이다. 따라서 두 번 시행에서 표면을 얻을 확률은 $\pi\times\pi$이다. 크기가 2인 확률표본은 두 번의 독립적인 던짐의 결과들을 구성한다. 크기 n의 확률표본은 n번의 독립적인 토스의 결과들로 구성된다.

연속확률변수는 무한히 많은 수의 값을 갖는다. 정규확률변수는 정규분포를 갖는 확률변수이다. 즉, 정규확률변수가 주어진 구간내의 한 값을 취할 확률은 그 구간에 걸쳐있는 정규곡선아래의 면적이다. 두 독립인 정규변수들은 두 변수들로 정의된 결과들이 독립이 되는 정규변수들이다.

정의: 표본공간에서 정의된 확률변수의 확률분포로부터 **크기 n인 확률표본**은 표본이 추출된 확률분포와 동일한 확률분포를 갖는 n개 독립인 확률변수들의 집합이다.

| 예제 8.2 | **X가 $N(70,\ 4^2)$인 분포를 따를 때 크기 $n=3$인 확률표본을 $X_1,\ X_2,\ X_3$라 두자.**
$X_1,\ X_2,\ X_3$의 확률분포를 기술하라.

| 풀 이 | $X_1,\ X_2,\ X_3$의 확률분포는 각각 $N(70,\ 4^2)$인 분포를 갖는다.

8.5 합의 표본분포

관심의 한 모집단에서 확률표본의 평균이나 또는 어떤 다른 통계량의 표본분포를 이론적으로 결정하는 것이 가능하다. 8.2절에서 크기 4인 모집단으로부터 크기 2인 한 확률표본의 평균의 표본분포를 구하는 방법을 보았다. 또 다른 예로 정수 1, 2, 3, 4, 5, 6 위에 걸쳐진 균등분포로부터 두 관측 값들의 합의 분포를 생각해 보자. 두 개의 균형을 이루는 주사위를 굴려서 크기 2인 표본을 추출할 수 있다. 결과로 36개의 쌍들 (1,1), (1,2), (1,3), ⋯, (6,6)이 있고 각각은 확률 1/36을 갖는다. 첫 번째 주사위의 결과를 X_1, 두 번째 결과를 X_2라 두자. 합 X_1+X_2의 표본추출분포를 구해보자. 합의 값들은 <표 8.5.1>에서 알 수 있다. 합으로 주어진 값의 확률은 같은 값을 나타내는 표본점에서 확률의 합이다.

X_1 \ X_2	1	2	3	4	5	6
1	2	3	4	5	6	7
2	3	4	5	6	7	8
3	4	5	6	7	8	9
4	5	6	7	8	9	10
5	6	7	8	9	10	11
6	7	8	9	10	11	12

〈표 8.5.1〉 두 주사위를 던진 결과들의 합

예를 들면,

$$P(X_1 + X_2 = 3) = P(X_1 = 1, X_2 = 2) + P(X_1 = 2, X_2 = 1) X_1$$
$$= \frac{1}{36} + \frac{1}{36} = \frac{2}{36}$$

이다.

합의 확률들은 <표 8.5.2>에 주어져 있고 <그림 8.5.1>에 그래프로 그려져 있다. 표본추출분포는 단봉이고 최빈값을 기준으로 대칭이다. 실제로 분포의 모양은 정규분포와 다소 비슷하다.

합	2	3	4	5	6	7	8	9	10	11	12
평균	1	1.5	2	2.5	3	3.5	4	4.5	5	5.5	6
확률	$\frac{1}{36}$	$\frac{2}{36}$	$\frac{3}{36}$	$\frac{4}{36}$	$\frac{5}{36}$	$\frac{6}{36}$	$\frac{5}{36}$	$\frac{4}{36}$	$\frac{3}{36}$	$\frac{2}{36}$	$\frac{1}{36}$

〈표 8.5.2〉 두 주사위 결과들의 합에 대한 확률분포

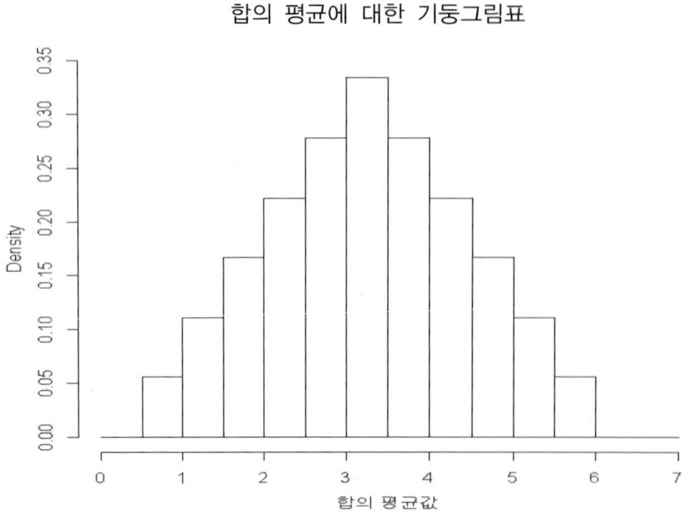

〈그림 8.5.1〉 두 주사위 합의 표본평균에 대한 상대도수

표본분포의 평균은 7이다. 이 값은 주사위 하나의 평균인 $3\frac{1}{2}$에 2를 곱한 것이다. 일반적으로 두 변수의 합의 표본분포의 평균은 두 변수의 평균의 합이다;

$$\mu_{X_1+X_2} = \mu_{X_1} + \mu_{X_2}$$

이다. 합의 평균이 평균들의 합이라는 사실은 변수들의 임의 수에 대해 참이다. 세 변수의 경우에

$$\mu_{X_1+X_2+X_3} = \mu_{X_1} + \mu_{X_2} + \mu_{X_3}$$

이다. n개 변수의 경우에

$$\mu_{X_1+X_2+\cdots+X_n} = \mu_{X_1} + \mu_{X_2} + \cdots + \mu_{X_n}$$

이다. $X_1, X_2, \cdots, X_n$을 평균이 μ인 모집단으로부터 확률표본으로 나타내면 이들

변수 각각은 평균이 μ이므로

$$\mu_{X_1+X_2+\cdots+X_n} = \mu + \mu + \cdots + \mu = n\mu$$

이다.

두 주사위 합의 표본분포의 분산은 35/6이고 이것은 한 주사위의 값들의 분산을 2배한 것이다. 이 값은 35/12이다. 일반적으로 두 독립인 변수의 합의 표본분포의 분산은 분산들의 합이다;

$$\sigma^2_{X_1+X_2} = \sigma^2_{X_1} + \sigma^2_{X_2}$$

이다. 표준편차는

$$\sigma_{X_1+X_2} = \sqrt{\sigma^2_{X_1} + \sigma^2_{X_2}}$$

이다. 이러한 성질은 임의 개수의 독립인 확률변수들에 대해서도 성립한다.

$$\sigma^2_{X_1+X_2+\cdots+X_n} = \sigma^2_{X_1} + \sigma^2_{X_2} + \cdots + \sigma^2_{X_n}$$

이다. 표준편차는

$$\sigma_{X_1+X_2+\cdots+X_n} = \sqrt{\sigma^2_{X_1} + \sigma^2_{X_2} + \cdots + \sigma^2_{X_n}}$$

이다. 특히 분산이 σ^2인 모집단으로부터 확률표본 $X_1, X_2, \cdots, X_n$이 주어진 경우에

$$\sigma^2_{X_1+X_2+\cdots+X_n} = \sigma^2 + \sigma^2 + \cdots + \sigma^2 = n\sigma^2$$

이고 표준편차는

$$\sigma_{X_1+X_2+\cdots+X_n} = \sqrt{n}\,\sigma$$

이다. 주사위의 예는 두 확률변수들의 합의 확률분포를 구하는 일반적인 생각을 설명하여 주고 있다. 합의 확률분포를 구하기 위해 두 변수의 모든 가능한 쌍의 값에 대한 확률로 시작한다. 두 확률변수의 합으로 구해지는 값의 확률을 구하기 위해 그 값을 나타내는 모든 쌍에서의 결합 확률을 더한다. 만일 그 확률변수들이 연속변수이면 그 과정은 비슷하나 미적분을 포함한다.

세 개의 독립인 확률변수들의 합의 확률분포를 구하기 위하여 이들 중 처음 두 개의 합의 확률분포를 구한 다음에 그 변수와 세 번째 변수와의 합의 확률분포를 구한다. 이 과정은 임의개수의 독립인 확률변수들의 합의 표본분포를 구하기 위해 계속될 수 있다.

합의 표본분포는 중요하다. 왜냐하면, 평균의 표본분포가 합의 분포에서 구해지기 때문이다. <표 8.5.2>에서 두 변수 X_1과 X_2의 평균의 값들은 합의 값 아래에 곧장 주어진다. 각 확률이 합의 값과 평균의 해당 값에 적용한다. 이 경우에 두 변수의 각 표본 평균값은 두 변수의 합에 해당하는 값의 1/2이고 두 변수의 평균값들의 분포인 확률분포의 평균은 두 변수들의 합에 대한 확률분포의 평균의 절반이다. 이 값은 $3\frac{1}{2}$이다. 이것은 개별 성분변수 X_1과 X_2의 확률분포의 평균이다. $3\frac{1}{2}$에서 두 변수의 평균 $\frac{(X_1+X_2)}{2}$의 표준편차는 7로부터의 합 X_1+X_2의 편차의 1/2이다, 평균의 표준편차는 1/4배의 합의 표준편차이다. 분산이 제곱편차의 평균이므로 평균의 분산은 1/4배 합의 분산이다. 평균의 분산은 따라서 모집단의 분산의 1/2배이다. 이러한 논리로

$$\mu_{\overline{X}} = \mu, \text{ 이고 } \sigma^2_{\overline{X}} = \frac{\sigma^2}{n}$$

이다. 정규분포족의 한 가지 중요한 특징은 정규분포인 둘이상의 독립인 확률변수들의 합은 정규분포하는 표본분포를 갖는다는 것이다. 모집단이 정규분포이면 표본평균의 표본분포는 정규분포이다.

8.1 다음 용어를 설명하라.

㉠ 확률표본
㉡ 통계량
㉢ 표본추출분포
㉣ 확률표본

8.2 초급, 중급, 고급의 세 등급으로 분류된 언어프로그램에서 초급과정에 등록된 학생들의 비율은 전체의 0.60이고 중급과정에 0.3 그리고 고급과정에 0.1 이라 두자. 초급이면 1, 중급이면 2 고급이면 3의 값으로 배정하는 확률변수를 X라 두자.

가) 크기 $n=2$인 확률표본을 복원으로 추출한다고 가정한다. 표본으로 추출된 두 개체의 확률변수를 각기 X_1과 X_2라 두자.

㉠ X_1과 X_2의 결합확률분포를 구하라.
㉡ X_1의 주변확률분포를 구하라.
㉢ X_2의 무조건부확률분포를 구하라.
㉣ 두 변수의 합 X_1+X_2에 대한 확률분포를 구하라.
㉤ X_1의 평균과 분산을 구하라.
㉥ X_2의 평균과 분산을 구하라.
㉦ X_1+X_2의 평균과 분산을 구하라.
㉧ $\overline{X}=\dfrac{X_1+X_2}{2}$의 평균과 분산을 구하라.
㉨ X의 평균과 분산을 구하라.
㉩ $\overline{X}$의 평균과 X의 평균을 비교하라.
㉪ $\overline{X}$의 분산과과 X의 분산을 비교하여 설명하라.
㉫ 두 변수 X_1과 X_2는 독립인 가를 보여라.

나) 크기 $n=2$인 확률표본을 비복원으로 추출한다고 가정한다. 표본으로 추출된 두 개체의 확률변수를 각기 X_1과 X_2라 두자.

㉠ X_1과 X_2의 결합확률분포를 구하라.

㉡ X_1의 주변확률분포를 구하라.

㉢ X_2의 무조건부확률분포를 구하라.

㉣ 두 변수의 합 X_1+X_2에 대한 확률분포를 구하라.

㉤ X_1의 평균과 분산을 구하라.

㉥ X_2의 평균과 분산을 구하라.

㉦ X_1+X_2의 평균과 분산을 구하라.

㉧ $\overline{X}=\dfrac{X_1+X_2}{2}$의 평균과 분산을 구하라.

㉨ X의 평균과 분산을 구하라.

㉩ $\overline{X}$의 평균과 X의 평균을 비교하라.

㉪ $\overline{X}$의 분산과과 X의 분산을 비교하여 설명하라.

㉫ 두 변수 X_1과 X_2는 독립인 가를 보여라.

제9장

표본비율의 표본분포

제9장
표본비율의 표본분포

실험을 통하여 주어지는 모든 가능한 결과들의 집합인 표본공간에서 사상의 확률을 나타내는 확률함수가 가정되면 표본공간에서 정의되는 확률변수들의 확률분포가 구해진다. 표본공간에서 정의된 확률변수의 확률분포가 베르누이 분포일 때 크기 n인 확률표본의 함수인 통계량의 표본분포를 살펴보기로 한다.

9.1 베르누이(Bernoulli) 분포

조사 대상인 개체에 대한 관측이 단순히 두 개의 범주로 주어지는 경우가 많다. 예를 들면, 성별에 대한 분류는 남자 또는 여자이고, 상품의 품질상태는 불량 또는 우수로 구분되며 제품의 검사결과는 합격 또는 불합격의 두 범주로 구분된다.

개체의 특성에 대한 관측의 결과가 단지 두 개이고 둘 중 하나가 관심의 결과이면 성공이라 부르고 그렇지 않으면 실패라 부른다. 성공이면 문자로 S, 실패는 F로 나타낸다. 성공할 확률이 π이고 실패할 확률이 $1-\pi$일 때 두 개의 결과 S와 F를 갖는 표본공간에서 성공이면 1 아니면 0을 취하는 확률변수를 X라 두면 X는 베르누이 확률변수이다. 베르누이 확률변수 X의 확률분포를 베르누이 분포라 부른다.

베르누이 확률분포의 예로 동전 한 개를 던지는 실험을 생각해 보자. 실험의 결과는 표면(H) 또는 이면(T)으로 관측된다. 동전의 표면이 나올 확률이 π이고 이면이 나올 확률이 $1-\pi$이면 동전을 하나 던지는 실험의 표본공간에서 정의된 확률변수 X의 확률분포는 베르누이 확률분포이고 <표 9.1.1>은 베르누이 확률변수의 확률분포를 나타낸다.

x	1(표면)	0(이면)
$P(X=x)$	π	$1-\pi$

〈표 9.1.1〉 동전 하나를 던지는 실험으로부터의 확률분포

베르누이 확률변수 X의 평균은

$$\mu = 1 \times \pi + 0 \times (1-\pi) = \pi$$

이다. 확률변수 X의 분산은

$$\sigma^2 = (1-\pi)^2 \pi + (0-\pi)^2 (1-\pi) = \pi(1-\pi)$$

이다.

베르누이 확률분포를 갖는 실험을 한번 행하는 것을 베르누이 시행이라 한다.

9.2 이항분포

9.2.1 성공의 수에 대한 표본분포

이항분포의 설명을 위하여 동전 하나를 두 번 던지는 실험을 가정해 보자. 이 경우에 실험은 매 시행에서 동전의 표면 H를 관측할 확률이 π인 베르누이 시행을 두 번 행하는 것으로 간주된다. 두 번의 베르누이 시행에서 얻어지는 모든 가능한 결과들은 네 가지이므로 표본공간은 $S=\{HH, HT, TH, TT\}$이다. 각 시행에서 표면(성공)의 확률은 π이고 시행들이 독립으로 가정되면 두 번의 표면 또는 성공을 관측할 확률은

$$P(HH)=P(H)\times P(H)$$

임을 의미한다. 확률은 $\pi\times\pi=\pi^2$이다.

베르누이(Bernoulli) 시행을 n번 행한다고 가정해 보자. n은 임의의 수이다. 동전을 n번 던지는 실험은 n번의 베르누이 시행으로 간주될 수 있다. 어느 집단의 실업률이 π일 때 40명을 표본으로 추출하여 취업여부에 대한 조사가 행해지면 베르누이 시행을 40회 행하는 것과 동일하다. n번의 베르누이 시행으로 구성되는 이항실험(binomial experiment)은 다음과 같은 성질을 갖는다.

1) 실험은 n번의 동일한 시행으로 구성된다.
2) 각 시행의 결과는 성공과 실패로 분류되는 두 개의 결과로 관측된다.
3) 단일 시행에서 성공의 확률은 π이고 실패의 확률은 $1-\pi$이다.
4) 시행에서 결과들은 독립이다.
5) n번 시행에서 성공의 수는 확률변수이다.

이항실험으로 간주되는 많은 상황들이 다양한 분야에서 발생되며 단지 표본으로 추출되는 대상만 달라진다는 점에서 차이가 있을 뿐이다. 예를 들면, 어떤

질환에의 감염여부, 제품의 검사결과 또는 사고의 여부 등은 이항실험의 한 형태로 취급될 수 있다. 따라서 이가의 모집단에서 표본을 추출하는 유용한 확률모형으로 적용된다. 이러한 문제에서 일반적으로 중요한 것은 성공의 전체수이다. 어떤 제품의 검사결과에서 불량품을 성공이라 간주할 때 n번 시행에서 불량품의 수는 통계량이다. 이 통계량의 표본분포를 유도해 보자.

$n=1$	S	F
$n=2$	SS SF	SF SS
$n=3$	SSS SSF SFS SFF	FSS FSF FFS FFF
$n=4$	$SSSS$ $SSSF$ $SSFS$ $SSFF$	$FSSF$ $FSSS$ $FSFF$ $FSFS$
	$SFSS$ $SFSF$ $SFFS$ $SFFF$	$FFSF$ $FFSF$ $FFSS$ $FFFF$ $FFFS$

〈표 9.2.1〉 4번 검사에서 가능한 결과의 표

<표 9.2.1>은 제품을 하나, 둘, 셋, 넷을 검사할 때 가능한 결과들을 보여준다. n은 검사 제품의 수를 나타내고 $n=1, 2, 3, 4$이다. 표의 첫 행은 첫 시행에서의 두 가능한 결과인 S와 F를 나타낸다. 표본으로 추출된 두 번째 제품의 검사를 시행한다. 첫 시행의 성공은 두 번째 시행에서의 성공 또는 실패로 수반된다. 두 연속결과는 SS와 SF 중 하나로 주어진다.

■ n번의 베르누이 시행에서 확률

성공의 확률이 π이고 실패의 확률이 $1-\pi$인 베르누이 시행들이 독립적으로 행해질 때 이들 순서결과의 확률을 생각해 보자. 세 개의 연속결과 SSF, SFS, FSS에서 각각은 2번의 성공을 포함한다. 이 순서결과의 각각은 확률 $\pi^2(1-\pi)$를 갖게 된다. 순서결과가 SSF라 하자.

$$P(SSF) = P(S) \times P(S) \times P(F) = \pi \times \pi \times (1-\pi) = \pi^2(1-\pi)$$

임을 알 수 있다. 임의 순서에서 2번의 성공과 1번의 실패를 포함하는 한 순서결과의 확률은 두 개의 π와 한 개의 $1-\pi$의 곱이고 이는 $\pi^2(1-\pi)$이다. 불량률이 π인 제품의 검사에 서 3개의 제품을 검사하는 것은 3번의 베르누이 시행을 행하는 것으로 간주된다. 3개의 제품 검사에서 2개의 불량품을 얻을 확률은 3 $\pi^2(1-\pi)$이다. 왜냐하면, 정확히 두개의 S를 포함하는 세 개의 순서결과 SSF, SFS, FSS가 있고 이들 각각은 확률 $\pi^2(1-\pi)$를 갖는 상호배반인 사상들이기 때문이다.

n번 시행에서 r번의 성공을 얻을 확률들이 <표 9.2.2>에서 r개의 가능한 값과 $n=1,2,3,4,5$에 대해 기재되어 있다. <표 9.2.1>에서 정확히 r개의 성공을 갖는 순서결과들을 살펴봄으로서 $n=1,2,3,4$에 대한 확률을 계산할 수 있다. n의 큰 값에 <표 9.2.1>을 확장하는 것은 지루하기 때문에 4번 시행에서 2번의 성공을 얻을 확률을 유도함으로써 n번 시행에서 r개의 성공을 얻을 확률의 계산에 대한 생각을 보이고자 한다.

<표 9.2.1>의 전개에서 4번 시행에서 2번의 성공은 처음 3번 시행에서 1번의 성공에 4번째 시행에서 1번의 성공이 수반되어 구해지거나 처음 3번 시행에서 2번의 성공에 4번째 시행에서 실패가 수반되어 얻어진다. 따라서

$$
\begin{aligned}
&\text{P(4번 시행에서 2번의 성공)=}\\
&P(\text{3번 시행에서 1번의 성공})\times\pi+P(\text{3번 시행에서 2번의 성공})\times(1-\pi)\\
&\qquad=3\pi(1-\pi)^2\times\pi+3\pi^2(1-\pi)\times(1-\pi)\\
&\qquad=(3+3)\pi^2(1-\pi)^2\\
&\qquad=6\pi^2(1-\pi)^2
\end{aligned}
$$

이다.

n번 시행에서 r번의 성공확률은 길이 n인 한 순서결과에서 r번의 성공을 갖는 길이 n의 순서결과의 수에 r번의 성공과 $n-r$번의 실패를 갖는 한 순서결과의 확률을 곱하여 구하게 된다. 즉,

$$P(n\text{번의 시행에서 정확히 } r\text{번의 성공}) = \binom{n}{r}\pi^r (1-\pi)^{n-r},$$
$$r = 0,\ 1,\ 2,\ \cdots\ ,n$$

이것을 이항(확률)분포라 부른다. 한 확률변수 X가 베르누이 시행횟수가 n이고 성공확률이 π인 이항분포를 따를 때 $X \sim B(n, \pi)$로 나타내기도 한다.

출산되는 갓난아기가 남아 또는 여아일 확률이 반반이면($\pi = 1/2$) S와 F의 n개의 순서결과들은 모두 동일한 확률을 갖는다. 예를 들면, $n = 3$일 때 8개의 순서결과들이 있고 각각이 확률 1/8을 갖는다. 확률은 이 때

$$P(0\text{개의 } S) = P(FFF) = 1/8$$
$$P(1\text{개의 } S) = P(FFS \cup FSF \cup SFF)$$
$$= P(FFS) + P(FSF) + P(SFF) = 3/8$$
$$P(2\text{개의 } S) = P(FSS \cup SFS \cup SSF)$$
$$= P(FSS) + P(SFS) + P(SSF) = 3/8$$
$$P(3\text{개의 } S) = P(SSS) = 1/8$$

이다. 베르누이 시행의 수가 n=1, 2, 3, 4, 5이고 $p = 1/2$일 때, 서로 다른 성공횟수에 대한 확률이 <표 9.2.2>에 주어져 있다.

n \ r	0	1	2	3	4	5
1	1/2	1/2				
2	1/4	1/2	1/4			
3	1/8	3/8	3/8	1/8		
4	1/16	4/16	6/16	4/16	1/16	
5	1/32	5/32	10/32	10/32	5/32	1/32

〈표 9.2.2〉 n=1, 2, 3, 4, 5와 $\pi = 1/2$에 대한 이항분포

다음은 n=1, 3, 5이고 $\pi = 1/2$에 대한 이항분포에서 관측값의 확률을 나타내는 그래프들이다.

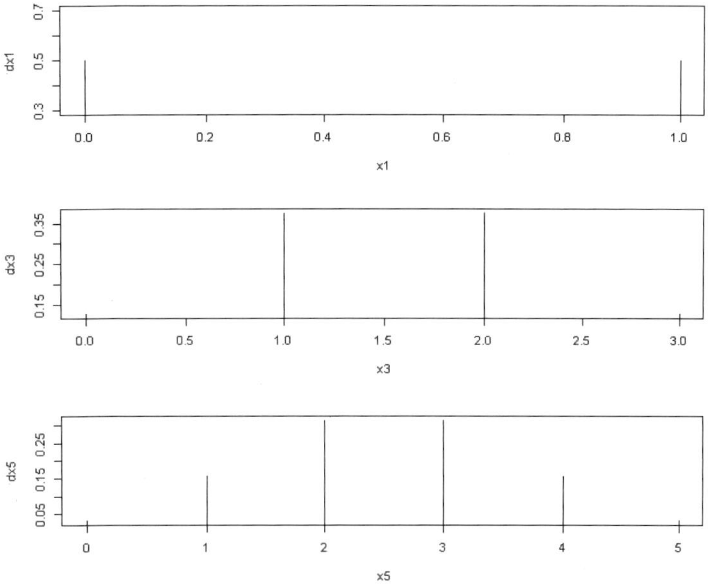

〈그림 9.2.1〉 n=1, 3, 5이고 $\pi = 1/2$에 대한 이항 분포

각 기둥그림표는 $\frac{1}{2}n$에 중심이 있고 이점에서 대칭이다. n이 클수록 확률들은 더 많이 퍼져있다. 갓난아기가 남아일 확률은 약 1/2이다. <표 9.2.2>는 1명에서 5명까지의 자녀를 둔 가정에서 다양한 남자아이의 수에 관한 확률로써 해석 될 수 있다. 예로써 크기 3인 많은 가정을 관측한다면 이들 중 약 1/8에서 남자아이가 없고 이들 중 약 1/8로 여자 아이가 없으며 약 3/8에서 한명의 남자아이와 이들 가정 중 약 3/8에서 한명의 여자 아이를 예상할 수 있다.

다양한 분야에서 크기 n인 한 표본의 개체들에 대한 관측은 n번의 베르누이 시행으로 이루어지는 이항실험에 해당한다. 베르누이 시행으로 구성되는 이항실험에서 n번의 관측이 엄격히 독립이기 위해 표본은 복원으로 추출되어야 한다. 그러나 모집단 크기가 크다면 표본추출이 비복원이라 할지라도 거의 독립이고 이항분포는 실제분포인 초기하분포에 근사한 분포를 제공한다. 5,000개가 붉은 색인 $N = 10,000$개 구슬 항아리에서 $n = 2$개 구슬을 꺼낸다 하자. 첫 추출에서 붉은 구슬의 확률은 5,000/10,000=1/2이고 첫 염주가 붉은 색으로 주어졌을 때 두 번째 추출에서 붉은 구슬일 조건부 확률은 4,999/9,999=.49994999이고 이

값은 거의 1/2이다.

2개의 염주를 비복원으로 추출할 때 2개가 붉은 염주일 확률은

$$\frac{1}{2}\times\frac{4,999}{9,999}=.24997$$

이고 거의 1/4이다.

9.3 표본비율의 평균과 분산

9.3.1 베르누이 시행에서 표면의 비율

동전 하나를 던지는 실험에서 표면의 비율에 관심을 둔다고 하자. n번의 시행에서 표면의 비율은 $0/n=0$, $1/n$, $2/n$, $\cdots$, $n/n=1$일 수 있다. r/n이 되는 비율의 확률은 표면의 수가 r이 될 확률과 동일하다. 따라서 <표 9.3.1>과 <그림 9.3.1>은 표면의 수뿐만 아니라 비율에도 적용된다. 그러나 이들 확률을 그림으로 나타낼 때 비율은 0과 1 사이에 놓여야 되기 때문에 차이가 있다.

$n=1$	비율	0	1				
	확률	1/2	1/2				
$n=2$	비율	0	1/2	1			
	확률	1/4	1/2	1/4			
$n=3$	비율	0	1/3	2/3	1		
	확률	1/8	3/8	3/8	1/8		
$n=4$	비율	0	1/4	1/2	3/4	1	
	확률	1/16	4/16	6/16	4/16	1/16	
$n=5$	비율	0	1/5	2/5	3/5	4/5	1
	확률	1/32	5/32	10/32	10/32	5/32	1/32

〈표 9.3.1〉 n=1, 2, 3, 4, 5와 $p=1/2$에 대한 비율의 확률분포

<표 9.3.1>에서 공정한 동전의 4회 시행에서 표면의 비율의 확률을 나타내었다; 이들 확률을 <그림 9.3.1>에 막대그래프로 나타내었다.

각 관측 비율에 대한 확률은 막대의 길이로 표시된다. 예를 들면 $n=4$일 때 비율 1/2의 확률은 6/16이다. 즉, 비율 0.5에서 막대의 높이는 0.375에 해당한다.

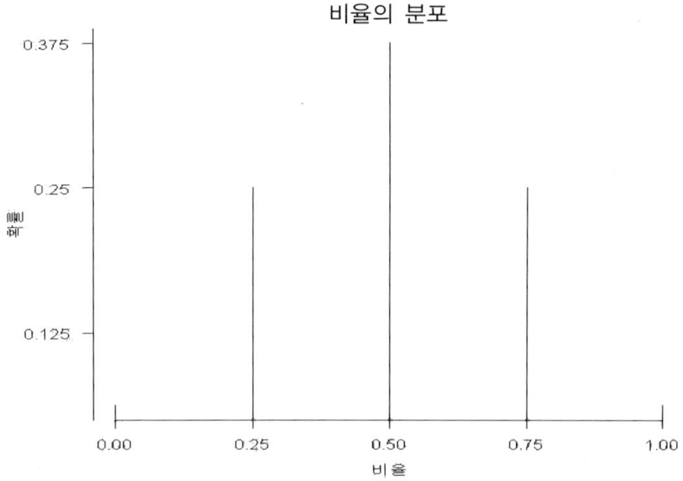

〈그림 9.3.1〉 비율의 분포에 대한 막대그래프

동전을 던지는 실험에서 때로는 표면을 1로 이면은 0으로 표시하는 것이 편리하다. 그러면 순서결과 HHT는 110으로 쓰여 진다. n번 시행에서 X_i를 i번째 시행에서 표면의 수로 나타내자; 즉, i 번째 시행에서 표면이면 $X_i=1$이고 i 번째 시행에서 이면이면 $X_i=0$이다. X_i들의 합,

$$\sum_{i=1}^{n} X_i$$

는 n번 시행에서 표면의 수이다.

순서결과 HHT에서 $X_1=1,\ X_2=1,\ X_3=0$ 이고

$$\sum_{i=1}^{3} X_i = X_1 + X_2 + X_3 = 1 + 1 + 0 = 2$$

는 순서결과에서 표면의 수이다. n번 시행에서 표면의 비율은 표면의 수를 n으로 나눈 값이다. 즉, $\sum_{i=1}^{n} \frac{X_i}{n}$이고 표본평균이다. 따라서 표본평균에 행해진 모든 기술은 표면의 비율에 적용된다. 역으로 표면의 수와 표면의 비율의 표본추출분포는 합과 평균의 표본분포의 예들이다.

9.3.2 이항분포의 평균과 분산

이항확률분포는 각각이 평균 π이고 분산 $\pi(1-\pi)$를 갖는 n개의 독립인 확률변수들 $X_1, X_2, \cdots, X_n$의 합의 분포이다. 그런 까닭에 변수들의 합의 평균과 독립인 변수들의 합의 분산에 대한 규칙을 이용하여

$$\mu_{X_1 + X_2 + \cdots + X_n} = n\pi,$$

$$\sigma^2_{X_1 + X_2 + \cdots + X_n} = n\pi(1-\pi)$$

를 얻는다. n번의 독립인 베르누이 시행에서 표면의 비율은 종종 $\hat{\pi}$으로 나타낸다. 이것은

$X_1, X_2, \cdots, X_n$의 표본평균이다. 따라서 $\hat{\pi}$의 표본추출분포는

$$\mu_{\hat{\pi}} = \pi \text{ 이고 } \sigma^2_{\hat{\pi}} = \frac{\pi(1-\pi)}{n}$$

이다.

합과 비율의 평균과 분산들에 대한 규칙은 <표 9.2.2>과 <표 9.3.1>의 수치들로 입증된다. 한 분포의 분산은 분포로부터 추출되는 임의적인 값에 관한 불확실성의 측도이다. 베르누이 변수의 경우에 $\pi = 1/2$일 때 결과에 대한 불확실

성이 가장 크게 된다. 다시 말하면, $\pi=1/2$일 때 분산이 가장 크게 되리라는 것을 예상할 수 있다. 그러한 경우가 됨을 알아보기 위해 $\pi=1/2$이 될 때의 분산을 계산해 보자.

$$\begin{aligned}\sigma^2 &= \pi(1-\pi)\\ &= \left[\frac{1}{2}+(\pi-\frac{1}{2})\right]\left[\frac{1}{2}-(\pi-\frac{1}{2})\right]\\ &= (\frac{1}{2})^2-\left(\pi-\frac{1}{2}\right)^2 \leq \frac{1}{4}\end{aligned}$$

이다. 따라서 σ^2은 $\pi=1/2$일 때 1/4의 최대값을 갖는다.

9.4 평균의 법칙(Law of Averages)

평균의 법칙 또는 **대수의 법칙**(Law of Large Numbers)에 따르면 사상의 발생은 결국 그 사상의 확률로 예상되는 만큼 그 만큼 빈번하게 발생한다는 것이다. 공정한 동전을 많이 던지면 거의 절반회수에서 표면을 예상할 수 있다. 좀 더 정확하게 표현하면 한 사상의 발생확률이 π이면 독립적인 시행이 많이 행해질 때 사상이 발생하는 비율이 근사적으로 π가 됨을 말한다.

<표 9.4>는 동전의 양면이 나올 가능성이 같다고 생각되는 동전을 n=1, 2, 3, 4, 5회의 시행에서 가능한 표면의 비율에 관한 확률을 보여준다. 표본에서 계산된 표면의 비율과 표면이 발생할 확률 1/2과의 차이가 일정 양을 초과하지 않을 확률이 <표 9.4>에 계산되어 있다.

$\lvert$ 표면비율 $-\frac{1}{2}$ $\rvert$ 〈d	n					
	1	2	3	4	5	100
많아야 1/2의 편차	1	1	1	1	1	1
많아야 1/4의 편차	0	1/2	3/4	7/8	5/8	1.00000
많아야 1/8의 편차	0	1/2	0	3/8	5/8	.98796

〈표 9.4〉 표면의 비율이 확률1/2에서 일정 양만큼 편차가 있을 확률

예를 들면, 동전의 5번 시행에서 2/5와 3/5의 비율들은 1/2과의 편차가 1/8이내이다. 비율이 1/2과의 편차가 1/8이내가 되는 이들 두 사상의 확률은 각기 10/32이다. 그러므로 이 두 사상중 하나가 발생할 확률은 <표 9.4>의 마지막 행과 다섯 째 열에 주어진 대로 5/8가 된다.

<표 9.4>에서는 또한 100번의 많은 시행에서 각 편차에 대한 확률들이 주어져 있다. 이들 확률은 이항분포로부터 앞에서와 같이 유사하게 계산된다. 100번의 시행에서 표면의 비율이 .375와 .625사이에 속할 확률은 .98796이다. 즉, 비율이 .25와 .75사이에 속할 것은 거의 확실하다. 이러한 확률의 계산은 π가 1/2 되는 확률과 n번 시행에서 사상들의 독립성에만 달려 있다. 1/2근방에 확률이 몰려있는 현상을 <그림 9.4>으로부터 알 수 있다.

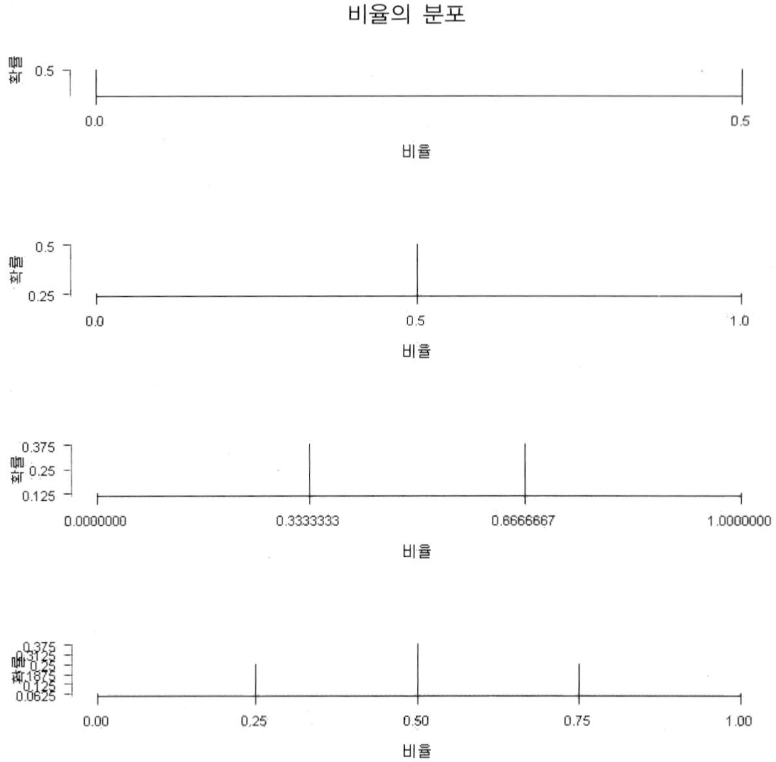

〈그림 9.4〉 $n=1,2,3,4$ 이고 $\pi=1/2$ 인 경우에 표본비율들의 분포

표면이 발생할 확률이 π인 베르누이 시행에서 시행 수 n이 충분히 커지면 표면의 표본 비율이 확률 π에 근사할 가능성이 높아진다. 표면에 값 1, 이면에 값 0이 주어질 때 베르누이 분포의 평균은 확률 π이다. 표면의 비율은 표본평균이다. 이는 본크기가 크면 표본평균이 모평균에 근사할 확률이 높다는 것을 말하는 **대수의 법칙**의 한 예이다.

이러한 사실은 확률변수가 유한 개수의 값 $u_1, u_2, \cdots, u_k$를 취할 때 쉽게 입증이 가능해진다. 표본평균 $\overline{x}$는

$$\overline{x} = \sum_{j=1}^{k} r_j u_j$$

로 쓰여 지고 r_j는 표본에서 u_j의 상대도수를 나타낸다. 표본크기가 크면 상대도수 r_j는 해당하는 모집단 확률 π_j에 근사하다. 따라서 $\sum_{j=1}^{k} r_j u_j$가 $\sum_{j=1}^{k} \pi_j u_j$에 근사하게 된다. 즉, $\overline{x}$는 μ에 근사하게 된다. 따라서 표본평균 $\overline{x}$가 모평균

$$\mu = \sum_{j=1}^{k} \pi_j u_j$$

로부터 작은 양만큼 차이가 있을 확률은 거의 1이다. 평균의 법칙(Law of Averages)은 대수의 법칙으로 알려져 있다.

대수의 법칙(Law of Large Numbers): 표본의 크기가 크면 표본평균이 모집단의 평균에 근사할 확률은 높다.

평균이 μ인 모집단으로부터 표본평균 $\overline{x}$의 표본추출분포의 평균은 모평균 μ이다. 즉, 표본평균의 표본추출분포는 모평균 근방에 위치한다. 모집단의 표준편차가 σ이면 크기 n인 표본들의 평균의 표본추출분포의 표준편차는 $\sigma / \sqrt{n}$이다. 따라서 n이 크면 변동은 작고 표본평균이 μ에 근사할 확률은 크다.

대수의 법칙은 모집단의 특성을 파악하기 위해 확률표본을 이용하는 데에 대한 정당화이므로 중요하다. 다시 말하면, 표본이 충분히 크다면 표본정보는 매우 정확해질 가능성이 있음을 의미하고 있기 때문이다.

9.1 다음 용어를 설명하라.

㉠ 베르누이 시행
㉡ 베르누이 확률분포
㉢ 베르누이 확률변수
㉣ 이항확률변수
㉤ 대수의 법칙

9.2 어떤 기업에서 여성 고용비율은 0.3으로 알려져 있다. 크기 $n=6$인 확률표본을 취할 때 Y를 표본 내 여성의 수라 두자. 다음 물음에 답하라.

㉠ Y의 가능한 값들을 기술하고 설명하라.
㉡ $P(Y=0)$일 확률을 구하라.
㉢ $P(Y \geq 1)$일 확률을 구하라.
㉣ $P(0 \leq Y \leq 1)$일 확률을 구하라.

9.3 $X \sim B(4, 0.2)$일 때 다음을 계산하라.

㉠ X의 값들에 대한 확률을 계산하라.
㉡ X의 평균을 계산하라.
㉢ X의 분산을 계산하라.
㉣ X의 변동계수를 구하라.
㉤ $\frac{X}{4}$의 평균을 계산하라.
㉥ $\frac{X}{4}$의 분산을 계산하라.

9.4 X가 성공확률이 0.4인 베르누이 확률분포를 따를 때 다음을 계산하라.

㉠ X의 값들에 대한 확률을 계산하라.
㉡ X의 평균을 계산하라.
㉢ X의 분산을 계산하라.
㉣ X의 변동계수를 구하라.
㉤ $\frac{X-0.4}{\sqrt{0.24}}$의 확률분포를 구하라.
㉥ $\frac{X-0.4}{\sqrt{0.24}}$의 평균을 구하라.
㉦ $\frac{X-0.4}{\sqrt{0.24}}$의 분산을 구하라.

9.5 동전을 던지는 실험에서 표면 H가 나올 확률이 $\frac{3}{4}$이다. 동전을 두 번 던질 때 표면이 나타나는 수를 X라 두자.

㉠ 동전을 두 번 던지는 실험은 베르누이 시행들로 간주되는 가를 설명하라.
㉡ 표본공간을 기술하라.
㉢ 첫 시행에서 표면의 수를 Y_1 그리고 두 번째 시행에서 표면의 수를 Y_2라 둘 때 두 변수의 결합확률분포를 기술하라.
㉣ 두 변수 Y_1과 Y_2는 독립인 가를 보여라
㉤ $P(Y_2 = 1 | Y_1 = 1)$을 계산하라.
㉥ $P(Y_2 = 0 | Y_1 = 1)$을 계산하라.
㉦ Y_1의 평균과 분산을 구하라.
㉧ $P(Y_2 = 1 | Y_1 = 0)$

제10장

표본평균의 표본분포

제10장

표본평균의 표본분포

10.1 표본평균의 정규분포

10.1.1 중심극한 정리

거의 모든 모집단의 표본평균의 표본분포는 그 모분포의 평균주위에 집중되어 있음을 대수의 법칙으로부터 알 수 있다. 좀 더 구체적으로 표본평균의 표본분포는 근사적으로 정규분포를 갖는다는 주장을 할 수 있다. 신장과 체중 같은 많은 측정값들의 분포가 근사적으로 정규분포라는 것은 경험적 사실인 반면에 평균의 표본분포가 근사적으로 정규분포임은 경험적 사실일 뿐만 아니라 수학적 정리이기도 하다. 표본추출분포(sampling distribution)를 또한 표본분포라 부른다.

동전 한 개를 n번 던지는 실험에서 표면의 수에 대한 확률분포와 표면비율에 대한 확률분포를 구해 보았다. 표면의 수는 n개 확률변수의 합

$$\sum_{i=1}^{n} X_i$$

이고, X_i는 i번째 시행에서 표면이면 1이고 이면이면 0인 확률변수이다. 비율은 이들 변수의 표본평균이다. 합의 표본추출분포의 표준편차는 $\sqrt{n\pi(1-\pi)}$ 이고 비율의 표본추출분포의 표준편차는 $\sqrt{\dfrac{\pi(1-\pi)}{n}}$ 이다.

<그림 10.1.1>에서 $\pi=\dfrac{1}{2}$이고 $n=2,5,10$일 때 표본비율의 확률분포를 그리고 있다. $n=10$인 경우에 분포는 정규분포를 닮고 있다. n이 커질수록 분포의 모양은 정규분포에 더욱 가까워진다.

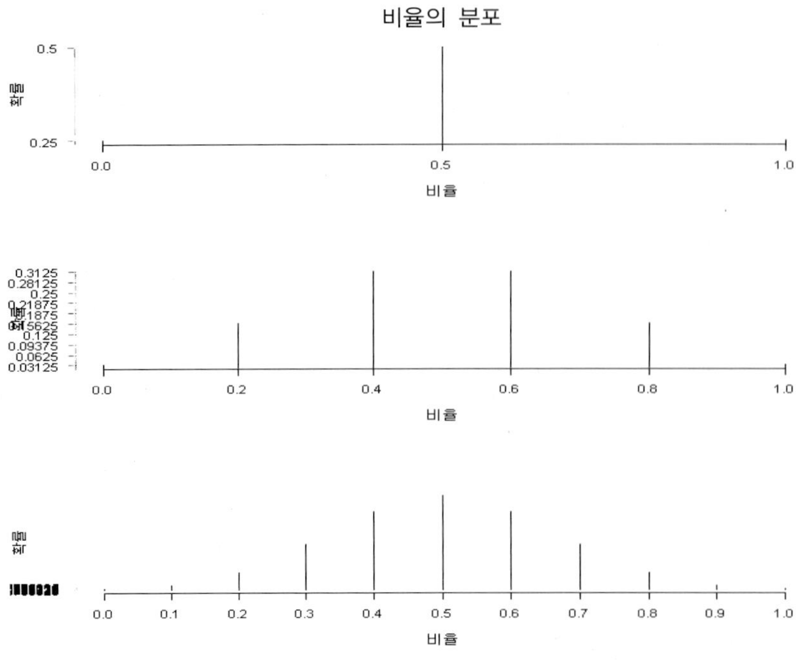

〈그림 10.1.1〉 $n=2,5,10$이고 $\pi=1/2$일 때 표본비율들의 분포

주어진 표본분포에 근사한 정규분포는 동일한 모평균과 표준편차를 갖는 정규분포이다. 평균이 μ이고 표준편차가 σ인 무한모집단으로부터의 n개의 관측값을 갖는다면 그 표본평균의 표본분포는 평균이 μ이고 표준편차가 $\dfrac{\sigma}{\sqrt{n}}$이다. 평균이 μ이고 표준편차가 $\dfrac{\sigma}{\sqrt{n}}$인 정규분포는 이 표본분포에 근사하다. 이 문제를 해석하는 또 다른 방법은 표본평균의 표준화된 설명이다.

$$\frac{\overline{X}-\mu_{\overline{X}}}{\sigma_{\overline{X}}}=\frac{\overline{X}-\mu}{\sigma/\sqrt{n}}$$

은 표준정규분포에 근사한 표본추출분포를 갖는다. 즉,

$$P(\frac{\overline{X}-\mu}{\sigma/\sqrt{n}}\leq z)\doteq\Phi(z)$$

이다. n이 커질수록 더 나은 근사 값이 된다.

<그림 10.1.2>와 <그림 10.1.3>은 두 개의 모집단에서 $n=2,6,25$에 대한 $\overline{x}$의 분포를 보여준다. 원래의 모집단의 특성에 상관없이 중심극한정리가 적용된다, 즉, 확률표본 $X_1, X_2, \cdots, X_n$이 추출된 분포의 특성에 무관하다.

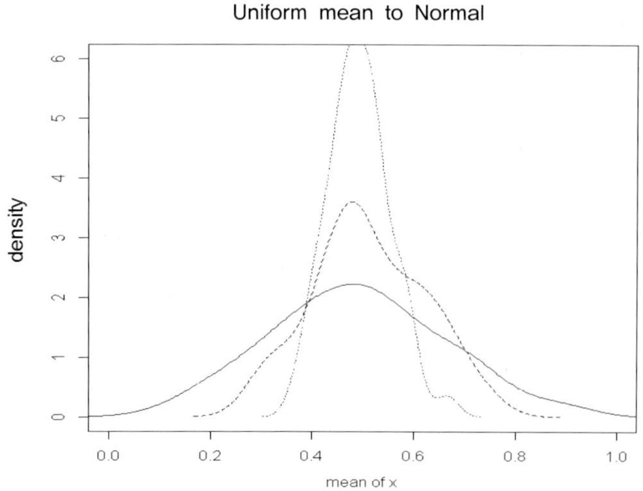

〈그림 10.1.2〉 균일분포로 부터의 $n=2,6,25$에 대한 $\overline{X}$의 분포

비록 원래의 모집단이 비대칭이라 할지라도 표본평균들은 근사적인 정규분포를 갖는다. <그림 10.1.2>는 모집단의 분포가 정규분포가 아닌 균일분포이나 표본의 크기가 증가할수록 표본평균의 분포는 정규분포의 모양에 근사해 짐을

보여주고 있다. 그러나 좋은 근사분포를 갖기 위해 표본크기가 얼마나 커야하는가는 원래의 모집단의 모양에 달려있다.

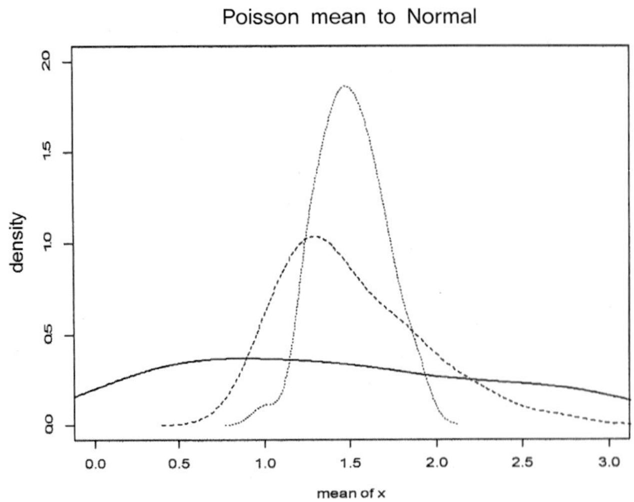

〈그림 10.1.3〉 $\mu=1.5$인 포아송 분포로부터의 $n=2, 10, 30$에 대한 $\overline{X}$의 분포

<그림 10.1.3>은 평균이 $\mu=1.5$인 포아송 분포로부터 서로 다른 크기의 표본을 취하였을 때 관측되는 값들을 이용하여 계산한 평균들의 확률분포이다. 그림으로부터 표본의 크기가 커질수록 표본평균의 분포곡선은 정규분포에 가까워짐을 알 수 있다. 표본평균의 표본분포에 대해 다음과 같이 요약할 수 있다.

성질 1: $\overline{X}$의 표본분포의 평균은 모집단의 평균과 일치한다.

$$\mu_{\overline{X}}=\mu$$

성질 2: $\overline{X}$의 표본추출분포의 분산은 모집단의 분산을 n으로 나눈 값이다.

$$\sigma^2_{\overline{X}}=\frac{\sigma^2}{n}$$

성질 3: $\overline{X}$의 표본분포의 표준편차는 모집단의 표준편차를 표본크기의 제곱근 $\sqrt{n}$ 으로 나눈 값이다.

$$\sigma_{\overline{X}} = \frac{\sigma}{\sqrt{n}}$$

성질 4: 정규분포로부터 임의 추출된 확률표본의 평균 즉, 표본평균의 표본분포도 정규분포이다. 어떤 다른 분포로부터의 확률표본의 평균의 표본분포는 근사적으로 정규분포이다.

성질2와 3에서 표본추출은 복원이거나 무한모집단으로부터의 추출이다. 그러나 모집단의 크기가 표본의 크기에 비해 상대적으로 매우 크다면 이러한 성질들은 그리 중요하지 않다.

10.2 이항분포에 대한 정규근사

n번 시행에서 표면비율 $\hat{\pi}$는 베르누이 변수의 표본평균이다. 따라서 중심극한정리가 $\hat{\pi}$에 적용되어

$$\frac{\hat{\pi} - \mu_{\hat{\pi}}}{\sigma_{\hat{\pi}}} = \frac{\hat{\pi} - \pi}{\sqrt{\pi(1-\pi)/n}}$$

는 표준정규변수의 분포

$$P\left(\frac{\hat{\pi} - \pi}{\sqrt{\pi(1-\pi)/n}} \leq z\right) \doteq \Phi(z)$$

로 근사되는 분포를 갖는다는 것을 의미한다. 이 근사는 n이 크고 π가 그렇게 작지 않거나 크지 않을 때에 적합하다. 대체로 근사는 $n\pi > 5$이고 $n(1-\pi) > 5$일 때 사용될 수 있다고 말할 수 있다.

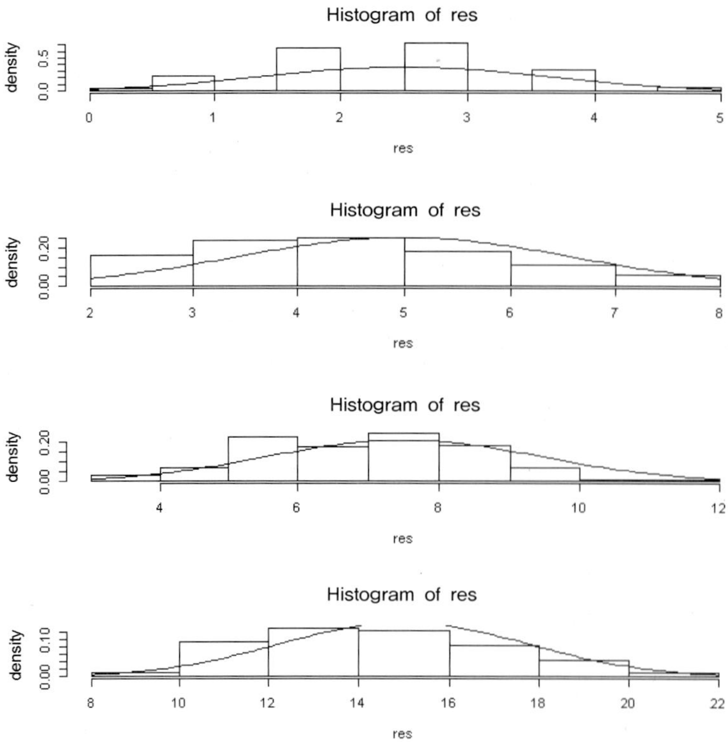

성공의 비율이 .6이하일 확률은 다음과 같이 근사적으로 구해진다.

$$P(\hat{\pi} \leqq .6) = P\left(\frac{\hat{\pi} - \pi}{\sqrt{\pi(1-\pi)/n}} \leqq \frac{.6 - \pi}{\sqrt{\pi(1-\pi)/n}}\right)$$

$$\doteq \Phi\left(\frac{.6 - \pi}{\sqrt{\pi(1-\pi/n}}\right)$$

동전 한 개의 100번 토스에서 표면비율이 .6이하일 확률을 구해보자.

$$P(\hat{\pi} \leqq .6) \doteq \Phi\left(\frac{.6 - .5}{\sqrt{.5 \times .5/100}}\right)$$

$$= \Phi(2) = .9772$$

이다.

$X = n\hat{\pi}$을 표면의 수라 두면,

$$\frac{\hat{\pi}-\pi}{\sqrt{\pi(1-\pi)/n}} = \frac{n(\hat{\pi}-\pi)}{n\sqrt{\pi(1-\pi)/n}} = \frac{X-n\pi}{\sqrt{n\pi(1-\pi)}}$$

이다. 즉, 성공의 수를 표준화한 변환은 성공의 비율을 표준화한 변환과 일치한다. 성공의 수가 60이하일 확률을 근사적으로 구하기 위해

$$\begin{aligned} P(X \leqq 60) &= P\left(\frac{X-n\pi}{\sqrt{n\pi(1-\pi)}} \leqq \frac{60-n\pi}{\sqrt{n\pi(1-\pi)}}\right) \\ &\doteq \Phi\left(\frac{60-n\pi}{\sqrt{n\pi(1-\pi)}}\right) \end{aligned}$$

를 이용한다. $n = 100$이고 $\pi = 1/2$이면

$$\Phi\left(\frac{60-100\times 1/2}{\sqrt{100\times 1/2\times 1/2}}\right) = \Phi(2) = .9772$$

이다.

▌연습문제▌

10.1 다음은 확률변수 X의 확률분포를 나타낸다.

x	1	3
$P(x)$	0.4	0.6

크기 3인 확률표본 X_1, X_2, X_3을 추출할 때 $Y = X_1 + X_2 + X_3$이다. 다음 물음에 답하라.

㉠ Y의 확률분포를 구하라.
㉡ Y의 평균을 구하라.
㉢ Y의 분산을 구하라.

10.2 어느 공장에서 생산된 제품의 불량률이 0.3으로 알려져 있다. 크기 5인 표본을 추출할 때 표본에서 불량품의 수를 X라 두자.

㉠ X의 확률분포를 구하라.
㉡ $P(X = 2)$를 구하라.
㉢ $P(1 \leq X < 3)$를 계산하라.
㉣ $P(X < 0)$를 계산하라.
㉤ X의 평균을 구하라.
㉥ X의 표준편차를 계산하라.
㉦ $\frac{X}{5}$의 확률분포를 구하라.
㉧ $\frac{X}{5}$의 평균을 구하라.
㉨ $\frac{X}{5}$의 분산을 구하라.

10.3 $X \sim N(100, 4^2)$일 때 다음의 확률을 구하라.

㉠ $P(X < 92)$
㉡ $P(96 < X \leqq 104)$
㉢ $P(X \geqq 108)$

10.4 $X \sim N(100, 4^2)$일 때 크기 4인 표본을 임의로 추출할 때

$\overline{X} = \dfrac{X_1 + X_2 + X_3 + X_4}{4}$이다.

㉠ $\overline{X}$의 평균을 구하라.
㉡ $\overline{X}$의 분산을 구하라.
㉢ $\overline{X}$의 분포에 대해 설명하라.
㉣ $P(\overline{X} \geqq 102)$를 구하라.

10.5 어느 통조림 제품의 평균중량은 250g이고 표준편차가 10g으로 알려져 있다. 통조림 제품 중 25개 제품을 임의로 뽑아 중량을 조사하였을 때

㉠ 표본평균의 표준편차를 구하라.
㉡ 표본평균이 256g이상일 확률을 구하라.
㉢ 표본평균이 246g이하일 확률을 구하라.
㉣ 표본평균의 근사적 확률분포에 대해 설명하라.

10.6 어떤 질환에 대한 한 처방으로 완치될 확률이 0.2로 알려져 있다. 30명 환자를 치료하였을 때 치유환자의 수를 Y라 두자

㉠ Y의 분포를 기술하라.
㉡ Y가 3일 확률을 구하라.
㉢ $P(Y<4)$를 구하라.
㉣ $P(Y<4)$를 근사적으로 구하라.
㉤ 근사적으로 구하기 위한 조건에 대해 설명하라.
㉥ 근사적으로 이용되는 분포에 대해 설명하라.
㉦ $P(3 < Y \leq 6)$를 정확한 방법과 근사적 방법으로 구하고 그 값을 비교하라.

10.7 확률변수 X가 정규분포 $N(32, 2^2)$을 따를 때, 다음 확률을 구하라.

㉠ $P(X<30)$
㉡ $P(25 < X \leq 30)$

10.8 표면이 나올 확률이 1/2인 동전을 50회 던졌을 때, 표면이 나온 횟수가 20회 이상 30이하일 확률을 구한다고 하자. 표면이 나오는 횟수를 Y라 둔다.

㉠ Y의 분포를 기술하라.
㉡ Y의 평균과 분산을 구하라.
㉢ Y의 근사적 분포를 기술하라.
㉣ $P(20 \leq Y < 30)$를 근사적 분포에 의해 구하라.

제11장
정보의 활용

11.1 모평균의 추정
11.2 모분산의 추정과 표준편차
11.3 모평균의 신뢰구간
11.4 모비율의 추정
11.5 중앙값과 백분위수 추정
11.6 짝진 측정값
연습문제

제11장
정보의 활용

모집단의 특성을 추정하기 위한 표본의 이용

통계적 추론의 주된 목적 중 하나는 한 표본에서의 정보를 근거로 모집단의 특성을 추측하는 추정이다. 정치적 여론조사에서 반응은 서로 다른 후보자들의 지지에서 유권자들의 비율을 추정하기 위해 이용된다. 소아마비 백신 시행의 통계적 평가는 백신으로 접종한 사람과 가짜 약으로 접종한 사람들 중에서 소아마비 환자의 발생비율의 추정을 포함한다. 따라서 표본비율은 모비율의 추정값이다. 한 표본의 산술평균은 모평균의 추정값이다. 표본분산은 모분산의 한 추정값이다. 이 장에서 중앙값과 다른 백분위수의 추정값 뿐만 아니라 이들 추정값이 모집단 양에 얼마나 잘 일치하는 가를 다루게 된다. 모수의 값으로 단일의 최적 추측값을 기술하는 추정과정을 포함하여 그 모수의 가능한 값들의 범위를 기술하는 방법들도 다루게 된다.

11.1 모평균의 추정

모집단의 특성에 대한 추정의 개념을 다루기 위해 환자의 실제 혈압이 혈압측정상의 몇 가지 혈압 결정요소들로부터 어떻게 추정되는 가를 알아보기로 한다. 왜냐하면, 기법과 장비에 기인한 혈압 측정값 간에 변동이 있기 때문에 참 혈압수준은 반복적으로 측정된 혈압결정량의 가상 모집단의 평균으로 예상된다. 모집단으로부터 크기 $m=3$인 혈압의 세 측증값은 한 확률표본으로 취급된다. 그 구해진 값들이 115, 120, 107이라 두자. 그러면 그 환자의 참 혈압은 산술 표본평균인(115+120+107)/3=114로 추정된다.

혈압측정값의 분포는 12.6의 표준편차를 갖는 것으로 알려져 있다고 하자. 이때 세 번의 독립적인 결정량에 대한 평균의 표준편차는 $12.6/\sqrt{3}=2.74$이다. 따라서 표본평균은 표준편차가 12.6인 단 하나의 관측값 보다는 참값의 더 정밀한 추정값이다.

■ 모평균과 표본평간의 유사성

N개 개체들의 한 모집단에서 값 $y_1, y_2, \cdots, y_N$을 갖는 한 변수를 생각해보자. 이 변수의 모평균은 식

$$\mu=\frac{\sum_{k=1}^{N} y_k}{N}$$

으로 표현되는 산술연산에 의해 정의된다.

관측값 $x_1, x_2, \cdots, x_n$을 갖는 n개 개체들의 한 표본이 주어졌을 때 동일한 산술연산을 표본에 적용하여 모평균 μ를 추정하는 것이 자연스럽다. 따라서 μ의 추정으로 표본평균 $\bar{x}$를 이용하게 된다.

$$\overline{x} = \frac{\sum_{k=1}^{n} x_i}{n}$$

이다. 즉, 그 표본의 산술평균이다. 다시 말하면, 우리는 모평균 μ를 추정하기 위하여 표본평균 $\overline{X}$를 이용한다. 왜냐하면, μ가 모집단 값들로 구성되는 것과 같이 동일한 방식으로 표본의 값들로 구성되기 때문이다.

■ 표본평균의 표본분포

표본마다 산술평균은 다르게 된다. 즉, 이것은 표본분포를 갖는다. 이 표본분포는 모집단의 평균 μ와 동일한 평균 $\mu_{\overline{X}}$를 갖는다. 따라서 $\overline{X}$의 표본분포는 추정되는 모수 μ에 중심을 두고 있다.

$\overline{X}$의 표본분포의 분산은

$$\sigma_{\overline{X}}^2 = \frac{\sigma^2}{n}$$

이다. 평균의 표본분포의 표준편차는

$$\sigma_{\overline{X}} = \frac{\sigma}{\sqrt{n}}$$

이다.

표본분포는 추정되는 모수의 값 근방에 몰려있는 경향이 있다. 왜냐하면, 변동이 줄어들기 때문이다. 혈압수치의 모집단은 이전의 검증으로부터 근사적으로 정규분포인 것으로 알려져 있고 표본평균의 표본추출분포는 정규분포에 근사하다. 왜냐하면, 정규분포의 모양은 분포의 평균과 표준편차에 달려있고 평균 μ와 표준편차 $\sigma/\sqrt{n}$는 표본분포를 잘 묘사하고 있기 때문이다.

■ 불편성(unbiasedness)

$\mu_{\overline{X}}=\mu$이기 때문에 $\overline{x}$는 μ의 불편추정값이라 한다.

정의: 통계량은 그 통계량의 표본분포의 평균이 모수이면 모수의 **불편추정량**이다.

한 추정량이 불편추정량일 때 그것의 표본추출분포는 모수에 중심을 두고 있는 바람직한 성질을 갖는다. 즉, 표본분포의 평균이 모수와 같다는 점에서 바람직한 성질을 의미한다. 평균 외에 분산과 같은 모수의 불편추정량들을 논의할 것이다.

■ 표준오차(standard error)

$\overline{X}$의 표본분포의 표준편차, 즉 $\sigma_{\overline{X}}=\dfrac{\sigma}{\sqrt{n}}$를 $\overline{X}$의 **표준오차**라 부른다. 표본크기가 클수록 표준오차는 점점 작아지고 더 많은 확률이 모수 μ주위에 집중된다.

■ 요약

μ를 추정하기 위해 $\overline{X}$를 이용한다. 왜냐하면 μ를 구하기 위해 모집단의 값들에 적용된 연산이 표본의 값들에도 동일하게 적용되어 $\overline{X}$의 값이 계산되기 때문이다. 더욱이 $\overline{X}$는 불편성을 갖고 단일 관측 값보다 더 작은 표준편차를 갖는다. 이 사실은 $\overline{X}$가 μ에 근사할 가능성이 크다는 것을 의미한다.

11.2 모분산의 추정과 표준편차

표준편차가 알려져 있지 않다면, 표본으로부터 추정되어야 한다. 축구선수들의 한 명부로부터 임의로 추출된 세 명 선수의 한 확률표본에서의 체중들이

$x_1 = 68$, $x_2 = 76$ 이고 $x_3 = 75$킬로그램이라면 표본평균 $\overline{x} = \frac{68+76+75}{3} = 73$ 이고 표본분산은

$$s^2 = \frac{\sum_{i=1}^{3}(x_i - \overline{x})^2}{3-1} = 19$$

이다. 표본표준편차 s는 $\sqrt{19} = 4.36$이다. 이것은 모표준편차 σ의 추정값이다.

■ 모분산과 표본분산의 유사성과 불편성

N개 개체들의 모집단에서 값 $y_1, y_2, \cdots, y_N$을 갖는 한 변수를 생각해 보자. 이 변수의 모분산은 식

$$\sigma^2 = \frac{\sum_{k=1}^{N}(y_k - \mu)^2}{N}$$

에서 표현된 산술연산으로 정의된다. n개 개체들의 확률표본으로부터 생기는 관측값 $x_1, x_2, \cdots, x_n$이 주어졌을 때 표본에 동일한 산술 연산을 적용하여 σ^2을 추정하는 것이 자연스럽다. 모평균 μ의 값을 알고 있다면 추정값

$$\frac{\sum_{i=1}^{n}(x_i - \mu)^2}{n}$$

으로 추정할 수 있다. 이것은 모분산의 불편추정치이다. 그러나 대개 우리는 이 추정치를 이용할 수 없다. 왜냐하면 모평균 μ가 알려져 있지 않기 때문이다. 이때 우리는 μ를 표본평균 $\overline{x}$로 대체하여 추정치

$$s^2 = \frac{\sum_{i=1}^{n} (x_i - \overline{x})^2}{n-1}$$

를 이용한다. n 대신에 $n-1$로 나눈다. 그 이유는 추정의 결과가 불편성의 성질을 갖기 때문이다. 즉, s^2의 표본분포의 평균은 σ^2이다.

$$\mu_{s^2} = \sigma^2$$

이다. s^2은 모집단의 특성에 상관없이 σ^2의 불편추정치임을 강조한다. s^2의 표본분포가 σ^2에 중심을 두고 있다는 의미이다.

표본분산의 제곱근은 표본표준편차 s이다; 이것은 모표준편차 σ를 추정하기 위해 이용된다. s의 표본분포는 모표준편차 σ주위에 몰려있는 경향이 있다. 표본크기 n이 클수록 σ^2주위에 s^2과 σ의 주위에 s의 집중도는 커진다.

■ 표준오차의 추정

표본평균의 표준오차, 즉 표본평균의 표본추출분포의 표준편차는 $\sigma / \sqrt{n}$이다. 이것은 $s / \sqrt{n}$으로 추정된다.

11.3 모평균의 신뢰구간

11.3.1 모표준편차가 알려져 있을 때 신뢰구간

모평균의 추정으로 한 확률표본으로부터 계산된 표본평균의 값을 이용하게 될 때 점 추정치를 제공하게 된다. 일반적으로 점 추정값이 모평균의 값으로 추정될 가능성은 거의 희박하다. 따라서 추정의 정확성을 제공하기 위한 한 가지

방법은 추정값과 함께 추정치의 표본분포의 표준편차를 제공하는 것이다. 또 다른 방법은 구간을 기술하는 것이다. 구간의 기술은 점 추정치와 추정량의 표준오차 둘 다에 의존하며 모수의 값으로 가능한 값들을 포함한다.

구간추정치의 상위 끝점은 표본평균에 어떤 값을 더하여 구한다. 이 양은 평균의 표본분포의 배수이다. 구간의 아래 끝점은 표본평균으로부터 이양을 뺀 값으로 구해진다.

모평균의 신뢰구간을 추정하는 예로써 어느 사과산지에서 출하되는 제품의 당도를 조사하는 문제를 생각해 보기로 한다. 산지에서 출하되는 제품의 당도에 대한 분포로 평균이 μ이고 표준편차 σ가 1.2인 정규분포를 따르는 것으로 가정한다. 출하되는 제품 중 임의로 추출된 세 과일의 당도에 대한 측정결과가 13.7, 12.5, 14.3이라 하자.

사과의 당도를 변수 X라 두면 사과산지의 당도를 나타내는 X의 확률분포는 $N(\mu,\ \sigma^2)$인 분포를 따르고 있음을 의미한다. 임의로 추출된 세 개의 사과에 대한 당도는 세 개의 확률변수 X_1, X_2, X_3로 표시된다. 이들 세 확률변수는 당도의 동일한$N(\mu,\ 1.2^2)$분포로부터의 크기 $n=3$인 확률표본이므로 X_i들은 모분포와 동일한 분포를 갖고 서로 독립인 변수들이다.

크기 3인 확률표본들로부터 계산되는 표본평균들은 평균당도가 μ이고 $\sigma/\sqrt{3}$가 0.69인 표준편차를 갖는 정규분포를 표본분포로 갖게 된다. 따라서 표본평균 $\overline{X}$가 μ의 1σ 이내 즉, 0.69내에 있을 확률은 약 2/3(.682)이다. 마찬가지로 $\overline{X}$가 μ의 1.96σ 이내 있을 확률은 .95이다. 왜냐하면 표준정규곡선 아래의 면적 중 2.5%가 $z=-1.96$의 좌측에 있으므로 면적의 95%는 −1.96과 +1.96 사이에 있다. 1.96σ는 1.96×0.69=1.35이므로 $\overline{X}$가 μ의 1.35이내일 확률은 <그림 11.1.3>에서 보여 지듯이 .95이다.

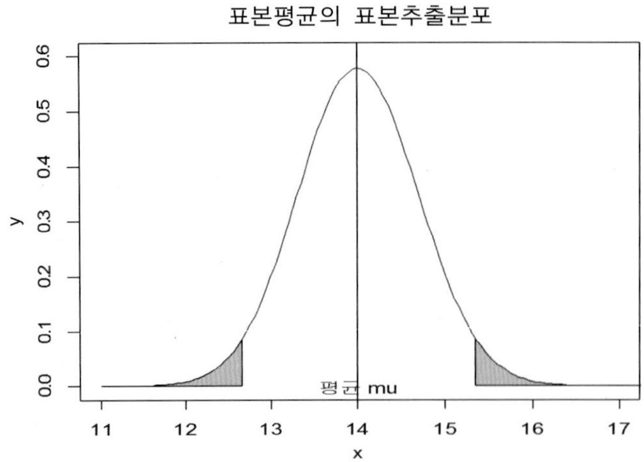

〈그림 11.1.3〉 표본평균 $\overline{X}$의 표본분포

$\overline{X}$가 μ의 1.35이내에 속할 확률은 .95이다; 즉, μ와 $\overline{X}$간의 거리는 1.35이하일 확률이 .95이다. 확률 .95로 μ이 $\overline{X}-1.35$과 $\overline{X}+1.35$사이에 있게 되는 $\overline{X}$의 한 값을 얻게 된다. 즉,

$$P(\overline{X}-1.35<\mu<\overline{X}+1.35)=.95$$

이다. 따라서 구간 $(\overline{X}-1.35,\ \overline{X}+1.35)$이 모평균 μ를 포함하게 되는 표본평균 $\overline{X}$인 표본을 추출할 확률이 0.95가 됨을 의미한다. 구간추정의 과정은 한 확률 표본으로부터 계산된 표본평균 $\overline{x}$를 이용하여 구간

$$(\overline{x}-1.35,\ \overline{x}+1.35)$$

를 모평균에 대한 가능한 값들의 구간으로 나타내는 것이다. 당도자료의 표본평균 $\overline{x}$는 13.5이므로 신뢰구간의 상위 한계는

$$\overline{x}+1.35=13.5+1.35=14.85$$

이다. 하한은

$$\bar{x} - 1.35 = 13.5 - 1.35 = 12.15$$

이다. 구간 $(\overline{X} - 1.35,\ \overline{X} + 1.35)$과 연관된 확률을 .95 또는 95% 신뢰수준 또는 신뢰계수라 부르고 그 구간추정치 $(\bar{x} - 1.35,\ \bar{x} + 1.35)$를 신뢰구간이라 부른다. 신뢰구간에 이르는 단계를 살펴보면 평균의 표준편차의 1.96배를 $\bar{x}$에 빼주고 더해 온 것을 보여 준다. 크기 n의 확률표본이 표준편차 σ인 모집단으로부터 추출되면 모평균 μ에 대한 95% 신뢰구간은

$$\left(\bar{x} - 1.96\frac{\sigma}{\sqrt{n}},\ \bar{x} + 1.96\frac{\sigma}{\sqrt{n}}\right)$$

이다. 왜냐하면, 1.96은 표준정규분포의 제97.5 백분위수이기 때문이다. 2.576은 표준정규분포의 제99.5 백분위수이기 때문에

$$\left(\bar{x} - 2.5766\frac{\sigma}{\sqrt{n}},\ \bar{x} + 2.576\frac{\sigma}{\sqrt{n}}\right)$$

은 μ에 대한 99% 신뢰구간이다. 다른 신뢰수준을 갖는 신뢰구간들은 1.96 또는 2.576을 정규분포의 백분율 점들의 표로부터 타당한 수들로 대체함으로써 구해진다.

그 과정은 $\overline{X}$가 정규분포로 근사되는 표본분포를 갖는다는 사실에 달려있다. 중심극한정리에 의해서 표본의 크기가 작지 않다면 이것은 참이라는 것을 알고 있다. 모 분포가 단봉이고 대칭이면 n이 상당히 작더라도 특별한 경우 외에는 성립한다.

당도의 모평균 μ의 한 신뢰구간 $(\bar{x} - 1.35,\ \bar{x} + 1.35)$과 연관된 확률은 $\overline{X}$의 표본분포에 근거하고 있다. 그 확률은 구간을 얻기 위하여 하나의 표본을 추출하고 표본평균을 계산하여 $\bar{x}$에 14.3을 더하고 $\bar{x}$로부터 14.3을 빼는 전 과정을 언급한다. 이런 방식으로 구성된 한 구간에 표본이 추출된 모집단의 평균 μ를 포함시킬 확률이 .95이다.

신뢰구간이 구해진 후에는 확률이란 용어를 신뢰라는 용어로 대체한다. 왜냐하면 구간을 구하는 과정이 이미 수행되었고 μ이 표본을 이용하여 나타낸 구간에 놓여 있다는 결론은 이제 참이거나 거짓이기 때문이다.

신뢰라는 용어의 이해를 위한 예로 한 교사가 공평한 동전 하나를 던져 그 결과를 학생들에게 보여주지 않는다고 가정하자. 결과가 표면으로 주어지리라는 것에 50대 50으로 확신할 수 있을 까? 비록 던지는 행위가 이미 실행되었고 나타나는 면이 결정되었으나 알려지지 않은 면이 표면일 확률이 1/2이라 취급하는 것은 합리적인 것 같다. 이때의 1/2을 그 동전이 표면일 신뢰(confidence) 또는 확신으로 부르고 결과에 대한 자신의 정도로 표현한다. 이것을 던지는 과정과 연관된 확률과는 구별하고 있다.

신뢰수준이 확률이라는 개념을 예로 설명하기 위해 평균이 210 표준편차가 12.6인 정규모집단으로부터 크기 3인 10개의 확률표본을 추출한다.(각 표본은 표준화된 정규편차의 표로부터 임의로 3개의 수를 취해 12.6을 곱하고 210을 더하여 구한다.) 10개의 표본과 표본에서 계산된 표본평균 그리고 신뢰구간을 <표 11.3.1>에 나타내고 있다. 표로부터 10개 중 8개의 구간들이 $\mu = 210$을 포함하고 있음을 알 수 있다. 신뢰구간을 구하는 과정이 반복적으로 많이 행해지면 종국에는 μ를 포함하게 될 구간들의 비율이 .95에 근사하리라는 것을 예상할 수 있다.

표본수	표본	평균	신뢰구간	210의 포함여부
1	216, 227, 240	227.7	(213.4, 242.0)	x(불포함)
2	206, 209, 214	209.7	(195.4, 224.0)	o(포함)
3	206, 226, 213	215.0	(200.7, 229.3)	o
4	208, 211, 178	199.0	(184.7, 213.3)	o
5	203, 208, 217	209.3	(195.0, 223.6)	o
6	190, 208, 195	197.7	(183.4, 212.0)	o
7	210, 217, 229	218.7	(204.4, 233.0)	o
8	206, 202, 219	209.0	(194.7, 223.3)	o
9	221, 227, 220	222.7	(208.4, 237.0)	o
10	198, 200, 187	195.0	(180.7, 209.3)	x(불포함)

〈표 11.3.1〉 평균 210, 표준편차 12.6인 정규모집단으로 부터의 크기 3인 10개의 표본에 대한 95%신뢰구간

| 예제 11.1 | 어느 지역에서의 미세먼지농도(단위: $\mu g/m^3$)가 평균이 μ이고 표준편차 $\sigma = 3.5$로 알려진 정규분포를 따르는 것으로 알려져 있다. 크기 $n = 9$인 표본자료가 다음과 같다고 가정한다.

41, 38, 41, 40, 37, 43, 41, 40, 39

미세먼지의 평균농도에 대한 95% 신뢰구간을 구하라.

| 풀 이 | 모평균 μ의 추정을 위해 이용되는 표본평균 $\overline{X}$의 분포는 평균이 μ이고 표준편차가 $\frac{\sigma}{\sqrt{n}} = \frac{3.6}{\sqrt{9}} = 1.2$인 분포를 따르게 된다. 표본평균의 표준화는 $Z = \frac{\overline{X} - \mu}{\sigma / \sqrt{n}}$이고 Z는 $N(0, 1)$인 분포를 따르게 된다. 따라서

$$P(-z_{0.025} < \frac{\overline{X} - \mu}{\sigma / \sqrt{9}} < z_{0.025}) = 0.95$$

로부터 $(40 - 1.96 \times 1.2,\ 40 + 1.96 \times 1.2)$ 또는 $(37.648,\ 42.352)$로 구해진다.

```
R 스크립터:
먼지<-c(41, 38, 41, 40, 37, 43, 41, 40, 39)
하한<-mean(먼지)-qnorm(0.975)*1.2
상한<-mean(먼지)+qnorm(0.975)*1.2
```

11.3.2 모표준편차가 추정될 때의 신뢰구간

모집단의 표준편차가 알려져 있지 않을 때 모집단의 평균을 추정하는 경우를 가정해 보자. 이 경우에 구간추정치는 표본평균을 그 중심에 두고 있으나 구간의 폭은 표본표준편차에 달려 있다.

예를 들어, 어느 집단의 신장에 대한 확률분포가 평균이 μ이고 분산이 σ^2인 정규분포를 가정하고 μ에 대한 95% 신뢰구간을 구하는 문제를 생각해 보자. 표본크기가 $n=10$인 확률표본에서 계산된 평균신장이 $\bar{x}=162$cm 이고 표본표준편차가 $s=4$cm라 두자. 모평균 μ에 대한 95% 신뢰구간은 표본평균과 표준편차의 추정값을 이용하여 구성된다.

표준오차의 추정값은 $s/\sqrt{10}=1.26$이다. 표본평균으로부터 1.26의 적당한 배수를 더하고 뺀다. 이 경우에 σ를 추정함으로 인해 생기게 되는 추가적인 오차 때문에 이 배수는 σ가 알려져 있을 때 95% 신뢰구간을 구성하기 위해 이용되는 $\frac{\sigma}{\sqrt{n}}$의 1.96배 보다 더 커지게 될 것이다.

앞 절의 전개를 돌아보면 μ가 구간

$$(\overline{X}-1.96\frac{\sigma}{\sqrt{n}},\ \overline{X}+1.96\frac{\sigma}{\sqrt{n}})$$

내에 있을 확률은 .95임을 알 수 있다. 왜냐하면 $\overline{X}$가 평균이 μ이고 표준편차 $\sigma/\sqrt{n}$인 정규분포를 근사적으로 갖는 표본추출분포를 갖기 때문이다. 수학적인 표현방식에 근거할 때 "표준화된" 변수

$$Z=\frac{\overline{X}-\mu_{\overline{X}}}{\sigma_{\overline{X}}}$$

는 표준정규분포를 갖는다. 이와 유사한

$$T=\frac{\overline{X}-\mu}{s/\sqrt{n}}$$

의 표본분포를 생각해 보자. σ가 s 로 대체되었기 때문에 우리는 T가 Z보다 더 많은 표본 변동을 갖는 것을 예상할 수 있다.

■ 스튜던트 t분포

표본이 정규분포로부터 추출될 때 통계량 T는 스튜던트(Student)의 t분포로 알려진 표본분포를 갖는다. 이 분포는 표준정규분포와 비슷하나 표준정규분포보다는 좀 더 많이 퍼져있고 낮은 봉우리를 갖는다. 따라서 더 큰 분산을 갖게 된다. T에서 변이성의 일부는 s에 기인하고 s에서의 변동량은 표본크기에 달려있기 때문에 t의 분포는 n에 종속된다. 좀 더 구체적으로 분포는 S^2을 정의하는 데 이용되는 데 나누는 수 $n-1$에 종속된다. 이 양은 자유도의 수이다. 자유도의 수가 f라는 것을 명확히 하기 위해 t_f로 표시한다.

<그림 11.3.2>는 정규분포와 함께 자유도 1, 3인 t분포를 나타낸다. t_1으로 표시된 곡선은 정규보다 낮은 봉우리와 훨씬 큰 꼬리를 갖는다. t_3는 정규분포와 비슷하다. 자유도 수가 클 때 해당하는 t분포는 표준정규와 매우 유사하다.

다양한 자유도에 대한 스튜던트 t분포의 백분위수를 나타내는 점들은 부록에 실려 있다. 면적의 95%를 포함하기 위한 Z의 구간은 -1.96에서 $+1.96$이다. t_9인 경우에 -2.262에서 $+2.262$이고 t_3인 경우에는 -3.182에서 $+3.182$이다. t_1인 경우에 -12.706에서 $+12.706$까지이다.

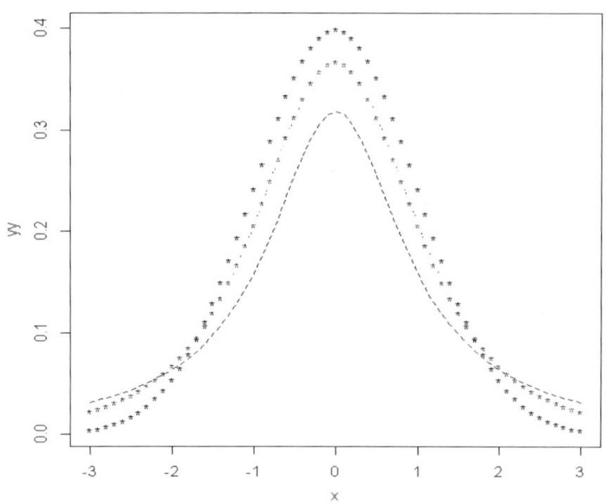

〈그림 11.3.2〉 z, t_1, t_3의 확률분포

■ 스튜던트 t에 근거한 신뢰구간

10개 관측치의 표본에 근거한 95% 신뢰구간의 경우에 해당하는 백분위수는 2.262이다. 따라서, 도형8.5에서 도시된 대로 t가−2.262와 +2.262사이에 있을 확률은 .95이다.

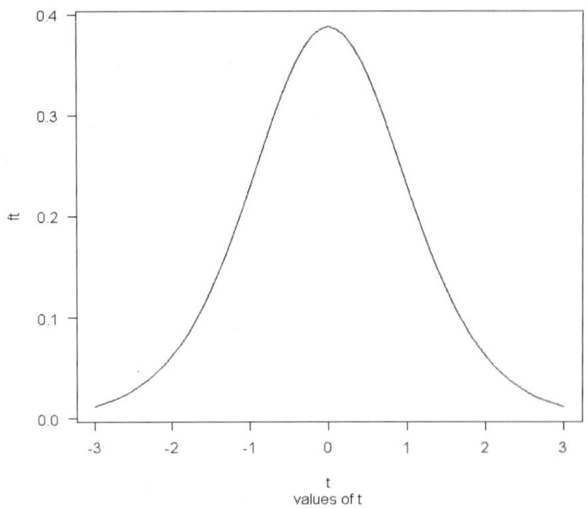

〈그림 11.3.3〉 $n=10$인 경우의 스튜던트 t분포

σ가 알려진 경우와 유사하게 μ에 대한 95% 신뢰구간을 구성하기 위해 $n=10$, $\bar{x}$=162이고 $s=4$에 근거하여 $s/\sqrt{n}$=1.26의 2.262배를 162에 더하고 뺀다. 즉, 2.262×1.26=2.85이다. 신뢰구간들의 양 끝점은 162−2.85=159.15이고 162+2.85=164.85이다. 따라서 μ에 대한 95%의 신뢰구간은 (159.15, 164.85)로 구해진다.

일반적으로 크기 $n=10$의 표본에 근거한 95% 신뢰구간은

$$\left(\bar{x}-2.262\frac{s}{\sqrt{10}}, \bar{x}+2.262\frac{s}{\sqrt{10}}\right)$$

이다. 이것은 2.262가 자유도 10−1=9인 스튜던트 t분포의 상위 2.5% 점이기 때문이다.

크기 n의 표본에 근거한 μ의 95% 신뢰구간은

$$\left(\overline{x}-t_{.025}(n-1)\frac{s}{\sqrt{10}},\ \overline{x}+t_{.025}(n-1)\frac{s}{\sqrt{10}}\right)$$

이다. 단, $t_{.025}(n-1)$은 자유도 $n-1$인 스튜던트 t분포의 상위 2.5% 점을 표시한다. 다른 신뢰수준들인 경우에 .025는 타당한 수로 대체된다. 예를 들면, 99% 신뢰구간의 경우 .005로 대체된다.

■ 수학적 유도

신뢰구간을 구하는 단계들을 생각해 보기로 한다.

<그림 11.3.4>는 곡선아래 면적의 95%가 −2.262와 +2.262 사이에 있다는 것을 나타낸다. 즉,

$$P(-2.262 < T < 2.262) = .95$$

이다. t의 정의는

$$P\left(-2.262 < \frac{\overline{X}-\mu}{s/\sqrt{10}} < 2.262\right) = .95$$

로 표현된다. $s/\sqrt{10}$을 곱하면

$$P\left(-2.262\frac{s}{\sqrt{10}} < \overline{X}-\mu < 2.262\frac{s}{\sqrt{10}}\right) = .95$$

이다.

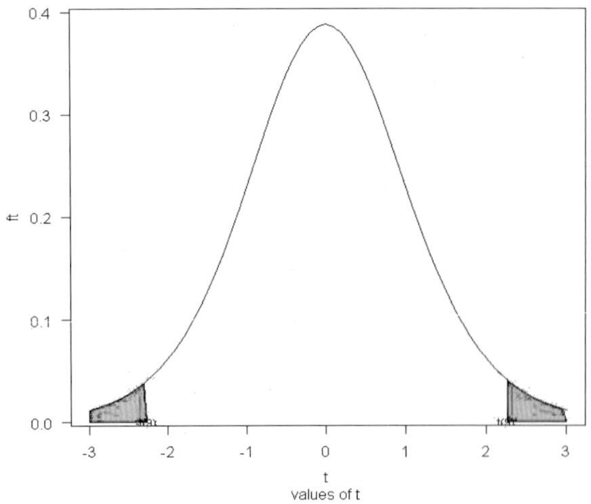

〈그림 11.3.4〉 자유도 $n-1$인 스튜던트의 t분포

쌍의 부등식으로부터 $\overline{X}$는 어느 방향에서나 μ와 $2.262\frac{s}{\sqrt{10}}$ 미만의 차이 또는 $\overline{X}$와 μ간의 거리가 $2.262\frac{s}{\sqrt{10}}$ 미만임을 알 수 있다. 확률을 나타내는 다른 방식은

$$P\left(-2.262\frac{s}{\sqrt{10}} < \mu - \overline{X} < 2.262\frac{s}{\sqrt{10}}\right) = .95$$

이다. 양쪽에 $\overline{x}$를 더하여

$$P\left(\overline{X} - 2.262\frac{s}{\sqrt{10}} < \mu < \overline{X} + 2.262\frac{s}{\sqrt{10}}\right) = .95$$

가 된다. 이것은 모평균 μ가 이 구간 안에 놓이게 되는 평균 $\overline{X}$와 표준편차 s를 갖는 한 표본을 추출할 확률이 0.95임을 말한다.

평균이 60이고 표준편차가 4인 정규모집단으로부터 크기 5인 확률표본을 10개 추출하였다. 그 결과들이 <표 11.3.2>에 주어졌다.

표본수	표본	평균	표준편차	신뢰구간	평균포함여부
1	59.8 56.1 56.5 63.6 65.6	60.32	4.22	(57.3, 63.3)	포함
2	52.0 64.9 64.6 60.2 60.1	60.36	5.21	(56.6, 64.1)	포함
3	61.6 54.5 61.0 61.5 64.8	60.68	3.77	(58.0, 63..4)	포함
4	52.6 61.8 60.6 54.6 60.5	58.02	4.13	(55.1, 61.0)	포함
5	63.5 56.7 63.7 59.9 53.7	59.50	4.34	(56.4, 62.6)	포함
6	60.4 61.7 57.8 53.8 62.0	59.14	3.41	(56.7, 61.6)	포함
7	62.3 64.5 60.3 57.3 65.8	62.04	3.38	(59.6, 64.5)	포함
8	60.0 57.0 56.0 65.2 54.0	58.44	4.36	(55.3, 61.6)	포함
9	57.4 63.4 60.7 62.9 60.6	61.00	2.38	(59.3, 62.7)	포함
10	56.8 59.1 63.9 65.6 59.4	60.96	3.65	(58.3, 63.6)	포함

〈표 11.3.2〉 평균 60이고 표준편차 4인 정규모집단으로부터 크기 5인 10개의 표본에 근거한 95% 신뢰구간

구간들은 길이에 있어 달라짐을 알 수 있다. 왜냐하면, 구간길이가 표준편차의 추정값 s에 달려있기 때문이다. 첫 구간의 길이는 63.3−57.3=6.0이고 둘째 구간의 길이는 64.1−56.6=7.5이다. 모든 구간이 μ를 포함하고 있는 현상이 일어났다. 그러나 무한히 많은 신뢰구간을 구성하게 되면 결국에 구간들의 95%가 μ를 포함하게 되리라는 것을 예상할 수 있다.

다양한 자유도를 갖는 t분포가 정규분포로부터의 표본추출에 근거하여 수학적으로 유도되었고 그 근거위에서 표가 작성되었다. 자유도 수가 크다면 t표의 퍼센트 점들은 정규분포표에서 해당하는 값들에 유사하다. 왜냐하면 s에서 표본추출오차가 거의 없기 때문이다. 그런 까닭에 n이 충분히 크면 σ나 s의 이용에 상관없이 정규표가 참조될 수 있다. 대략적으로 말하면 정규분포표는 $n \geq 30$이면 t표 대신에 이용될 수 있다.

n이 크면 모집단이 정규분포이든 아니든 간에 중심극한정리는 $\bar{x}$가 근사적으로 정규분포하고 정규표가 이용될 수 있음을 보장한다. n이 작고 모집단이 정규분포이거나 근사적으로 정규분포이면 σ가 알려져 있고 사용되면 정규표가 참조된다. σ가 미지이고 s가 사용되면 t표를 참조한다.

σ가 이용되면 신뢰구간들의 폭은 σ가 작거나 n이 크면 작게 된다. s가 이용되면 구간의 폭은 그 자신의 표본추출변동에 기인한다.

11.4 모비율의 추정

11.4.1 모비율의 점추정

자동차 부품을 생산하는 한 부품업체의 불량품 비율을 파악하기 위해 생산된 제품더미에서 250개의 부품을 임의로 추출하여 제품을 검사한 결과 20개의 제품이 불량품인 것으로 조사되었다. 표본비율 20/250=0.08은 모집단에서의 불량품 비율 π를 추정하기 위한 표본에서 계산된 비율이다. π의 추정치를 $\hat{\pi}$으로 표시하고 $\hat{\pi}$=0.08이 된다.

확률표본으로 추출된 250개의 부품에 대한 검사결과는 불량품이거나 아니거나 이다. 표본으로 추출된 i 번째 제품의 검사결과가 불량품이면 1 아니면 0으로 나타내는 변수를 X_i로 나타낼 때 변수들은 X_1, X_2,⋯, X_{250}로 표시되는 250개가 있다. 250개 부품의 검사결과를 나타내는 변수들은 1 또는 0의 값만을 갖기 때문에 이들 250개 값들의 합은 조사된 부품 중 불량품의 개수를 나타낸다. 추정치 $\hat{\pi}$은 단순히 이들 이가 관측치의 산술평균이다.

관측값으로 두 개의 값 중 하나를 갖는 이가의 확률변수 X의 분산은 $\sigma^2 = \pi(1-\pi)$이다. $\hat{\pi}$이 단순히 이들 관측의 산술평균 $\overline{X}$이기 때문에 $\hat{\pi}$의 분산은

$$\sigma^2_{\hat{\pi}} = \sigma^2_{\overline{X}} = \frac{\pi(1-\pi)}{n}$$

이다. $\pi = 0$일 때 $\pi(1-\pi)$는 0이다; $\pi(1-\pi) = 1/4$되는 $\pi = 1/2$ 까지는 π에서

증가한다. 그 다음에 $\pi(1-\pi)=0$되는 $\pi=1$까지는 감소한다. 최대값은 1/4이고 $\pi=1/4$에서 $\pi=3/4$까지의 값들에 대해 최대값에 근사한다.

11.4.2 모비율의 구간추정

자동차 부품의 모집단에서 불량품 비율 π에 대한 신뢰구간을 추정하기 위한 방법으로 표본크기가 충분히 큰 경우에 표본평균의 분포는 근사적으로 정규분포를 따른다는 중심극한정리에 근거를 두고 있다. 이 경우에 분산 σ^2은 추정치 $\hat{\pi}(1-\hat{\pi})$로 대체된다.

불량품 비율의 추정 예에서 $\hat{\pi}$의 분산의 추정값은

$$\frac{\hat{\pi}(1-\hat{\pi})}{n} = \frac{.08 \times .92}{250} = 0.0002944$$

로 계산된다. 표준편차의 추정값은 이것의 제곱근 0.0172이다. 95% 신뢰구간은 여기에 1.96이 곱해진다. 1.96×.0172=.0336이고 약 .03이다. 상한과 하한은 각기 .08+.03=.11 이고 .08−.03=.05이다.

이 과정에 대한 합리성은 $\hat{\pi}$의 표준화된 해석이다.

$$\frac{\hat{\pi}-\mu_{\hat{\pi}}}{\sigma_{\hat{\pi}}}=\frac{\hat{\pi}-\mu_{\hat{\pi}}}{\sqrt{\pi(1-\pi)/n}}$$

은 근사적으로 표준정규분포를 갖는다. 이미 언급했듯이 $n\pi>5$이고 $(1-\pi)>5$이면 정규근사가 충분하다. n이 크기 때문에 $\pi(1-\pi)$를 $\hat{\pi}(1-\hat{\pi})$로 대체한다. 즉,

$$\frac{\hat{\pi}-\mu_{\hat{\pi}}}{\sqrt{\hat{\pi}(1-\hat{\pi})/n}}$$

는 근사적으로 동일하고 따라서 근사적으로 표준정규분포를 갖는다. 일반적인 95% 신뢰구간은

$$\left(\hat{\pi}-1.96\sqrt{\frac{\hat{\pi}(1-\hat{\pi})}{n}},\ \hat{\pi}+1.96\sqrt{\frac{\hat{\pi}(1-\hat{\pi})}{n}}\right)$$

이다.

11.5 중앙값과 백분위수 추정

11.5.1 백분위수의 점추정

■ 중앙값

모중앙값의 한 추정값으로 그 집단으로부터의 확률표본의 중앙값을 취하는 것이 자연스럽다. 예로써 15개 전구의 표본의 수명을 생각해 보자.

499,	26,	614,	231,	719,
2063,	2723,	466,	709,	904,
2303,	27,	1374,	981,	654

크기의 순서대로 나열된 수들은

26,	27,	231,	466,	499,
614,	654,	709,	719,	904,
981,	1374,	2063,	2303,	2723

이다. 15개 수명시간의 중앙값은 8 번째 순위의 값 709시간이다. 이 값은 모집단 중앙값의 추정치이다. 표본크기가 큰 확률표본의 경우에 표본중앙값은 모 중앙값에 근사할 가능성이 높다.

<그림 11.5.1>에서 전구 수명시간의 표본분포는 왼쪽으로 치우친 오른 쪽으로 긴 꼬리를 갖고 있는 비대칭의 분포이다. 표본크기가 15로 비록 작긴 하지만 모집단의 분포가 비대칭임을 입증하고 있다. 많은 경우에 중앙값은 평균보다 나은 위치측도이다.

대칭분포의 경우에 평균과 중앙값은 일치한다. 이 분포의 중앙을 추정하기 위해 표본의 중앙값 또는 표본의 평균 중 하나를 이용할 수 있다.

정규분포로부터의 표본들인 경우에 표본평균은 이들 둘 중에서 나은 값이다. 정규분포로부터 큰 확률표본들의 경우에 표본중앙값의 분산은 표본평균의 분산의 $\pi/2$(약 $1\frac{1}{2}$)배 이다. 즉, 표본중앙값의 분산은

$$\text{약 } (\frac{\pi}{2})(\frac{\sigma^2}{n}) \text{ 또는 약 } 1.57\frac{\sigma^2}{n}$$

이다. 이것은 157개의 관측치의 중앙값은 단지 100개 관측치의 평균이 μ를 추정하는 만큼의 그 정도 정확하다는 의미이다.

표본이 이상치를 포함할 가능성이 있다면 중앙값은 평균보다 나은 값이다. 왜냐하면 중앙값은 이러한 극단적 관측치에 민감하지 않기 때문이다.

■ 백분위수

모집단으로부터 한 확률표본의 제90 백분위수는 모집단의 제90 백분위수의 추정치이다.

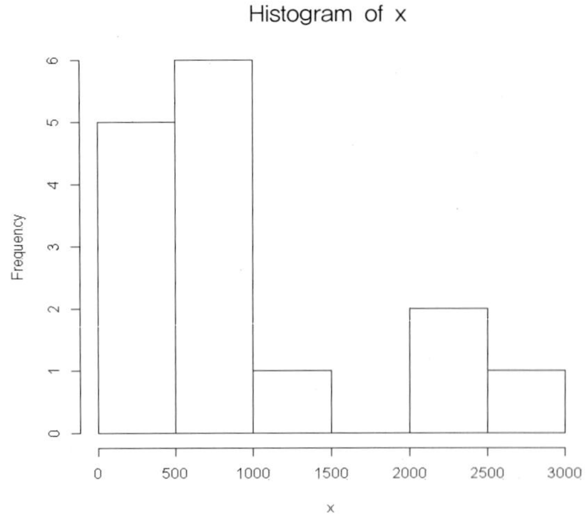

〈그림 11.5.1〉 전구수명시간의 도수분포

그러나 모집단 분포가 정규분포라 생각할 때 제90 백분위수를 $\bar{x}+1.282s$로 추정할 수 있다. 왜냐하면, 1.282가 표준정규분포의 제90 백분위수이기 때문이다. 따라서 $\mu+1.282\sigma$는 평균이 μ이고 표준편차가 σ인 정규분포의 제90 백분위수이다. 예를 들어, 16세 여아들의 체중이 $N(\mu, \sigma^2)$인 분포를 따른다고 가정할 수 있다. 크기 20인 확률표본을 취했을 때 조사된 자료이다.

37.6, 32.9, 37.5, 34.3, 39.5, 35.4, 37.7, 30.4,
36.2, 33.3, 34.2, 32.8, 32.3, 35.5, 34.2

여아들의 평균체중은 $\bar{x}$=34.92이고 표본표준편차는 s=2.46이다. 제90 백분위수의 추정값은

$$34.92+1.282\times2.46=38.07$$

이다. 추정값 $\bar{x}+1.282s$는 모집단이 정규이면 표본의 제90 백분위수가 갖는 분산보다 작은 분산을 갖는다. 그러므로 이런 경우에 표본 백분위수가 선호된다.

제50 백분위수인 중앙값은 $\bar{x}+0\times s$이고 이것은 단순히 표본평균 $\bar{x}$이다.

11.6 짝진 측정값(Paired Measurements)

11.6.1 차의 모집단의 평균

한 표본의 개체들이 두 번 측정될 수 있다. 그러한 자료는 전과 후 연구에서 그리고 쌍의 측정값이 행해지는 곳에서 발생한다. 좌우 발의 크기를 비교하거나 오른손잡이 사람들의 표본에 대해 좌우 손의 측정된 강도를 비교하는 것을 생각해 볼 수 있다.

<표 11.6.1>은 2학년 전과 후 30명 학생들의 읽기 점수를 나타낸다. 2학년이 된 후 각 학생의 점수는 2학년이 되기 전의 점수와 비교된다. 즉, 고려중의 변수는 2학년이 된 후 점수와 이전의 점수와의 차이 이다. 관측된 값들의 차이를 정규분포를 따르는 차이의 모집단으로부터의 표본으로 취급한다. 차들의 계산, 차들의 평균, 차들의 표준편차가 <표 11.6.1>의 아래에 요약되어 있다. 평균차는 $\bar{d}=0.51$이고 표준편차는 $s_d=0.522$이다. 해당하는 모평균 μ_d에 대한 95% 신뢰구간은 정규분포를 가정할 때

$$\left(\bar{d}-t_{0.025}(29)\frac{s_d}{\sqrt{n}},\ \bar{d}+t_{0.025}(29)\frac{s_d}{\sqrt{n}}\right)$$

이다. 여기서 s_d는 30개 차들의 표준편차이다. 표에서 $t_{0.025}(29)=2.045$임을 알 수 있

$$t_{0.025}(29)\frac{s_d}{\sqrt{n}}=2.045\frac{0.522}{\sqrt{30}}=0.19$$

이므로 신뢰구간은 (0.32, 0.70) 이다.

학생	점수			학생	점수		
i	전(x_i)	후(y_i)	차이($d_i = y_i - x_i$)	i	전(x_i)	후(y_i)	차이($d_i = y_i - x_i$)
1	1.1	1.7	0.6	16	1.5	1.7	0.2
2	1.5	1.7	0.2	17	1.0	1.7	0.7
3	1.5	1.9	0.4	18	2.3	2.9	0.6
4	2.0	2.0	0.0	19	1.3	1.6	0.3
5	1.9	3.5	1.6	20	1.5	1.6	0.1
6	1.4	2.4	1.0	21	1.8	2.5	0.7
7	1.5	1.8	0.3	22	1.4	3.0	1.6
8	1.4	2.0	0.6	23	1.6	1.8	0.2
9	1.8	2.3	0.5	24	1.6	2.6	1.0
10	1.7	1.7	0.0	25	1.1	1.4	0.3
11	1.2	1.2	0.0	26	1.4	1.4	0.0
12	1.5	1.7	0.2	27	1.4	2.0	0.6
13	1.6	1.7	0.1	28	1.5	1.3	0.
14	1.7	3.1	1.4	29	1.7	3.1	1.4
15	1.2	1.8	0.6	30	1.6	1.9	0.3

〈표 11.6.1〉 2학년 전후의 30명 학생들의 읽기 점수

다음은 <표 11.6.1>의 자료에서 계산된 양을 나타낸다.

$$n = 30 \ , \ \sum_{i=1}^{30} d_i = 15.3 \quad , \overline{d} = 0.51$$

$$\sum_{i=1}^{30} d_i^2 = 15.61, \quad \sum_{i=1}^{30} (d_i - \overline{d})^2 = 7.91, \quad s_d^2 = 0.273$$

이다. 위의 자료 예에서

y_i는 2학년 이후에 i번째 학생의 읽기 점수이고,

x_i는 2학년 되기 전의 i번째 학생의 읽기 점수이며,

d_i는 $y_i - x_i$로 i번째 학생이 취득한 읽기 점수에서의 성취를 나타낸다.

통계적 과정은 차

$d_i = y_i - x_i, \ i = 1, 2, \cdots, n$

을 계산하는 것이다. 이러한 과정은 다음과 같은 크기 n인 확률표본의 짝진 쌍

$$(x_1, y_1), (x_2, y_2), \cdots, (x_n, y_n)$$

에 적용되어 $2n$개의 수 (x_i, y_i)를 n개의 수 d_i들의 집합으로 감소하게 된다. 여기서 "확률표본"은 n개의 개체가 하나의 확률표본임을 의미한다. 따라서 짝진 쌍들 간에 통계적으로 독립이다. 차의 표본평균 $\bar{d}$는 모평균 μ_d의 한 추정값이다. 표준편차 s_d는 차들 $d_1, d_2, \cdots, d_n$으로부터 계산된다.

$\bar{d} = \bar{y} - \bar{x}$임을 주목해야 한다. 즉, 그 부류에서의 평균득점은 2학년후의 평균점수 빼기 2학년 전의 평균점수에 해당한다. 마찬가지로 모평균 차 μ_d는 모평균들의 차 $\mu_y - \mu_x$이다.

11.6.2 대응표본(Matched Samples)

"대응표본(matched samples)"의 방법은 읽는 것을 가르치는 두 방법 또는 약들의 효과와 같은 두 가지 처리 간에 비교를 행하기 위하여 이용된다. 예로써, 새끼 돼지에 두 개 상품의 먹이를 생각해 보자. 한 배의 새끼들은 다른 배의 새끼보다는 매우 비슷하다고 알려져 있다. 한배의 새끼들(Litters)간의 차이와 상표간의 차이와의 혼동을 피하기 위하여 한 배의 한 놈에게 상표 A를 먹이고 다른 놈에게는 상표 B를 먹여 조사가 행해진다. 따라서 n마리의 어미에서 태어난 각 새끼 배(litters)에서 두 마리의 새끼들이 임의로 추출된다. 즉, 각 쌍의 하나가 임의로 추출되어 상표 A로 먹이고 다른 놈에게는 상표 B를 먹인다. 돼지들은 6주의 마지막에 체중을 달게 된다.

y_i =상표 B로 키운 i번 째 새끼 배로부터의 돼지의 무게,

x_i=상표 A로 키운 i번 째 새끼 배로부터의 돼지의 무게이고,

$d_i = y_i - x_i$=i번 째 새끼 배로부터의 두 돼지들의 체중간의 차

이다. $i=1, 2, \cdots, n$이다. 이때 $d_1, d_2, \cdots, d_n$은 상표 B와 상표 A의 효과들의 차의 모집단으로 부터의 n개 한 표본으로 생각될 수 있다. 14.6.1절에 기술된 분석이 모평균 차 μ_d를 추정하고 신뢰구간을 나타내기 위해 이용될 수 있다.

상표 A로 키운 n마리 돼지의 체중은 상표 A로 키운 돼지들의 모집단으로부터 한 표본으로 생각될 수 있다. 그 모평균을 μ_x라 두자. 마찬가지로 다른 n마리 돼지의 체중은 상표 B로 키운 평균이 μ_y인 모집단으로부터의 한 표본을 구성한다.

체중 쌍들 $(x_1, y_1), (x_2, y_2), \cdots, (x_n, y_n)$은 쌍들의 모집단으로부터 한 표본으로 생각된다. 차의 모평균 μ_d는 개별평균들의 차 $\mu_y - \mu_x$이다. 이러한 쌍들의 한 표본은 "대응된 표본들"의 한 쌍이라 부른다.

이 예에서 한 배로부터 돼지들의 한 쌍을 취하는 것은 각 쌍에서 돼지들을 "대응시킨다". 심리학 연구에서 조사자는 IQ 또는 기질(temperament)에 따라 개체들을 짝 지운 후에 각 쌍으로부터 임의로 한 사람을 선택하여 배정된 처리(treatment)를 받게 하고 그 쌍내의 다른 사람은 대조(control)로 간주한다.

11.1 다음은 150ml 종이팩 포장용기의 평균중량을 알아보기 위해 생산된 제품 더미에서 25개를 임의로 추출하여 조사한 자료이다.

6.75 5.38 2.97 6.68 5.71 4.95 3.43 5.24 5.92 3.38
4.61 5.14 5.45 3.76 7.21 2.08 4.77 5.54 5.60 4.27
3.78 5.97 5.38 5.80 6.47

포장용기의 중량을 X라 둘 때, X는 $N(\mu, \sigma^2)$인 분포를 따른다고 가정한다.

㉠ 표본평균을 계산하라.
㉡ 표본분산을 계산하라.
㉢ 표본평균의 표준오차를 구하라.
㉣ 표준오차의 추정값을 계산하라.
㉤ μ의 추정량 $\overline{X}$의 확률분포에 대해 설명하라.
㉥ μ에 대한 신뢰구간 추정하는 방법에 대해 설명하라.
㉦ 신뢰구간 추정에 이용되는 분포에 대해 설명하라.
㉧ 추정에 이용되는 분포의 자유도를 구하라.

11.2 평균이 μ이고 분산이 36인 정규분포를 따르는 모집단에서 크기 $n = 25$인 확률표본을 추출할 때 다음 물음에 답하라.

㉠ 표본평균 $\overline{X}$의 표준오차를 구하라.
㉡ 표본평균 $\overline{X}$의 분산을 구하라.
㉢ 표본평균 $\overline{X}$의 표준오차와 분산의 차이에 대해 설명하라.

11.3 다음은 평균이 μ이고 분산이 36인 정규분포를 따르는 모집단에서 크기 $n=25$인 확률표본을 추출하여 얻은 자료이다.

57 71 64 58 65 60 48 61 60 71
56 69 61 56 68 69 55 55 68 53
66 62 62 50 65

㉠ 표본평균 $\overline{X}$의 값을 구하라.
㉡ 모평균 μ의 95% 신뢰구간을 구하라.
㉢ 표본자료를 이용하여 표본분산 s^2을 계산하라.
㉣ 표본분산은 산포의 측도 중 무엇을 추정하고 있는가를 설명하라.
㉤ 표본분산의 계산에서 제곱합을 $n-1$로 나누는 이유에 대해 설명하라.
㉥ 표본평균의 분포에 대해 설명하라.
㉦ 표본평균의 확률분포가 필요한 이유에 대해 설명하라.

11.4 다음은 평균이 μ이고 분산이 σ^2인 정규분포로부터 크기 $n=100$인 확률표본을 취해 수집한 자료이다.

84 76 80 73 80 82 77 75 86 79 74 80 81 90 64 81 65 78 83 80
72 87 87 84 84 74 82 80 68 80 83 93 80 77 77 79 82 76 86 89
84 82 88 81 84 83 82 71 81 83 80 80 79 81 68 82 68 85 89 81
76 74 83 78 89 89 84 78 77 87 75 79 71 84 74 72 76 67 82 92
76 81 78 94 78 72 78 93 73 72 80 89 75 78 77 75 75 83 79 80

㉠ 표본평균 $\overline{X}$의 값을 구하라.
㉡ 표본평균의 분포에 대해 설명하라.
㉢ 표본자료를 이용하여 표본분산 s^2을 계산하라.
㉣ 표본평균 $\overline{X}$의 표준오차를 구하라.
㉤ 표본평균 $\overline{X}$의 표준오차의 추정값을 구하라.
㉥ 모평균 μ의 95% 신뢰구간을 구하라.
㉦ 신뢰구간 추정에 이용되는 스튜던트 t분포의 자유도를 구하라.

11.5 직장에 다니고 있는 사람들의 업무 만족도를 알아보기 위해 크기 $n = 150$인 확률표본을 추출하여 만족하면 1 아니면 0으로 표시한 자료가 주어져 있다.

1 1 0 1 0 0 1 0 1 1 0 0 1 0 1 1 0 0 0 1 0 1 1 1 1 1 0 0 0 0
1 0 0 0 0 1 1 0 0 1 1 0 1 0 1 0 1 0 0 1 1 0 0 1 0 0 0 0 0 0
0 1 1 0 1 1 0 0 0 0 1 0 1 1 1 0 0 0 1 1 1 0 1 1 0 1 1 0 1 1
1 1 0 1 0 1 1 0 1 1 0 0 0 0 0 1 1 0 1 0 1 1 0 0 1 0 1 0 0 1
0 0 1 0 1 0 0 1 1 0 0 0 0 0 0 1 1 0 1 0 0 1 0 0 0 0 1 0 0 1

㉠ 모집단을 기술하라.
㉡ 조사된 개체는 무엇인가?
㉢ 모수는 무엇인가?
㉣ 모수에 대한 정보를 얻기 위해 이용되는 통계량에 대해 설명하라.
㉤ 모수에 대한 정보로 이용되는 점추정 값을 자료에서 구하라.
㉥ 모수에 대한 95% 근사적인 신뢰구간을 구하라.

11.6 다음은 어느 주차장에 주차되어 있는 26대 차량의 주행기록을 조사한 자료이다.(단위: Km)

27717 22960 25419 27817 27560 21891 27537 25358 2330 123548
23018 29001 28014 22736 25768 26145 21477 26626 31162 22572
26036 26862 21750 24588 2864 226540

㉠ 자료의 중앙값을 구하라.
㉡ 자료의 평균을 구하라.
㉢ 자료의 제70 백분위수를 구하라.
㉣ 중앙값과 평균을 비교해 보고 어느 것이 자료의 대푯값으로 적당한 가를 설명하라.
㉤ 줄기와 잎 그림표를 작성하라.

11.7 체중감량을 위해 지원한 12명의 자원자를 대상으로 행한 운동프로그램을 실시하여 얻은 자료이다. 자료는 정규분포를 따른다고 가정한다.

개체번호	1	2	3	4	5	6	7	8	9	10	11	12
운동전	82	96	102	78	69	100	110	85	88	97	102	90
운동후	70	84	80	68	62	85	78	77	73	80	85	76

㉠ 개체를 설명하라.

㉡ 자료의 분석을 위한 모수에 관해 설명하라.

㉢ 모수에 관한 정보를 얻기 위해 이용되는 개체의 정보에 대해 설명하라.

㉣ 반응변수와 설명변수로 구분하라.

㉤ 설명변수의 관측 값을 기술하라.

㉥ 운동전 체중의 평균을 $\overline{X}$라 두고 자료로부터 $\overline{x}$를 구하라.

㉦ 운동전 체중의 분산을 S_1^2이라 두고 자료로부터 s_1^2을구하라.

㉥ 운동후 체중의 평균을 $\overline{Y}$라 두고 자료로부터 $\overline{y}$를 구하라.

㉦ 운동전 체중의 분산을 S_2^2이라 두고 자료로부터 s_2^2을구하라.

㉧ $\overline{X}-\overline{Y}$의 분포를 구하라.

㉨ 모집단에 대해 설명하라.

㉩ $D_i = X_i - Y_i$라 두자. X_i와 Y_i는 i번째 개체의 운동전 체중과 운동후 체중을 나타낸다.D_i의 분포에 대해 설명하라.

㉪ D_i의 모평균을 μ_D라 둘 때, μ_D의 추정량 $\overline{D}$에 대해 설명하라.

㉫ $\overline{X}-\overline{Y}$와 $\overline{D}$는 어떤 차이가 있는 가를 설명하라.

㉬ $\overline{D}$의 분포에 대해 설명하라.

㉭ $\overline{D}$의 분포를 이용하여 μ_D에 대한 95% 신뢰구간을 구하라.

11.8 다음 용어들에 대해 설명하라.

㉠ 독립표본

㉡ 대응표본

㉢ 불편성

11.9 다음 용어들을 정의하고 차이점에 대해 설명하라.

㉠ 모표준편차
㉡ 표본표준편차
㉢ 표본오차
㉣ 오차
㉤ 모분산
㉥ 표본분산
㉦ 표준오차

11.10 다음은 어느 회사의 기획 상품에 대한 고객의 만족도 조사를 만족, 불만의 두 범주로 측정한 자료이다.

만족 불만족 만족 만족 만족 만족 불만족 만족 만족 불만족
만족 만족 만족 불만족 만족 만족

㉠ 만족이면 1 아니면 0의 값을 취하는 확률변수를 X라 둘 때 $P(X=1)$일 확률의 추정값을 구하라.
㉡ $P(X=1)$의 추정값을 얻을 확률은 얼마인가?

제12장

가설검정

12.1 모평균의 검정
12.2 검정방법의 검정력
12.3 검정방법과 신뢰구간
12.4 모평균에 대한 가설검정
12.5 모비율에 대한 가설검정
연습문제

제12장
가설검정

통계적 조사의 목적이 때로는 모집단의 어떤 특성에 관한 주장이나 추측에 옳고 그름을 판단하기 위한 것일 수 있다. 예를 들면, 선거 후보자가 자신을 지지하는 유권자의 비율이 1/2이상인 가를 판단하기 위해 여론조사를 이용할 수 있다. 의료연구자는 소아마비 발생률이 백신접종하지 않은 사람들의 집단에서 보다 백신접종한 사람들의 집단에서 작은 가 또는 작지 않은 가를 결정하기 위한 목적으로 소아마비 백신의 시행을 설계한다. 산업품질 관리는 각 제조집단에서 상품의 평균강도, 평균수명시간, 또는 평균농도가 허용한계 내에 속하는 가에 관한 결정을 포함한다.

11장에서 모집단의 특성에 대한 추정을 위해 표본의 활용을 다루었다. 이 장에서는 측정된 모집단의 특성들에 관한 질문에 긍정 또는 부정으로 주어지는 답변에 대한 정보를 제공하기 위해 이들 추정값을 사용하는 방법을 논의하게 된다. 예를 들어, 어떤 후보자에게 투표하는 유권자의 비율이 1/2을 초과할 것인 가? 또는 백신접종한 사람들의 집단에서 소아마비의 발생률은 더 작은 가? 등의 질문에 대한 통계적 답변들은 오류가 없지는 않다. 왜냐하면, 표본은 결코 완벽한 정보를 제공하지 않기 때문이다. 하나의 표본은 때로 잘못된 결론에 이르게 할 수 있다. 즉, 통계적 추론으로부터 유도된 결론은 표본추출의 변동성에 기인한 오류에 종속된다. 이 장은 표본추출의 변동성을 고려하는 방법과 그러한 오류의 확률들을 계산하는 방법을 보여준다.

비록 이장에서 평균과 비율에 관한 문제들에 초점이 주어진다 할지라도 논의된 원리는 다른 모수들과 관련된 문제들에 마찬가지로 적용된다.

12.1 모평균의 검정

12.1.1 가설검정의 과정

모집단의 어떤 특성이 서술된 값보다 더 큰 가 또는 주어진 모수의 구해진 값이 비교의 목적으로 가정된 값보다 적은 가를 알아보는 것이 때로 필요하다. 예를 들면, 과학자들의 자녀의 평균 IQ가 모든 어린이들의 평균 IQ를 초과하는 가를 알아보길 원할 수 있다. 따라서 모든 어린이의 평균 IQ가 100으로 알려져 있다면, 과학자들의 자녀들로 구성되는 모집단에서 평균 IQ가 100을 넘는 가에 관심을 갖게 된다. 어떤 수준의 난이도가 있는 교재에 대해 2학년 어린이들의 읽기 평균속도가 분당 120글자 미만인 가 또는 서울 도심의 탄소물질의 평균농도가 규정된 유해농도 이하인 가 또는 초과하는 가를 알아보고자 할 수 있다.

모집단 특성의 값이 미지이기 때문에 모집단의 한 확률표본으로부터 제공되는 정보에 근거하여 모집단 양으로 규정되거나 가정된 값보다 큰 가에 관한 물음의 답변에 이용된다. 이 논의에서 표본은 임의적인 것으로 가정된다. 모수의 값을 추정할 때, 표본추출오차가 있음을 알고 있다. 즉, 하나의 추정값이 모수와 정확하게 일치하기는 어렵다. 마찬가지로 하나의 표본이 모집단에 대한 질문에 답하기 위해 이용될 때 표본추출오차는 가끔 우리의 판단을 잘못하게 할 수 있으므로 이러한 점이 고려되어야 한다.

모집단으로부터 하나의 표본을 추출하여 확인할 수 있는 질문은 현재의 학생들이 이전의 학생보다 더 열심인 가에 관한 질문이다. 2012년 봄 어떤 시기에 많은 정치적 활동이 캠퍼스에 있었고 학술적 사안들에 관한 관심은 쇠퇴기에 있었다. 어떤 이들은 그 시기 이후 학생들은 지식과 장학금에 더 많은 관심을 가져왔다고 주장한다. 반면에 다른 이들은 변화가 없었다고 한다. 학습의 양이 이전과 같은 가 혹은 더 많아 졌는가?

2012년 봄 어떤 기간에 한 대학의 모든 학부생들을 대상으로 학업에 소진한 시간을 조사하였더니 평균이 40시간이었고 표준편차가 10시간이었다고 가정하자. 금년에 등록한 학생들 가운데서 25명의 학생들을 표본으로 추출하였다. 표본으로 추출된 각 학생은 현재의 관심사항들과 활동에 관해 상담 받고, 특히 예전의 조사기간에 해당하는 그 기간에 얼마나 많은 시간을 학업에 투자했는가를 밝혔다. 그 대학의 모든 학생들의 모집단에서 주당 학업에 보낸 평균 시간이 40시간 또는 그 이상이라 할 수 있는 가? 로 질문할 수 있다. 질문에 답을 구하기 위해 표본의 정보를 이용한다.

표본으로 추출된 25명 학생들의 평균시간을 계산하여 앞서의 모평균으로 규정된 40시간과 비교하는 것이 합리적이다. 표본평균이 40시간을 훨씬 초과한다면 금년의 모평균은 이전 보다 모평균이 더 크다는 것을 믿게 된다. 그러나 표본평균이 40시간 미만이거나 40시간을 약간 넘는다면 학업의 평균시간이 증가했다고 결론내리지 않게 된다. 조사자는 모평균이 크다라는 결론을 보장할 만큼 표본평균이 충분히 큰가를 결정하는 방법을 필요로 한다.

모평균이 여전히 40이라는 가능성을 귀무가설이라 부르고 H_0로 표시한다. 40보다 크다 라는 가능성을 대립가설이라 부른다. 대립가설은 H_1또는 H_a로 표시한다. 귀무가설이 참이면 변화가 없고(즉, 변화는 "0"이다) 더 이상의 조사에 관심을 갖지 않는다. 조사자가 다른 가설이 참이다 라고 결정하면 그는 학생들의 자세와 습성이 어떻게 어떤 이유로 달라졌는가를 알고자 하며 추적조사를 하게 된다.(이 점에서 모평균이 40 미만이라는 가능성을 인정하지 않는다.)

25인 확률표본들의 경우에 표본평균의 표본추출분포의 평균 $\mu_{\overline{X}}$는 모평균 μ와 같고 표본분포의 표준편차 $\sigma_{\overline{X}}$는 모표준편차 σ를 표본크기의 제곱근 5로 나는 값이다. 모집단이 앞서의 해와 거의 동일하고 표준편차가 10이면 표본추출분포의 표준편차는 $\sigma/5$는 2이다.(그 대학의 모든 학생들의 모집단은 유한모집단 수정이 무시될 수 있을 정도로 크다.)

평균의 표본추출분포는 표준편차가 2인 정규분포에 근사하다. 표본평균이 모평균을 1.645σ 이상으로 초과할 확률은 .05이다. 모평균이 40이면 표본평균이 $40+1.645\times2=43.29$보다 클 확률은 .05이다. 표본평균이 43.29를 초과하면 귀무가설을 기각하고 그렇지 않으면 귀무가설을 채택하는 규칙을 정한다.

이 규칙을 이용하면 귀무가설이 참일 때 귀무가설을 기각할 잘못을 저지를 확률이 .05이다. 이 확률을 그 검정방법의 유의수준(significance level)이라 부른다. 실제 공부한 평균시간이 변하지 않았을 때 추적연구에 소모하는 시간과 비용의 위험을 작게 할 수 있도록 유의수준을 작은 확률로 선택한다.

값 43.29를 유의점(significant point)이라 한다. 43.29 보다 큰 값들은 5% 수준에서 40과는 유의하게 차이가 있다.

학생들의 표본평균이 46.2이면 위의 규칙은 귀무가설을 기각하게 하고 모평균이 40보다 더 크다고 결론짓게 된다. 즉, 학생들은 이전보다 학업에 평균적으로 더 많은 시간을 투자하고 있다고 결론지을 수 있다. 우리는 귀무가설이 참이면 이만큼 큰 또는 이보다 더 큰 표본평균이 나올 가능성이 작다는 것을 알기 때문에 귀무가설이 참이라고 믿는 것을 싫어한다.

이러한 유형의 과정은 실제로 귀무가설이 참일 때 귀무가설을 기각할 확률을 조절하게 하여준다. 잘못 기각하게 되는 데에 대한 좀 더 신중함이 요구되면 유의수준을 더 작은 확률로 취할 수 있다. 0.01을 이용하면 잘라내는 점은 $40+2.326\times2=44.652$이다. 46.2의 표본평균은 이 유의수준으로 역시 귀무가설을 기각하게 한다. 한편으로 44.2의 표본평균은 5% 유의수준에서 귀무가설을 기각하게 하나 1% 수준에서는 기각하게 하지 않는다.

12.1.2 오류의 유형

학업시간의 예에서 유의수준은 학생들이 이전보다는 학업에 더 많은 시간을 보내고 있다고 결론지을 확률이다. 유의점을 적절히 선택함으로써 이 확률이 작게 되게끔 검정방법을 정할 수 있다. 그러나 절차에 있어 다른 오류의 확률 즉, 학생들이 실제 더 많은 시간을 보냈으나 보내지 않았다고 결론짓는 오류가 있다. 따라서 가설검정에는 두 종류의 오류가 있게 된다. 학생들의 학업시간이 평균 40시간일 때 40시간 이상이었다고 판단하는 것은 잘못된 결정이다. 이것을 **제1종의 오류**(Type I error)라 부른다.

정의: 제1종의 오류는 귀무가설이 참일 때 귀무가설을 기각할 확률이다.

학업시간의 평균이 40시간을 초과할 때 그렇지 않다고 잘못 결론지을 수 있다. 이것을 제2종의 오류라 한다.

정의: 제2종의 오류(Type II error)는 귀무가설이 거짓일 때, 귀무가설을 받아들이는 오류이다.

가능한 결정 \ 모수의 참상태	$H_0 : \mu \leqq 40$	$H_1 : \mu > 40$
H_0를 채택	옳은 결정	제2종의 오류
H_0를 기각	제1종의 오류	옳은 결정

〈표 12.1.1〉 학업시간의 조사에서 가능한 오류

모집단에서의 평균학업시간이 주당 40시간 이하였으나 최근에는 학업에 전념하는 시간이 40시간을 초과한다는 대립가설의 검정방법에서 생길 수 있는 두 가지 종류의 오류가 <표 12.1.1>에 요약되어 있다. 대립가설에 대해 귀무가설을 검정하는 일반적인 가설의 검정방법에서 생길 수 있는 두 오류에 대해 <표 12.1.2>에서 다시 요약하여 나타내고 있다.

실제상태 / 가능한 결정	H_0가 참	H_0가 거짓
H_0를 채택	옳은 결정	제2종의 오류
H_0를 기각	제1종의 오류	옳은 결정

〈표 12.1.2〉 통계적 추론에서의 가능한 오류

잘못 결정할 수 있는 오류의 종류는 실제 관심문제의 상태에 달려있다. 조사자는 어느 종류의 오류가 실제와 일치하는 가를 모르므로 두 종류의 오류 확률들을 작게 하고자 한다. 이들 두 가능한 유형의 오류들은 어떠한 가설검정에서도 존재한다. <표 12.1.2>에 이들 오류가 일반적인 항들로 나열되어 있다.

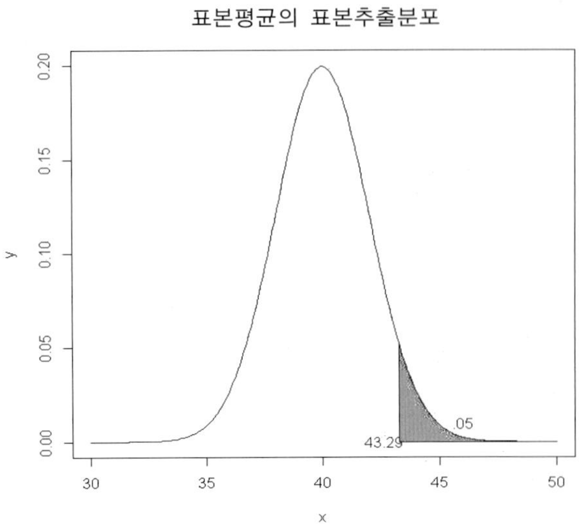

〈그림 12.1.2〉 $N(\mu = 40, \sigma = 10)$인 분포로부터의 $n = 25$인 표본평균의 분포

제2종의 오류를 범할 확률 즉, 귀무가설이 실제 거짓일 때 귀무가설을 받아들일 확률은 귀무가설이 얼마나 거짓인 가에 달려있다. 학업의 모평균시간이 매우 크다면 예를 들어 50시간이면 아주 작은 평균을 갖는 표본을 추출하여 귀무가설을 받아들일 가능성은 희박하다. 반면에 모평균이 40시간을 겨우 넘는 다면 모평균이 매우 크다는 사실을 찾아내기가 힘들게 될 것이다. 따라서 귀무가설을

채택할 가능성이 높다.

<그림 12.1.2>는 표준편차가 10이고 평균이 40인 정규분포로부터 추출된 크기 25인 표본의 평균의 표본추출분포를 나타낸다. 모평균이 40일 때 표본평균이 43.29를 넘게 될 확률은 .05이다. 이 확률은 표본평균이 43.29를 초과할 때 평균40인 귀무가설을 기각하게 되는 검정방법의 유의수준이다.

<그림 12.1.3>은 모평균이 42이고 표준편차가 10인 정규분포로부터 크기 $n=25$인 확률표본을 취하여 얻은 표본평균들의 확률분포이다. 그림으로부터 $\mu=42$일 때 표본평균이 43.29를 초과할 확률은 0.259이다. 그림에서 그늘진 부분의 면적은 확률 0.259를 나타내고 있다.

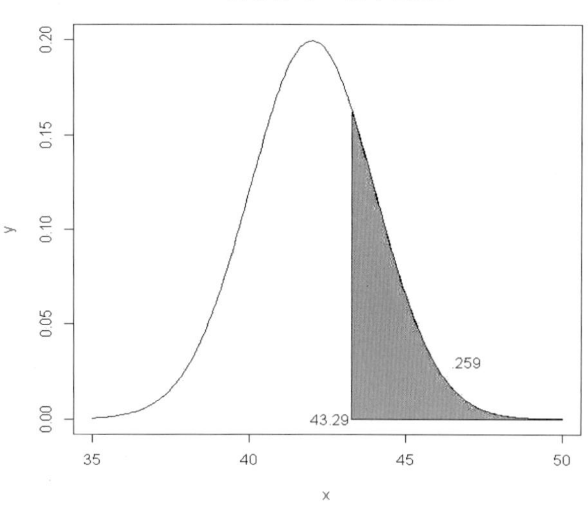

〈그림 12.1.3〉 $N(\mu=42, \sigma=10)$인 분포로부터의 $n=25$인 표본평균의 분포

모평균이 44일 때 이 확률은 0.639이다. 모평균의 참값이 클 때, 모평균이 40이라는 귀무가설을 기각할 확률은 높다. <그림 12.1.4>는 $\mu=44$일 때, 귀무가설을 기각할 확률 0.639의 면적을 보여주고 있다.

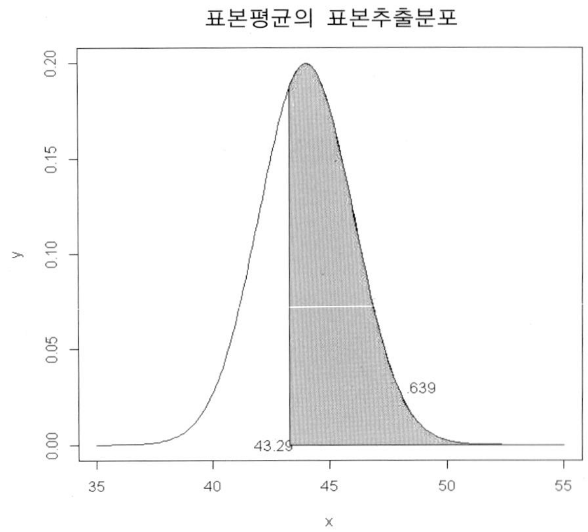

〈그림 12.1.4〉 $N(\mu = 44, \sigma = 10)$인 분포로부터의 $n = 25$인 표본평균의 분포

■ 검정력

<표 12.1.3>은 평균의 다양한 값들에 대해 표본평균이 43.29를 초과할 확률을 나타낸다. μ가 40, 42, 44일 때 기각할 확률이 <그림 12.1.2>부터 <그림 12.1.4>까지 세 그림의 면적으로 표시되어 있다. 검정력 함수의 그래프는 <그림 12.1.5>의 그림으로 주어진다.

μ	38	39	40	41	42	43	44	45	46	47	48
검정력	.004	.016	.050	.259	.126	.442	.639	.804	.912	.968	.991

〈표 12.1.3〉 유의수준 5%에서 $H_0 : \mu \leqq 40$의 검정력 함수

모평균 μ에 따른 기각확률을 나타내는 함수를 그 검정방법의 **검정력 함수**(power function)라 한다.(기각할 확률은 모평균의 한 함수이다. 즉, 평균의 한 임의 값이 주어졌을 때 그 값에서 귀무가설을 기각할 확률이다.) 채택할 확률은 (1−기각할 확률)이고 그 검정방법의 운영특성(operating characteristic: 검사

특성)이라 한다.(일반적으로 "O.C. curve", 운영특성곡선이라 부른다).

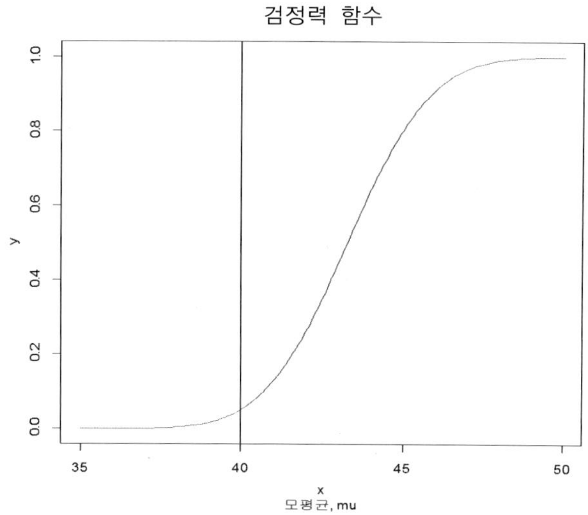

〈그림 12.1.5〉 유의수준 5%에서 $H_0 : \mu \leq 40$의 검정력 함수

검정력은 μ가 증가함에 따라 증가한다. $\mu = 40$일 때 수준 .05와 같고 μ가 커짐에 따라 1로 증가한다. 40미만의 μ에 대해 기각할 확률은 .05미만이다. 따라서 검정력의 계산과정으로부터 μ의 값은 두 부류로 나누어진다. 즉, 40미만이거나 40에 해당하는 값의 부류와 40보다 큰 값의 부류로 구분되어진다. 결과적으로 귀무가설은 $H_0 : \mu \leq 40$ 으로 확장된다.

자료가 40인 값을 기각하게 되면 40미만의 값들도 기각된다. 이 예에서 조사자가 평균학습시간이 이전보다 더 많아졌는가를 물을 때 평균이 이전보다 낮다는 것을 알고 있다면 대답은 아니오가 될 것이다.

μ의 큰 값들에 대해 조사자는 귀무가설을 기각하리라는 것을 거의 확신한다. 그러나 $\mu = 40$의 가정된 값보다 거의 약간 큰 μ의 값들에 대해서는 기각할 확률이 .05의 유의수준보다 단지 조금 크다.

■ 표본크기의 효과

검정과정의 수행은 표본크기가 크면 나아진다. $n = 100$에 대한 검정력 함수가 이러한 사실을 반영한다. <그림 12.1.6>에서처럼 이 곡선은 $\mu > 40$일 때 $n = 25$인 경우의 곡선보다 위쪽에 있다. 검정력은 더 커지고 제2종의 오류의 확률은 작아진다. 예를 들어, $\mu = 42$이면 표본크기 25에서 귀무가설을 기각할 확률은 .259이다. 반면에 100인 표본에서 그 확률은 .639가 된다.

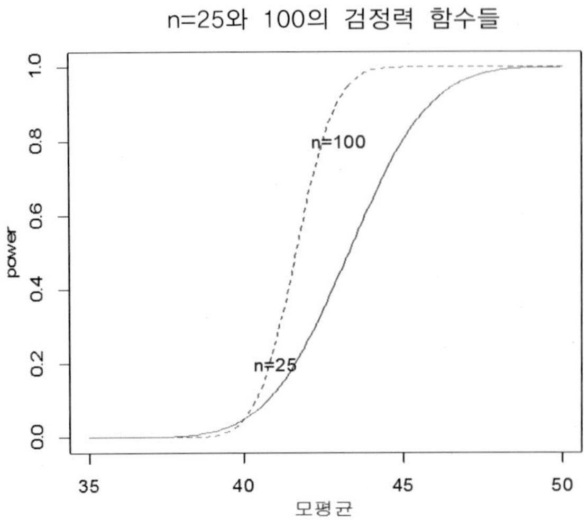

〈그림 12.1.6〉 $n = 25, 100$일 때 유의수준 5%인 검정력 함수들의 그래프

유의수준 5%에서 표본의 크기가 25와 100일 때의 두 검정력 함수에 의한 각 모수점에서 검정력이 <표 12.1.4>에 주어진다.

모평균 / 검정력	35	36	37	38	39	40	41	42	43
검정력(25)	0	0	.001	.004	.016	.05	.126	.259	.442
검정력(100)	0	0	.000	.000	.004	.05	.259	.639	.912
모평균 / 검정력	44	45	46	14	48	49	50		
검정력(25)	.639	.804	.912	.968	.991	.998	1		
검정력(100)	.991	1.000	1.000	1.000	1.000	1.000	1		

〈표 12.1.4〉 $n = 25, 100$일 때 유의수준 5%인 검정력 함수의 비교

■ 유의수준의 효과

유의수준의 선택은 검정력 함수에 효과를 갖는다. 유의수준 1%에서 대립가설 $H_1 : \mu > 40$에 대한 귀무가설 $H_0 : \mu \leqq 40$의 검정방법은 표본평균이 44.66을 초과하면 귀무가설을 기각하게 만든다. 귀무가설이 참일 때 귀무가설을 기각하는 제1종의 오류를 범할 확률은 .05에서 .01로 줄어드나 귀무가설을 기각할 확률은 μ의 어떤 값에서도 낮아진다. <표 12.1.5>와 <그림 12.1.7>는 그 검정방법의 검정력 함수를 나타낸다. 즉, μ의 여러 값들에 대해 귀무가설을 기각할 확률을 나타낸다. 예로써, 1% 수준 검정방법들로 $\mu = 42$이면 H_0를 기각할 확률은 단지 .092이나 5% 수준 검정방법에서는 .259가 된다. <표 12.1.5>에서의 검정력은 귀무가설이 $H_0 : \mu \leqq 40$ 이고 대립가설은 $H_1 : \mu > 40$일 때 유의수준 1%에서 귀무가설을 기각할 확률이다. 단 표본의 크기는 $n = 25$이고 $\sigma = 10$인 정규분포의 평균에 대한 가설이다.

μ	38	39	40	41	42	43	44	45	46	47	48	49	50
검정력	.001	.002	.010	.034	.092	.2032	.371	.568	.749	.879	.953	.985	.996

〈표 12.1.5〉 유의수준 1%의 검정력 함수

μ의 어떤 값에서도 제2종 오류의 확률은 증가된다. 제1종의 오류를 범할 확률의 감소는 제2종의 오류를 범할 확률을 증가시키게 된다.

<그림 12.1.7>은 $\mu > 40$라는 대립가설에 대해 귀무가설 H_0를 검정하기 위해 평균 μ이고 σ가 10인 정규분포로부터 크기 $n = 25$인 표본을 추출하여 얻은 평균들의 표본추출분포에서 5%수준과 1%수준에서 설정된 기각영역에 대한 검정력 곡선을 비교하고 있다.

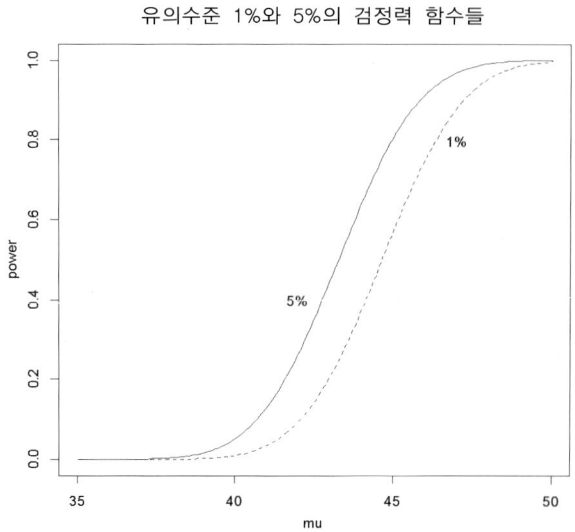

〈그림 12.1.7〉 $H_0 : \mu \leqq 40$의 유의수준 1%와 5%의 검정력 함수들의 그래프

■ 유의수준의 선택

유의수준들의 선정에 있어 두 종류의 오류의 크기를 균형화 하는 것이 필요하다. 차이가 존재하면 귀무가설로부터 차이를 알아보게 된다. 그러나 차이가 존재하지 않는다면 차이가 있다는 주장을 인정하지 않는다. 비록 5%와 1%가 일반적인 유의수준이라 할지라도 이들 수준에 선택을 제한할 이유는 없다. 귀무가설을 기각할 때 주의가 필요하다면 0.5%의 유의수준을 선택할 수 있다. 또는 귀무가설로부터 차이를 간과할 상대적으로 작은 가능성을 원하면 10%를 선택할 수 있다.

유의수준의 합리적 선택은 동시에 검정력에 대한 생각을 포함하고 있다. 1% 수준의 검정방법이 대립가설에 대해 합리적 검정력을 제공하면 그 방법을 사용하고 그렇지 않으면 5% 또는 10% 수준의 검정방법을 이용한다.

■ 요약

검정과정을 일반화 하여 정리해 본다. 유의수준 α에서 귀무가설 $H_0 : \mu \leqq \mu_0$를 대립가설 $H_1 : \mu > \mu_0$에 대해 검정한다고 하자. 단, μ_0는 구체적인 값이다. 귀무가설 H_0는

$$\overline{X} > \mu_0 + z_\alpha \frac{\sigma}{\sqrt{n}}$$

이면 기각된다. $\overline{X}$는 표본평균이고, n은 표본크기이며 σ는 알려진 모표준편차이다. z_α는 이 값 오른쪽으로 표준정규분포의 면적이 α되는 수이다. 이러한 위쪽 꼬리 검정방법은 학업시간 예에서 행해졌다.

유의수준 α에서 $H_0 : \mu \geqq \mu_0$ 를 대립가설 $H_1 : \mu < \mu_0$에 대한 검정은

$$\overline{X} < \mu_0 - z_\alpha \frac{\sigma}{\sqrt{n}}$$

이면 귀무가설 H_0를 기각하게 된다. 이것은 아래쪽 꼬리 검정방법이다.

$H_0 : \mu \leqq \mu_0$ 를 대립가설 $H_1 : \mu > \mu_0$에 대한 검정방법은

$$\frac{\overline{X} - \mu_0}{\sigma / \sqrt{n}} > z_\alpha$$

이면 H_0를 기각하는 것과 동일하다. 예를 들면, 5% 수준을 선택하면 표본평균 $\overline{X}$가 μ_0를 $1.645\sigma / \sqrt{n}$ 이상으로 초과하게 되면 H_0를 기각한다. 즉,

$$\frac{\overline{X} - \mu_0}{\sigma / \sqrt{n}} > 1.645$$

이면 H_0를 기각한다. 변수

$$\frac{\overline{X}-\mu_0}{\sigma/\sqrt{n}}$$

는

$$\frac{\overline{X}-\mu_0}{\sigma_{\overline{X}}}$$

이다. 이것은 $\mu=\mu_0$일 때, $\overline{X}$의 표준화된 값이다. 1.645는 표준정규분포의 상위 5%점인 제95 백분위수이다. 마찬가지로 5% 아래쪽 꼬리 검정방법은

$$\frac{\overline{X}-\mu_0}{\sigma/\sqrt{n}}<-1.645$$

이면 H_0를 기각한다.

12.2 검정방법의 검정력

12.2.1 검정력

많은 경우에 모집단의 어떤 특성이 주어진 값과 같은 가 또는 다른 가를 알고자 한다. 학생들이 이전만큼 지금도 그들의 학업에 능동적인 가를 알아보길 원하며 이전의 평균으로부터 어느 한 방향으로 차이가 있는 가에 관심을 가질 수 있다. 귀무가설은 모집단의 평균학업시간이 40시간이고 대립가설은 평균시간이 40시간과는 차이가 있다는 것이다. 즉, 대립가설은 40시간보다 적거나 40시간보다 많을 수 있다는 의미이다. 앞에서는 학습시간의 증가나 감소를 알고 싶어

하는 반면에 이제 학습시간이 변했는가(증가했는지 혹은 줄어들었는지)를 찾는데 관심을 갖고 있다.

방법은 관측된 표본평균이 아주 크거나 아주 작으면 귀무가설을 기각하는 것이다. "매우 큰" 그리고 "매우 작은" 값들은 귀무가설이 참일 때 작은 확률을 갖는다. 표준정규변수가 모평균으로부터 1.96표준편차 이상 떨어져 있을 확률은 .05이다. 평균 40이고 표준편차 10인 정규분포로부터 크기 25인 표본을 취하면, 표본평균이 $40-1.96\times2$로 계산되는 하한 값 36.08과 $40+1.96\times2$로 계산된 상한 값 43.92를 양 끝점으로 갖는 구간 밖에 있을 확률은 .05이다. 이 검정방법은 표본평균이 36.08보다 작거나 43.92보다 크면 귀무가설을 기각하는 것이다. 유의수준은 5%이다. 이 검정방법을 **양측검정법**이라 한다. 왜냐하면, 정규분포의 양쪽꼬리에 있는 확률들의 합이 .05이기 때문이다. H_0를 기각하기 위한 규칙을 정하는 또 다른 방법은

$$\frac{\overline{X}-40}{2} > 1.96 \quad \text{또는} \quad \frac{\overline{X}-40}{2} < -1.96$$

이면 H_0를 기각한다고 말하는 것이다.

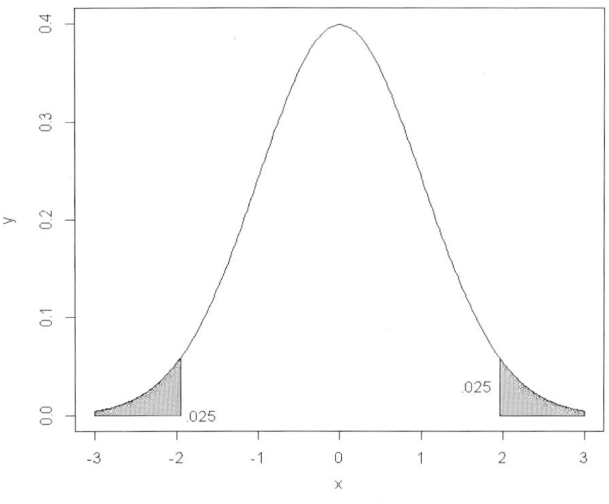

〈그림 12.2.1〉 양쪽꼬리의 확률의 합이 .05인 표준정규분포

1.96은 표준정규분포의 제97.5 백분위수 또는 상위 2.5%점이다. 수 −1.96은 제2.5 백분위수 또는 하위 2.5%점이다.

귀무가설 $H_0 : \mu = 40$을 대립가설 $H_1 : \mu \neq 40$에 대해 유의수준 1%에서 검정하는 방법은 표본평균이 40에서 2.576표준편차보다 더 멀리 떨어져 있으면 귀무가설을 기각하는 것이다.

즉, 표본평균이 40−2.576×2=34.85보다 작거나 40+2.576×2=45.15보다 크게 되면 기각한다. 귀무가설로부터 차이를 감지하는 데 있어서 효과적인 검정방법인 가를 검정력 함수로 기술한다. 검정력 함수는 모평균 μ의 참값들에 대해 귀무가설을 기각할 확률을 나타낸다. 표본평균이 43.92보다 크거나 36.08보다 작으면 5% 수준에서 귀무가설을 기각한다. 이 사상의 확률은 $\mu = 40$일 때 <그림 12.2.2>에서 표시된 면적으로 나타난다.

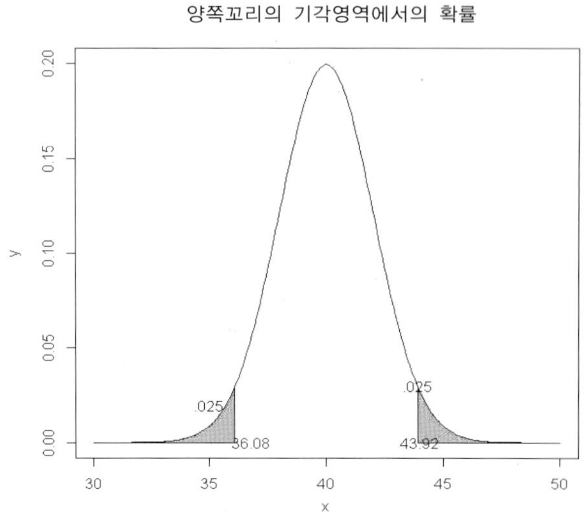

〈그림 12.2.2〉 $\mu = 40$일 때 양쪽꼬리의 기각영역의 확률

이 검정방법에 대한 검정력 함수는 <표 12.2.1>에 표로 작성되어 있고 <그림 12.2.3>의 그래프이다.

μ	30	31	32	33	34	35	36	37
검정력	.999	.994	.979	.938	.851	.705	.516	.323
μ	38	39	40	41	42	43	44	45
검정력	.168	.079	.050	.079	.168	.323	.516	.705
μ	46	47	48	49	50			
검정력	.851	.938	.979	.994	.999			

〈표 12.2.1〉 5%수준에서 $H_0 : \mu = 40$의 양측검정방법의 검정력 함수

<표 12.2.1>은 $\sigma = 10$이고 $n = 25$일 때 $H_1 : \mu \neq 40$에 대한 귀무가설의 검정방법에서 귀무가설을 기각할 확률은 μ의 다양한 값들에서 계산된 검정력 임을 나타내고 있다.

μ가 가정된 값 40에 근사할 때 귀무가설을 기각할 확률은 약 0.05로 관측된다.

확률은 μ가 40에서 멀어짐에 따라 증가함을 보이고 있다. 모평균이 30만큼 작거나 50만큼 크다면 귀무가설의 기각은 거의 확실하다. <그림 12.1.5>에서

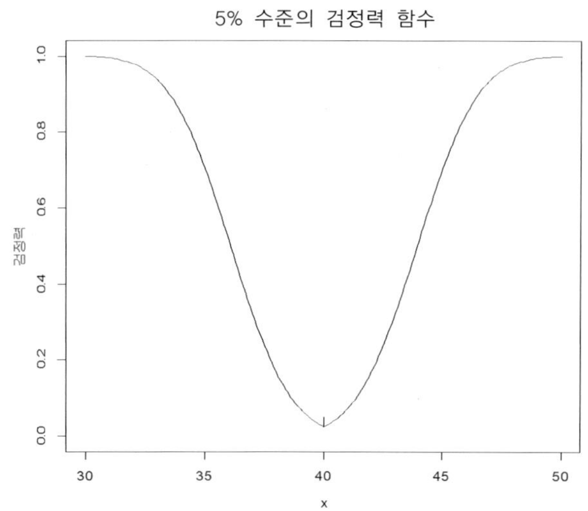

〈그림 12.2.3〉 유의수준 5%에서 $H_0 : \mu = 40$의 검정방법의 검정력 함수

와 같이 단측검정방법의 검정력 함수와 양측검정방법의 검정력 함수간의 차이는 모수가 가정된 값보다 어느 쪽이던 간에 작거나 크다면 양측검정방법은 귀무가설을 기각할 검정력을 갖는다. 반면에 단측검정방법은 오로지 한쪽방향에서만 차이가 있는 가에 대해 검정력을 갖는다. 양측검정방법의 이러한 이점에는 대가가 따른다. 즉, 귀무가설 값보다 큰 임의의 대립가설 값에 대한 검정력은 동일한 유의수준에서 단측검정방법에 비해 검정력이 낮아진다.

유의수준이 5% 대신에 1%라면, <표 12.2.2>의 검정력 함수는 40에서 .01이고 μ의 모든 값에서 5% 수준의 검정방법의 검정력 보다 낮아진다. 1% 수준의 검정방법의 이점은 제1종의 오류를 범할 확률을 작게 하나 단점은 제2종의 오류를 범할 확률을 증가시킨다는 점이다.

μ	30	31	32	33	34	35	36	37
검정력	.992	.973	.923	.823	.665	.470	.283	.141
μ	38	39	40	41	42	43	44	45
검정력	.058	.019	.010	.019	.058	.141	.283	.470
μ	46	47	48	49	50			
검정력	.665	.823	.923	.973	.992			

〈표 12.2.2〉 1%수준에서 $H_0 : \mu = 40$의 양측검정방법의 검정력 함수

다음은 유의수준 1%에서 양측검정에 대한 검정력 함수를 나타내는 검정력 곡선이다.

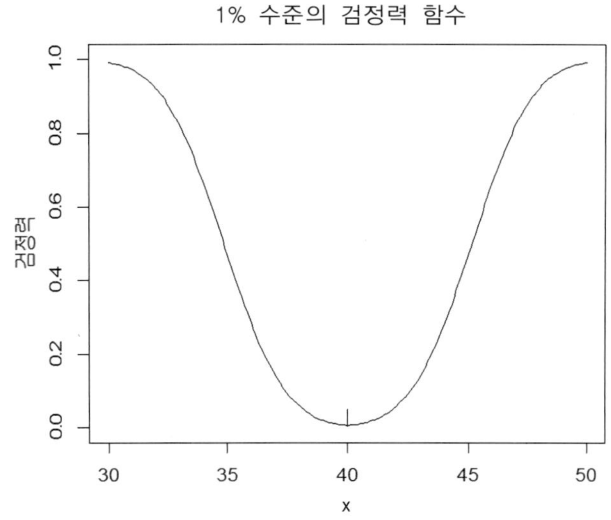

〈그림 12.2.4〉 유의수준 1%에서 $H_0 : \mu = 40$의 검정방법의 검정력 함수

12.3 검정법과 신뢰구간

12.3.1 양측검정방법과 신뢰구간과의 관계

5% 수준에서 $H_0 : \mu = \mu_0$를 대립가설 $H_1 : \mu \neq \mu_0$에 대해 검정하기 위하여

$$\mu_0 - 1.96\frac{\sigma}{\sqrt{n}} < \overline{X} < \mu_0 + 1.96\frac{\sigma}{\sqrt{n}}$$

이면 H_0를 채택한다. 이 쌍의 부등식은

$$\overline{X} - 1.96\frac{\sigma}{\sqrt{n}} < \mu_0 < \overline{X} + 1.96\frac{\sigma}{\sqrt{n}}$$

에 해당한다. 쌍의 부등식을 만족시키는 μ_0의 모든 값들의 집합은 단순히 μ에 대한 95% 신뢰구간이다. 따라서 신뢰구간은 μ의 모든 인정 가능한 값들로 구성된다. 즉, 그러한 모든 μ_0에 대해서 귀무가설 $H_0 : \mu = \mu_0$가 채택되는 값들이다. 값 μ_0는 해당하는 귀무가설 $H_0 : \mu = \mu_0$가 5% 유의수준의 양측검정방법에서 채택 또는 기각에 따르는 95% 신뢰구간의 안 또는 밖에 있다. 달리 말하면, 임의의 수 μ_0에 대해 귀무가설 $H_0 : \mu = \mu_0$는 그 수가 신뢰구간의 내부 또는 외부에 있는 가에 따라 채택되거나 기각되거나 이다. 신뢰구간은 하나의 가설검정 방법이 제공하는 정보보다 더욱 많은 정보를 제공한다. 귀무가설이 한 구체적 수 μ_0일 때 발생할 수 있는 네 가지 경우를 생각해 본다. 이들이 <표 12.3.1>에 분류되어 있다.

신뢰구간의 길이	신뢰구간이 μ_0를 포함하는 가의 여부	
	포함	불포함
짧다	a	b
길다	c	d

〈표 12.3.1〉 신뢰구간의 길이와 가정된 값의 포함

a의 경우 구간길이는 짧고 가정된 값을 포함하고 있다. 이 경우에 조사자는 모평균의 참값이 μ_0근방이라는 신뢰를 갖고 있기 때문에 귀무가설을 의심없이 채택한다. 그 구간은 조사자가 μ_0와 동일한 의미를 갖는 모수 값들만 포함할 수 있다. 즉, μ_0에 아주 근사하여 실제적으로 μ_0와 동일한 것으로 인정되는 모수 값들이다.

b의 경우 구간은 짧으나 가정된 값을 포함하지 않는다. 귀무가설은 기각되고 조사자는 모수의 참값으로 어떤 값이 취해지는 가에 대한 인식을 갖게 된다. 즉, 그는 모수가 가정된 값과는 아주 다르다는 확신을 가질 수 있다.

c의 경우 구간길이는 길고 가정된 값을 포함하고 있다. 귀무가설은 채택되나 모 평균의 다른 값들도 받아들일 수 있다. 즉, 이 값 중의 일부는 가정된 값과는 상당히 멀리 있다.

d의 경우 구간은 길고 가정된 값을 포함하지 않고 있다. 귀무가설은 기각되고 모평균의 가능한 값들은 폭넓은 범위에 있게 된다. 즉, 조사자는 모평균에 대한 정보를 얻지 못할 수 있다.

12.4 모평균에 대한 가설 검정

12.4.1 모표준편차가 알려져 있지 않은 경우

조사자가 모평균에 대한 질문을 할 때 모집단의 표준편차 또한 대개 알려져 있지 않다. 앞절에서 기술된 방법들은 모표준편차 σ가 알려져 있다는 데 기초를 두고 있다. σ가 알려져 있지 않을 때 표본표준편차가 모표준편차를 추정하기 위해 이용된다. 이것은 과정에서 표본추출오차를 증가시킨다. 즉, 정규분포 대신에 t분포상의 유의점에 근거함으로 인하여 추가된 통계적 오차를 감안해야 한다.

표준편차가 알려져 있을 때, 귀무가설 $H_0 : \mu = \mu_0$ 또는 $H_0 : \mu \leq \mu_0$의 검정방법은 표본이 평균 μ_0이고 표준편차 σ인 정규모집단으로부터 얻어지면

$$\frac{\overline{X} - \mu_0}{\sigma / \sqrt{n}}$$

는 표준정규분포를 갖는다는 사실에 근거하고 있다. 표준편차가 알려져 있지 않을 때, 검정방법은 귀무가설 $H_0 : \mu = \mu_0$가 참이면

$$\frac{\overline{X} - \mu_0}{s / \sqrt{n}}$$

가 자유도 $n-1$인 t분포를 갖는다는 사실에 근거한다. 이때

$$P\left(\frac{\overline{X}-\mu_0}{s/\sqrt{n}} > t_{\alpha}(n-1)\right) = \alpha$$

이다. <그림 12.4.1>은 자유도 $n-1=24$인 t분포를 도시하고 있다. **▌예제 12.1▐** 로 가설을 검정하는 방법을 생각해 보자.

▌예제 12.1▐ 시중에 판매되고 있는 한 건강기능식품이 필요한 성분의 기준용량을 함유하고 있는 가를 검사하기 위하여 유통업체에서 판매되고 있는 제품 중에서 25개의 제품을 임의로 추출하여 검사한 결과의 자료이다. 소비자는 제품에 표시된 용량성분이 최소 20mg에 미흡하다고 주장한다. 식품에 첨가되는 성분용량은 평균이 μ이고 분산이 σ^2인 정규분포를 따른다고 가정한다. 가설을 세우고 유의수준 $\alpha=0.05$에서 검정하라.

17.7 18.1 18.1 18.2 18.4 19.9 17.3 19.0 16.9 16.7 17.6 16.0
17.5 18.8 20.2 18.7 15.7 18.3 17.6 17.1 15.5 18.1 17.1 18.9 18.6

▌풀 이▐ 표본에서 계산된 평균용량은 $\overline{x}=17.84$이고 표본표준편차는 $s=1.17$이다. 건강식품의 기능상 성분용량이 최소 20mg이상 포함되는 것으로 알려져 있다고 판단할 때 $H_0 : \mu \geqq 20$으로 택하고 이에 상반되는 주장을 대립가설로 취한다. 즉, $H_1 : \mu < 20$이다.
귀무가설 $H_0 : \mu \geqq 20$ 를 $H_1 : \mu < 20$에 대해 검정하기 위한 양은

$$\frac{\overline{x}-\mu_0}{s/\sqrt{n}} = \frac{17.84-20}{1.17/\sqrt{25}} = -9.23$$

이다. 유의수준 $\alpha=.05$에서 자유도 24인 t분포의 유의점은 $t_{.05}(24)=-1.711$이다. $-9.26 < -1.71$이기 때문에 귀무가설 $H_0 : \mu \geqq 20$를 기각한다.

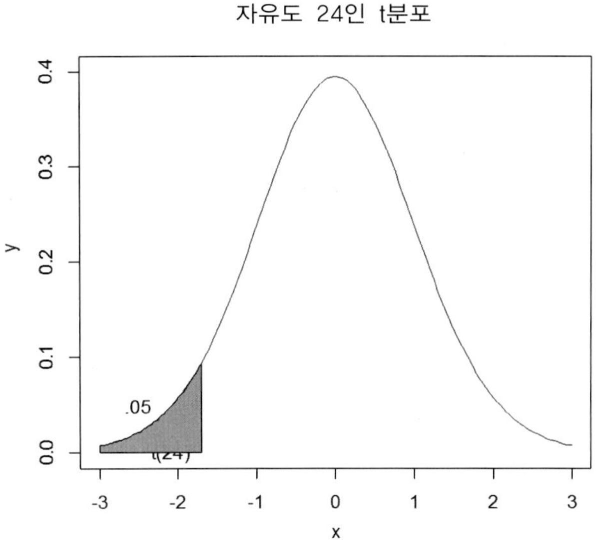

〈그림 12.4.1〉 자유도 $n-1=24$인 t분포의 상위 $\alpha=.025$의 확률

```
R 스크립터:
용량<-c(17.7, 18.1, 18.1, 18.2, 18.4, 19.9, 17.3, 19.0, 16.9, 16.7, 17.6, 16.0,
  17.5, 18.8, 20.2, 18.7, 15.7, 18.3, 17.6, 17.1, 15.5, 18.1, 17.1, 18.9, 18.6)
mean(용량)
sd(용량)
t.test(용량,mu=20)
qt(0.05,24)
```

귀무가설 $H_0 : \mu = \mu_0$ 를 $H_1 : \mu \neq \mu_0$에 대한 검정방법은

$$\frac{\overline{x}-\mu_0}{s/\sqrt{n}} > t_{\alpha/2}(n-1) \text{ 이거나 } \frac{\overline{x}-\mu_0}{s/\sqrt{n}} < -t_{\alpha/2}(n-1) \text{ 이면}$$

귀무가설을 기각한다.

t 검정방법들의 검정력 함수들은 앞절에서 기술한 대로 정규분포에 근거한 검정방법들의 검정력 함수들과 유사하다. 표본크기 n에 근거한 정해진 유의수준 α에서의 임의 검정방법(단측 또는 양측)의 경우에 정규분포에 근거한 검정방법은 t분포에 근거한 검정방법보다 높은 검정력을 갖는다. 왜냐하면 표준편차를 모르고 있는 대가로 검정력의 손실이 발생한다.

■ 신뢰구간

전절에서 나타내었듯이 평균과 관련된 가설의 검정방법은 해당하는 신뢰구간을 건설함으로써 행해질 수 있다. 그리고 실제로 신뢰구간은 가설검정보다 더 많은 정보를 제공한다.

■ 비정규성

중심극한정리에 의해서 표본평균은 모집단의 모양에 거의 상관없이 근사적으로 정규분포한다. 근사성은 표본의 크기가 그렇게 작지 않을 때 좋아진다. 따라서 이절의 방법들은 표본크기가 그렇게 작지 않다면 모집단이 정규분포가 아니라고 하더라도 적용된다.

표본크기가 의미 있는 기둥그림표를 제공할 정도로 충분히 큰 가를 확인하기 위해 표본의 기둥그림표를 조사하는 것이 바람직하다. 근사적인 정규성을 이용하기 위하여 기둥그림표가 대략 대칭인 것 보다 상당히 비대칭이면 좀 더 큰 표본크기가 요구된다. 극단적 비대칭을 다루는 한 가지 방법은 중앙값에 대한 부호 검정방법(sign test)을 이용하는 것이다.

t검정방법은 표본평균과 표준편차에 근거하고 있다. 건강기능식품의 예에서 귀무가설은 “기준용량”을 포함하는 제품의 평균용량에 관심을 두고 있다.

12.5 모비율에 대한 가설검정

12.5.1 성공확률의 단측가설에 대한 가설검정

한 사상의 확률에 대한 정보는 그 사상이 발생한 시행비율로 주어진다. 표본비율은 모수인 모비율에 대한 주장 특히 모비율이 어떤 구체적 수와 일치하는가에 관한 질문에 답하기 위하여 이용된다. 표본비율이 가정된 확률과 매우 다르다면 귀무가설은 기각될 것이다. 평균을 포함하는 다른 경우에서와 같이 검정방법은 대립가설의 유형에 달려있다. 즉, 대립가설은 그 모수가 가정된 값보다 크다로 주어질 수 있고 또는 작다로 주어지게 된다. 혹은 크거나 작다는 대립가설을 생각할 수 있다.

정규분포의 평균에 대한 가설검정의 방법은 성공확률과 관련된 가설들을 검정하는 데 적용될 수 있다. 왜냐하면, 정규분포는 이항분포에 근사함을 제공하기 때문이다. 좀 더 분명하게 하기 위하여 X를 성공확률 π인 n번의 베르누이 시행에서 성공의 수로 정의하자. 표본비율

$$\hat{\pi} = \frac{X}{n}$$

는 근사적으로 평균이 $\mu_{\hat{\pi}} = \pi$이고 분산이 $\sigma_{\hat{\pi}}^2 = \frac{\pi(1-\pi)}{n}$인 정규분포를 갖는다. 이것은 확률 π가 어떤 구체적 값이라고 하는 귀무가설을 검정하는 근거를 제공한다.

심리치료사들이 어떤 정신분열증을 치료하는 데 성공하였다고 주장한다고 가정하자. 이들의 주장에 대한 타당성을 확인하기 위해 정신분열증 환자 200명을 치료하며 완치율을 관측하는 조사가 행해졌다. 이전의 연구들은 정신분열의 환자 중 2/3가 치료 없이 우연적으로 회복되었음을 보여준다.

150명이 회복되었다고 가정하자. 즉, 표본비율은 150/200=.75이다. 성공확률 $\pi = 2/3$인 이가 모집단으로부터 임의로 표본을 추출하면 표본비율 p의 표본추출분포는 평균이 $\pi = 2/3$이고 표준편차가 $\sqrt{\pi(1-\pi)}\,/\,\sqrt{n} = 1/30$인 정규분

포에 근사적이다. 이때

$$P(\frac{\hat{\pi}-2/3}{1/30} > 1.645) \doteq .05$$

이다. 확률을 나타내는 식으로부터

$$\hat{\pi} > \frac{2}{3} + 1.645 \times \frac{1}{30} = .722$$

인 부등식을 얻는다. 이것은 $\pi = 2/3$인 모집단으로부터 표본을 추출할 때 .722보다 큰 표본비율을 얻게 될 확률은 약 .05임을 나타낸다. 관측비율이 .722보다 큰 .75이기 때문에 귀무가설은 5% 유의수준에서 기각된다.

이 예를 일반화 시켜보자. 크기 n인 표본에 근거하여 유의수준 α에서 성공확률이 구체적 수 π_0라는 귀무가설을 확률이 π_0보다 크다고 하는 대립가설에 대해 검정한다고 하자. 귀무가설이 참이면 표준화된 변수는

$$\frac{\hat{\pi}-\pi_0}{\sqrt{\pi_0(1-\pi_0)}/\sqrt{n}}$$

이고 근사적으로 정규분포인 표본추출분포를 갖는다. 표준화된 변수가 z_α보다 클 확률은 α이다. 따라서 귀무가설은

$$\frac{\hat{\pi}-\pi_0}{\sqrt{\pi_0(1-\pi_0)}/\sqrt{n}} > z_\alpha$$

이면 기각된다. 즉,

$$\hat{\pi} > \pi_0 + z_\alpha \frac{\sqrt{\pi_0(1-\pi_0)}}{\sqrt{n}}$$

이면 기각된다. 귀무가설은 평균 π_0 뿐만 아니라 모집단의 표준편차 $\sqrt{\pi_0(1-\pi_0)}$ 도 구체적으로 서술하고 있다는 점에 유의해야 한다.

12.5.2 단측검정방법의 효율성

표본크기 $n=200$에 근거하여 대립가설 $H_1: \pi > 2/3$에 대한 귀무가설 $H_0: \pi \leqq 2/3$의 예로 단측검정방법을 논의해보자. 5% 수준의 검정방법에 대한 $\hat{\pi}$의 유의점은 .722이다. π가 성공확률이면

$$\frac{\hat{\pi}-\pi}{\sqrt{\pi(1-\pi)}/\sqrt{200}}$$

는 표준정규분포로 근사된 표본추출분포를 갖는다. $p > .722$일 확률은

$$\frac{\hat{\pi}-\pi}{\sqrt{\pi(1-\pi)}/\sqrt{200}} > \frac{.722-\pi}{\sqrt{\pi(1-\pi)}/\sqrt{(200)}}$$

이 되는 확률이다. 이 사상의 확률은 근사적으로

$$P\left(Z > \frac{.722-\pi}{\sqrt{\pi(1-\pi)}/\sqrt{200}}\right)$$

이다. <표 12.5.1>은 이 검정방법의 검정력과 1% 수준에서 검정방법의 검정력도 나타내고 있다. <그림 12.5.1>은 검정력 함수들의 그래프를 보여준다.

확률	표준오차	5%수준 검정방법		1%수준 검정방법	
π	$\frac{\sqrt{\pi(1-\pi)}}{\sqrt{200}}$	$\frac{.722-\pi}{\sqrt{\pi(1-\pi)}/\sqrt{200}}$	검정력	$\frac{.744-\pi}{\sqrt{\pi(1-\pi)}/\sqrt{200}}$	검정력
.60	.0346	3.517	.000	4.170	.000
.62	.0337	2.128	.017	2.798	.003
.64	.0332	1.557	.059	2.238	.012
.66	.0327	.969	.016	1.661	.048
.68	.0321	.364	.358	1.069	.142
.70	.0314	−.264	.604	0.455	.325
.72	.0306	−.925	.822	−0.186	.574
.74	.0297	−1.626	.948	−0.865	.806
.76	.0288	−2.372	.991	−1.587	.944
.78	.0277	−3.188	.999	−2.373	.991
.80	.0266	−4.071	1.000	−3.222	1.000

〈표 12.5.1〉 5%수준 검정방법과 1%수준 검정방법의 검정력 함수들

<표 12.5.1>은 귀무가설 $H_0 : \pi \leqq 2/3$를 대립가설 $H_1 : \pi > 2/3$에 대해 검정하기 위해 표본크기 $n = 200$에 근거한 표본비율의 표본추출분포로부터 유의수준 .05와 .01에서 계산된 검정력을 나타내고 있다. 두 검정방법에 따른 검정력 함수를 나타내는 운영특성곡선으로 검정력을 비교할 수 있는 그래프가 <그림 12.5.1>에 주어져 있다.

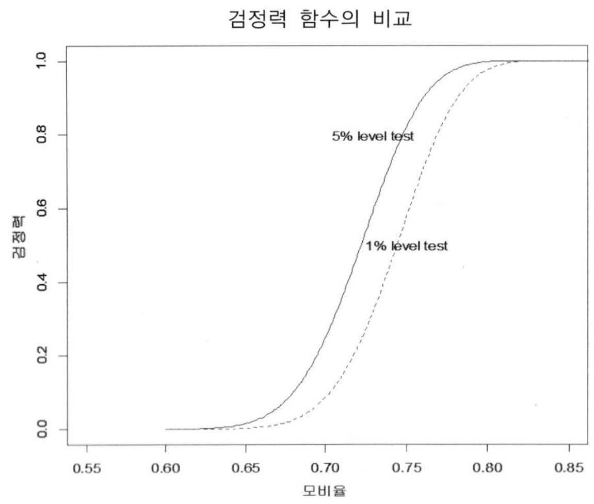

〈그림 12.5.1〉 $H_0 : \pi \leqq 2/3$의 5%와 1%수준의 검정방법에서 검정력 함수들

12.1 가설검정과 관련된 다음 용어들을 설명하라.

㉠ 귀무가설
㉡ 대립가설
㉢ 단측검정법
㉣ 양측검정법
㉤ 유의수준
㉥ 검정통계량
㉦ 채택영역과 기각영역
㉧ p값
㉨ 검정통계량
㉩ 검정력
㉪ 제1종의 오류
㉫ 제2종의 오류

12.2 다음은 평균이 μ이고 분산이 σ^2인 정규분포를 따르는 확률분포로부터 크기 $n = 15$인 확률표본을 취하여 얻은 자료이다.

42 34 48 37 32 32 34 37 41 37 38 40 39 41 41

$H_0 : \mu = 45$을 $H_1 : \mu < 45$에 대해 유의수준 $\alpha = 0.05$에서 검정하고자 한다. 단, $\sigma^2 = 36$으로 가정한다.

㉠ 귀무가설 H_0를 검정하기 위한 검정통계량의 분포를 기술하라.
㉡ 자료로부터 검정통계량의 관측값을 구하라.
㉢ 유의수준 $\alpha = 0.05$에 해당하는 기각영역을 설정하라.
㉣ $\mu = 40$에서 검정력을 계산하라.

㉤ p값을 구하라.

㉥ μ에 대한 95% 신뢰구간을 구하라.

12.3 한 작업장에서 작업하는 근로자들의 일일근로시간의 분포는 평균이 μ이고 분산이 σ^2인 정규분포를 따른다고 한다.

12 15 8 7 10 10 8 12 7 10
10 9 13 6 10 12 11 9 12 9

$H_0: \mu = 8$를 $H_1: \mu \neq 8$에 대해 검정하고자 한다.
단, σ^2은 알려져 있지 않다.

㉠ 귀무가설 H_0를 검정하기 위한 검정통계량의 분포를 기술하라.

㉡ 자료로부터 검정통계량의 관측값을 구하라.

㉢ 유의수준 $\alpha = 0.05$에 해당하는 기각영역을 설정하라.

㉣ $\mu = 10$에서 검정력을 계산하라.

㉤ p값을 구하라.

㉥ μ에 대한 95% 신뢰구간을 구하라.

12.4 어떤 교과과정에서 주제의 내용과 관련된 전문용어를 이해하고 있는 학생들의 비율 π에 대한 가설을 검정하기 위해 크기 $n = 40$인 확률표본을 취해 얻은 자료가 다음과 같다.

0 0 0 0 1 0 1 1 1 0 0 0 1 1 1 0 0 0 1 0
1 1 0 0 0 1 1 1 1 1 0 1 1 1 1 1 0 0 1 1 1

단, 1은 이해하고 있는 학생이고 0은 이해하지 못하는 학생을 나타낸다. $H_0: \pi \geq 0.6$을 $H_1: \pi_i < 0.6$에 대해 유의수준 $\alpha = 0.05$에서 검정한다. 다음 물음에 답하라.

㉠ 표본공간을 기술하라.

㉡ 표본공간에서 정의된 확률변수를 X라 둘 때 X의 확률분포를 설명하라.

㉢ X의 평균과 분산을 구하라.

㉣ Y가 표본에서 관측되는 수들의 합으로 정의될 때 Y의 확률분포를 설명하라.

㉤ Y의 평균과 분산을 구하라.

㉥ $\hat{\pi}=\dfrac{Y}{n}$이라 둘 때 $\hat{\pi}$의 평균과 분산을 구하라.

㉦ H_0를 검정하기 위한 검정통계량의 관측값을 구하라.

㉧ $\pi = 0.4$에서 검정력을 구하라.

12.5 국가의 정책에 대한 국민의 지지도를 추정하고자 한다. 95% 신뢰수준에서 오차한계를 $\pm 3\%$ 이내로 하기 위한 표본크기를 결정하라.

12.6 표본의 크기가 100일 때 $\mu \neq 65$임을 입증하고자 한다. $\sigma = 9$로 알려져 있다.

㉠ 귀무가설 H_0를 모수로 나타내어라.

㉡ 대립가설 H_1을 모수로 나타내어라.

㉢ 유의수준 $\alpha = 0.05$에서 가설을 검정할 때 기각영역을 $\overline{X}$로 나타내어라.

12.7 확률변수 X의 분포가 $N(\mu, \sigma^2 = 12^2)$을 따른다고 하자. 크기 $n = 16$인 확률표본을 취해 얻은 자료의 표본평균 $\overline{X}$의 계산 값이 150이라 가정한다.

㉠ $\overline{X}$의 분포를 나타내어라.

㉡ $\mu \neq 170$에 대해 상반되는 가설을 나타내어라.

㉢ 가설들을 설정하고 유의수준 $\alpha = 0.05$에서 기각영역을 설정하라.

㉣ 검정통계량의 관측값을 계산하라.

12.8 표본의 크기가 $n=50$일 때 모비율 $\pi>0.7$임을 보이고자 한다. 표본비율 $\hat{\pi}$이 0.6이라 두자.

㉠ 표본비율 $\hat{\pi}$의 근사적 분포를 기술하라.
㉡ 검정통계량의 관측값을 계산하라.
㉢ 기각영역을 유의수준 $\alpha=0.05$에서 설정하라.
㉣ p값을 구하라.

12.9 청년 실업률이 0.3으로 알려져 있다. 정부에서는 실업률이 이보다 훨씬 비율이 낮다고 주장한다. 청년 15명을 임의로 추출하여 실업자의 수를 조사하였더니 5명이었다.

㉠ 귀무가설을 모수로 설정하라.
㉡ 대립가설을 모수로 나타내어라.
㉢ 표본에서 조사된 실업자의 수에 대한 분포를 기술하라.
㉣ 표본비율을 얻을 확률을 구하라.
㉤ p값을 구하라.

12.10 양궁선수가 8점 이상의 과녁에 명중할 확률이 0.8일 때 10발의 시위에서 성공의 수를 X라 두자. $\frac{X}{10}$의 평균과 분산을 구하고 이들의 값으로 얻을 수 있는 정보에 대해 논의하라.

제13장

범주형 자료

제13장
범주형 자료

13.1 일변량 자료

범주형 자료가 어떤 자료인 가를 살펴보기로 한다. 개체의 특성을 나타내는 변수가 수 또는 양이 아닌 질적변수인 경우를 생각해보자. 예를 들면, 성별, 혈액형, 또는 환자의 치유상태에 대한 관측은 수 값이나 계기에 의해 측정된 양으로 주어지지 않는다.

10명 어린이들의 성별에 대한 자료가 남, 남, 여, 남, 여, 남, 여, 여, 여, 여로 주어졌을 때, 자료는 단지 남과 여로 관측되는 두 개의 값만으로 구성된다. 5명의 혈액형에 대한 조사는 A, B, AB, A, A로 주어질 수 있다. 혈액형 자료는 세 개의 구별되는 문자들로 구성되어 있다. 어떤 질병에 감염된 5명 환자들의 치유상태가 중태, 혼수상태, 상태가 호전됨, 중태, 혼수상태로 관측될 때 상태를 나타내는 단어 또는 문장으로 기술됨을 알 수 있다. 이러한 유형의 자료를 **범주형 자료**(categorical data)라 부른다.

범주형 자료는 변수에 대한 관측값이 수 또는 양이 아닌 문자, 부호, 분류명칭 또는 문장으로 주어지고 다수의 개체들에 대한 변수의 관측으로부터 유한개의 구별되는 값 또는 범주가 반복되어 구성되는 자료를 일컫는다.

수 또는 양으로 측정되지 않는 질적자료는 범주형 자료이나 때로는 수량자료도 범주형 자료로 취급될 수 있다. 예를 들면, 자녀를 두고 있는 직장인 10명을 대상으로 학비를 부담하는 자녀의 수를 조사하였을 때 0, 1, 2, 2, 0, 0, 1, 1, 3, 2인 자료를 얻었다면 자녀의 수에 대한 자료는 양적자료이나 0, 1, 2, 3의 네 값의 반복으로 주어지는 범주형 자료로 간주된다.

범주형 자료는 동일한 관측값이 반복적으로 되풀이 되어 구성되므로 유한개의 구별되는 관측값들의 도수로 자료를 요약할 수 있는 특성을 갖는다.

범주형 자료의 취급에 대한 몇 가지 방법을 제시한다. 이들 방법은 관측도수를 귀무가설로 규정되는 구체적 도수와 비교하는 것을 포함하고 있다. 13.2절에서 가설은 범주형 변수가 한 구체적 분포를 갖는다는 가설이다. 그러한 가설의 검정방법을 **적합도 검정방법**(tests goodness of fit)이라 부른다.

13.3절에서 이변량 자료가 소개되고 연관성 측도가 13.4절에서 다루어진다. 13.5절에서 두 변수들의 독립성에 관한 개념을 소개하고 두 범주형 변수들이 독립이라는 가설을 어떻게 검정하는 가를 설명한다. 검정통계량은 카이제곱 분포로 근사되는 표본추출분포를 갖는다. 이러한 이유로 그 검정방법들을 종종 카이제곱 검정방법들이라 부른다.

13.2 적합도 검정

통계학의 한 가지 문제는 주어진 분포가 자료집단에 적합한가를 검정하는 문제이다. 적합도의 한 검정방법은 관측된 도수분포를 가정된 분포와의 비교에 근거하고 있다.

13.2.1 이가자료(binary data)

단지 두 개의 범주로 정의되는 한 변수의 경우로 시작한다. 두 범주를 성공과 실패로 생각할 수 있다. π를 성공확률이라 두자. 이 때 $1-\pi$는 실패할 확률이다. 변수의 분포는 π의 값이 정해질 때 결정된다.

12.5.3절에서 흑인어린이들이 흰색인형을 유색인형만큼 선택할 가능성이 동일한 가에 관한 검정방법을 생각했다. 즉, 유색인형을 선택할 비율은 $\pi_0=1/2$이라는 귀무가설을 검정하는 방법이다. 252명의 어린이표본에서 83명이 유색인형을 선택했다. 관측된 표본비율 $\hat{\pi}=.320$에 근거한 검정방법을 개발했다. 귀무가설 하에서 252명의 확률표본에서 비율의 표준편차는

$$\frac{\sqrt{\pi_0(1-\pi_0)}}{\sqrt{n}}=.0315$$

이다. 그 다음에

$$\frac{(\hat{\pi}-\pi_0)}{\sqrt{\pi_0(1-\pi_0)}/\sqrt{n}}=-5.43$$

의 값은 양측 검정방법에 대한 표준정규분포에서 참조된다. 귀무가설은 거의 모든 유의수준에서 기각된다. 예를 들면, 5% 수준에서 $|-5.43|>1.96$이므로 귀무가설은 기각된다.

이 과정을 실행하기 위한 한 가지 다른 방법은 표준정규변수의 제곱이 자유도 1인 카이제곱 분포를 갖는다는 사실을 이용하는 것이다. 위의 예에서 관측 값의 제곱 $(-5.43)^2=29.5$ 가 5% 수준의 검정방법의 경우에 $1.96^2=3.84$와 비교된다. 단, $\chi^2_{.05}(1)=3.843$이다. x가 성공의 수, π_0가 성공확률이고 n이 표본크기일 때, 대수적 항들로 표현하면

$$\left(\frac{\hat{\pi}-\pi_0}{\sqrt{\pi_0(1-\pi_0)}/\sqrt{n}}\right)^2=\frac{(\hat{\pi}-\pi_0)^2}{\pi_0(1-\pi_0)/n}$$

$$=\frac{[n(\hat{\pi}-\pi_0)]^2}{n\pi_0(1-\pi_0)}=\frac{(x-n\pi_0)^2}{n\pi_0(1-\pi_0)} \tag{13.1}$$

이다. 물론 실패 반응의 항들에서는 귀무가설은 $1-\pi=1-\pi_0$ 이고 평가기준은

$$\left(\frac{(1-\hat{\pi})-(1-\pi_0)}{\sqrt{(1-\pi_0)\pi_0}/\sqrt{n}}\right)^2=\frac{[(n-x)-n(1-\pi_0)]^2}{n\pi_0(1-\pi_0)} \tag{13.2}$$

이다. $(n-x)-n(1-\pi_0)=-(x-n\pi_0)$ 이므로 (13.2)는 (13.1)과 동일하다. 실제로 (13.1)과 (13.2)의 임의의 가중평균은 또한 (13.1)과 (13.2)와 동일하다. (13.1)을 $(1-\pi_0)$로 곱하고 (13.2)를 π_0로 곱하여 대칭의 기준

$$\frac{(x-n\pi_0)^2}{n\pi_0}+\frac{[(n-x)-n(1-\pi_0)]^2}{n(1-\pi_0)} \tag{13.3}$$

을 얻는다. 적합도 검정방법은 (13.3)의 관측값을 자유도 1인 카이제곱분포표의 값과 비교한다. 이 예에서 $\pi_0=1-\pi_0=1/2$, $n=252$, $n\pi_0=n(1-\pi_0)=126$, $x=83$이고 $n-x$의 값은 169이다. 판단기준으로

$$\frac{(83-126)^2}{126}+\frac{(169-126)^2}{126}=29.4$$

의 값에 근거한다. (13.3)의 전개 목적은 성공과 실패를 대칭적으로 취급하는 것이다. 이 식은 세 범주이상으로 일반화 될 수 있다. (13.3)에서 $n\pi_0$는 귀무가설 하에서 성공 반응의 기대 수이고 $n(1-\pi_0)$는 실패 반응들의 기대 수이다. (13.3)에서 각 분수는

$$\frac{(\text{관측수} - \text{기대수})^2}{\text{기대수}}$$

의 형태에 속한다. 귀무가설의 대칭적 설명은

$$H_0 : \pi = \pi_0 , \quad 1 - \pi = 1 - \pi_0$$

이다.

13.2.2 셋 이상의 다범주

각 시행이 k개 범주 중 하나에 속하는 결과로 나타날 수 있다고 가정하자. π_1, π_2,…, π_k를 이들 결과의 개별 확률이라 두자. 귀무가설로

$$H_0 : \pi_1 = \pi_{10} , \ \pi_2 = \pi_{20} , \ \cdots \ , \pi_k = \pi_{k0}$$

를 생각해 보자. 단, π_{10}, π_{20}, … , π_{k0}는 합하여 1이 되는 구체적 양수들이다. n번의 시행이 행해졌다고 가정한다. 귀무가설 하에서 i번째 범주에서 결과들의 기대 수는 $E_i = n\pi_{i0}$이다. 실제의 관측수는 O_i, $i = 1, 2, \cdots, k$ 이다. 검정통계량은

$$\chi^2 = \sum_{i=1}^{k} \frac{(O_i - E_i)^2}{E_i}$$

이다. 이 통계량은 자유도가 $k-1$인 카이제곱분포에 근사적인 표본추출분포를 갖는다. 관측된 검정통계량이 $\chi^2_\alpha(k-1)$보다 크다면 유의수준 α에서 귀무가설을 기각한다.

$$n = \sum_{i=1}^{k} E_i = \sum_{i=1}^{k} O_i$$

이다. 따라서 검정통계량은

$$\chi^2 = \sum_{i=1}^{k} \frac{O_i^2}{E_i} - n$$

로 기술될 수 있다.

예로써 한 사람이 출생 후 얼마나 오랫동안 생존하는 가는 출생 후 사망에 이르는 시간이 일별, 주별 또는 월별로 동일한 가능성을 갖는 확률사상이라고 생각할 수 있다. 특히, 어떤 구체적 모집단에서 출생 후 1개월 이내에 사망할 확률은 1/12 등으로 예상될 수 있다. 하지만, 사망할 가능성이 높지 않은 환경에 있는 사람은 사망에서 멀어진다. 즉, 출생 이후 즉시 사망할 확률이 줄어든다.

Phillips(1972)는 유명인들이 다음 생일까지 생존할 경향을 조사했다. 유명인들의 수많은 문집을 이용하여 그는 유명인들이 생일 전달에 죽을 가능성이 희박하다는 것에 주목했다. 즉, 생일 전달에 해당하는 사망률은 줄어든다. 생일 바로 다음 달들에는 사망률이 뚜렷이 증가하고 있다. <표 13.2.1>에 일부 자료가 주어져 있다. 관측된 도수가 매달 1/12의 확률과 일치하는 가를 알아보고자 한다. 월별사망률 1/12이 참이라면 348명 중에서 매달 348/12=29명이 사망하리라고 예상하게 된다. 추정기댓값 $E=29$는 매달의 관측값 O와 비교된다. 차이 $O-E$가 표에 나타나있다. 검정통계량의 값을 계산하기 위하여 개별편차 $O-E$가 제곱되고 E로 나누어진다.

사망자수	생일달 이전의 개월 수						생일달	생일달 이후의 개월 수				
	6	5	4	3	2	1		1	2	3	4	5
관측수	24	31	20	23	34	16	26	36	37	41	26	34
기대수	29	29	29	29	29	29	29	29	29	29	29	29
편차	−5	+2	−9	−6	+5	−13	−3	+7	+8	+12	−3	+5
계	$n=348$ $n/12=29.0$											

〈표 13.2.1〉 생일 달과 전, 후의 사망자 수

결과의 값 $(O-E)^2/E$을 합하면

$$\frac{(-5)^2}{29.0}+\frac{(+2)^2}{29.0}+\frac{(-9)^2}{29.0}+\frac{(-6)^2}{29.0}+\frac{(+5)^2}{29.0}+\frac{(-13)^2}{29.0}+\frac{(-3)^2}{29.0}$$

$$+\frac{(+7)^2}{29.0}+\frac{(+8)^2}{29.0}+\frac{(+12)^2}{29.0}+\frac{(-3)^2}{29.0}+\frac{(+5)^2}{29.0}=22.07$$

이다. $k=12$개 범주이므로 $k-1=11$개의 자유도가 있다.

$\chi^2_{.025}(11)=21.920$이고 $\chi^2_{.01}(11)=24.724$이다. 유의수준 .025에서 가정된 분포가 옳다는 가설을 기각하게 된다. 왜냐하면 22.07이 $\chi^2_{.025}(11)$의 값보다 크기 때문이다. 결론은 유명인들의 경우에 사망률이 출생률과 어떤 관계를 갖는다는 증거가 있다고 할 수 있다. 즉, 그러한 부류의 사람은 건강에 영향을 줄 만큼 생일을 기대한다고 설명할 수 있다.

13.2.3 카이제곱 검정방법의 선택

도박장에서 이용되는 주사위들이 정상적인가를 알아보고자 한다. 다시 말하면 주사위의 6개면 중 6이 나올 가능성의 비중이 높게끔 제조되지 않았는 가를 의심해 볼 수 있다. 주사위 하나를 선택하여 60번 던져본 결과가 <표 13.2.2>에 나타나있다.

결과	1	2	3	4	5	6
도수	5	10	10	9	9	17

〈표 13.2.2〉 주사위 실험의 결과

공식적 용어로 귀무가설은

$$H_0:\pi_j=1/6,\ j=1,\ 2,\ \cdots\ ,\ 6$$

이다. 카이제곱 통계량은

$$\frac{(5-10)^2}{10}+\frac{(10-10)^2}{10}+\frac{(10-10)^2}{10}+\frac{(9-10)^2}{10}+\frac{(9-10)^2}{10}+\frac{(17-10)^2}{10}$$

이고 계산된 값은 7.6이다. 자유도는 6−1=5이다. $\chi^2_{.05}(5)=9.236$이므로 7.6<9.236인 결과를 얻게 된다. 이 결과는 특별히 유의하지는 않다. 그러나, 이 카이제곱 검정방법은 주사위가 6을 선호하는 비중이 크다는 대립가설만을 고려하고 있지 않다.

주사위는 마주보는 면의 눈의 합이 7이 되도록 제조되기 때문에 6이 선호되면 1은 나타날 가능성이 낮게 되어야 한다. 따라서 주사위 결과를 세 개의 사상들로 범주화한다. 세 개의 사상들은 {1의 눈}, {2,3,4,5의 눈}, {6의 눈}이다. 도수들은 <표 13.2.3>에 주어져 있다.

사상	1의 눈	2,3,4,5의 눈	6의 눈	합
도수	5	38	17	60

〈표 13.2.3〉 주사위의 결과에 대한 세 사상

<표 13.2.3> 에 대한 카이제곱 통계량의 값은

$$\frac{(5-10)^2}{10}+\frac{(38-40)^2}{40}+\frac{(17-10)^2}{10}=7.5$$

이다. 자유도는 2이다. 이 값은 .05 수준에서 유의함을 나타낸다. $\chi^2_{.025}(2)=7.378$이고 $\chi^2_{.01}(2)=9.210$이므로 .025 수준에서도 유의함을 보여준다.

결과를 범주화하는 여러 방법들이 있다. 각 경우에 해당하는 검정방법에 대한 검정력 함수가 있다. 즉, 귀무가설이 참이 아닐 때 귀무가설을 기각할 확률을 나타내는 함수이다. 이 예에서 자유도 2의 검정방법은 귀무가설로부터 불일치가 단지 1과 6의 눈을 포함할 때 자유도 5의 검정방법보다 검정력이 더 크다.

13.3 이변량 자료

지금까지 개체의 한 가지 특성이 조사되고 특성에 대한 관측값이 유한개의 범주로 구성될 때 자료의 정리와 요약을 논의해 왔다. 이 절에서는 개체에 대한 두 변수의 관측에 근거한 자료를 논의한다. 예를 들면, 개체의 소득과 직업이 관측될 수 있다. 이러한 자료를 **이변량 자료**라 부른다.

이변량 범주형 자료의 분석에서 첫 단계는 자료를 도수표로의 표작성이다. 변수들 간에 관계를 결정짓기 위한 백분율이 계산된다. 두 변수에 대한 도수표는 **이원표**(two-way table)이다. 두 개의 이가변수의 경우가 다루어지고 보다 큰 이원표를 다루게 된다. 세 개 범주형 변수에 대한 자료의 표 작성은 삼원 도수표로 귀결된다. 세 번째 변수의 서로 다른 고정값들에 대해 변수의 쌍 간에 관계를 고려하는 것이 가능하다.

개체의 한 가지 특성에 관심 있는 자료의 정리와 요약을 논의해 왔다. 이 장에서는 개체에 대한 둘 또는 그이상의 변수의 관측에 근거한 자료를 논의한다. 예를 들면, 개체의 연령, 소득과 직업이 관측될 수 있다. 이러한 자료를 **다변량 자료**라 부른다.

13.3.1 자료의 정리

이변량 범주형 자료는 개체에 대한 두 범주형 반응변수의 관측결과이다. 가장 간단한 경우에 각 변수는 단지 두 범주만을 갖는다. 통계 교과목의 25명 학생을 성별과 학적(대학원 또는 학부)으로 분류하여 얻는 자료가 그러하다. 자료는 2x2 도수표에 요약된다. 이런 종류의 요약을 **교차표, 교차분류표 또는 분할표**라 한다. 왜냐하면 두 분류를 동시에 이용하여 범주화하기 때문이다.

■ 두개의 이가변수(Double Dichotomy)

개체의 특성에 대한 관측이 단지 두 개의 값만으로 주어지는 변수를 **이가변수**라 한다. 또한 쌍의 이가변수를 이중이가라 한다. 이중이가는 예 또는 아니오 로 답하는 두 개의 질문을 받을 때 생긴다. 건강검진을 한 사람들의 집단에서 검사결과에 대한 이상여부와 그리고 운동처방의 여부에 대한 질문을 할 수 있다. 내과의는 환자들을 어떤 질병에 대한 예방접종 여부와 그리고 그 질병에 대한 감염여부에 따라 분류할 수 있다. 개체에 대한 두 가지 특성이 모두 이가의 변수일 때 관심집단에서의 관측결과는 이원의 분할표 또는 2×2 표에서 칸 도수로 요약된다. 예를 들면, 20명의 외래 환자들을 대상으로 두 가지 특성을 조사한 자료는 다음과 같이 요약된다.

예방접종	감염여부	
	예	아니오
예	2	10
아니오	6	2

〈표 13.3.1〉 20명 외래환자들의 2×2 분할표

다른 유형의 이중이가는 고-저(high-low) 형태의 순서를 나타내는 변수들로 이루어진다. 개체의 두 특성을 나타내는 이가 변수가 소득과 지출일 때 소득의 고-저와 지출의 고-저는 순서를 나타내는 변수들이다. <표 13.3.2>는 50가구를 대상으로 소비와 지출을 조사한 자료가 2×2 분할표로 요약되어 있음을 보여주고 있다.

소득	지출	
	저	고
저	22	8
고	6	14

〈표 13.3.2〉 50가구의 소득과 지출에 대한 2×2 분할표

이중이가의 또 다른 형태는 서로 다른 두 시점에서 동일 개체들을 대상으로 동일한 이가변수에 대한 반응의 2×2 표로 작성된다. 예를 들면, 다수의 유권자

를 대상으로 8월에 두 명의 대통령 후보 중 어느 사람을 지지하는 가를 묻고 9월에 다시 동일 집단의 사람들에게 같은 질문을 하였다고 가정하자. 표로 그 결과를 작성할 수 있다. 수 c는 후보자를 바꾼 사람들의 수이다. 이 자료를 시점에서의 변화자료(change-in-time data)라 부르고 그 표를 전환표(turnover table)라 한다.

8월 \ 9월	박후보	문후보
박후보	a	b
문후보	c	d

〈표 13.3.3〉 시간에서의 변화자료에 대한 2×2 표("Turnover" Table)

13.3.2 퍼센트의 계산

■ 도수의 해석

S사 제품의 컴퓨터를 이용하는 사람이 또한 자사의 복사기를 이용하는 경향이 있는 가를 조사하기 위해 회사에서 생산되는 다양한 제품을 구매한 고객 중 임의로 500명의 고객을 표본으로 추출하여 시장조사를 하였다. 표본으로 추출된 고객에게 한 사람씩 S사의 컴퓨터를 사용하는 가 그리고 S사의 복사기를 이용하는 가를 질문한다.

S사 컴퓨터 이용여부 \ S사 복사기 이용여부	S사 복사기 이용	타사 복사기 이용	합
S사 컴퓨터 이용	220(69%)	100(31%)	320(100%)
타사 컴퓨터 이용	80(44%)	100(56%)	180(100%)
합	300(60%)	200(40%)	500(100%)

〈표 13.3.4〉 회사의 여론조사 결과

■ 연관성(Association)

S사의 컴퓨터를 이용하는 사람들의 대부분(69%)은 또한 S사의 복사기를 이용한다. 타사의 컴퓨터를 구매한 고객 중 상당수(44%)가 S사의 복사기를 이용한다. S사의 컴퓨터를 이용하면서 S사의 복사기를 이용하는 고객들의 백분율은 타사의 컴퓨터를 이용하는 고객에서의 백분율과는 차이가 있기 때문에 S사의 컴퓨터 이용과 S사 복사기 이용 간에 연관성(association)이 있다고 말한다. 따라서 표에서 S사의 컴퓨터를 이용하는 사람들은 타사 컴퓨터를 이용하는 고객들보다 S사 복사기를 이용할 가능성이 크다고 말한다. 이러한 차이는 S사 복사기에 대한 판매광고는 타사 컴퓨터를 이용하는 사람들에게 행해져야 함을 드러내고 있다.

■ 독립(Independence)

연관성의 결여를 독립이라 한다.

■ 연관성의 양

서로 다른 표를 비교하기 위해 그리고 주어진 표에서의 관련성이 독립과 어느 정도의 차이가 있는 가를 측정하기 위해 연관성의 정도에 관한 수치측도를 필요로 한다. 그러한 한 측도가 아래에 논의된다.

■ 고-저변수의 연관성의 방향

고-저(high-low) 변수의 경우 연관성의 방향의 개념이 있다. <표 13.3.5>는 소득수준과 소비성향의 관련성을 파악하기 위해 소득의 두 수준에서 각기 100명씩의 표본을 추출하여 소비성향에 따른 사람들의 교차분류표이다. 높은 소득과 높은 소비가 함께 가고 낮은 소득과 낮은 소비가 함께 간다. 왜냐하면 저소득의 70%가 낮은 소비이고 고소득의 60%가 높은 소비를 나타내기 때문이다. 이 경우에 소득과 소비성향 간의 연관성은 양의 상관성이 있다(positive)고 한다.

소득 \ 소비	과소(저)	과다(고)	합
저	70(70%)	30(30%)	100(100%)
고	40(40%)	60(60%)	100(100%)
합	110(55%)	90(45%)	200(100%)

〈표 13.3.5〉 양의 연관성을 나타내는 2×2 표

반면에 <표 13.3.6>은 어느 보험회사의 보상 처리된 차량집단에서 100만원 미만의 저가 보상과 100만원 이상의 고가 보상된 차량들을 대상으로 차량가격(저가, 고가)과 보상비용의 두 수준을 나타내는 두 변수 간의 연관성을 알아보기 위한 자료이다.

차량가격 \ 보상비용	저(200만원 미만)	고(100만원 이상)	합
저(2000만원 미만)	80(40%)	70(70%)	150(50%)
고(2000만원 이상)	120(56%)	30(30%)	150(50%)
합	200(100%)	100(100%)	300(100%)

〈표 13.3.6〉 음의 연관성을 나타내는 2×2 표

13.4 연관성의 측도

두 범주형 변수들이 독립이 아닐 때 그들은 종속이거나 연관되어 있다. 연관성의 정도를 어떻게 측정할 것인 가? 연관성의 측도에 대한 타당한 정의는 그 측도가 사용되는 목적에 어느 정도 달려 있다. 전개될 측도들은 표본과 모집단 모두에 적용된다.

표본에서 연관성 측도의 값은 대개 표본이 추출된 모집단에서의 측도 값과는 통계적으로 차이가 있다. 표본측도가 모집단에서 독립성의 귀무가설을 기각한다고 할지라도 실제로 유의한 상관성의 정도를 나타내지 않을 수 있다. 예로써 다른 변수로부터 한 변수를 예측하는 것은 높은 정도의 상관성을 요구할 수 있다.

2×2 분할표의 경우에 이러한 연관성을 파악하기 위한 측도로 파이계수를 이용한다.

13.4.1 2×2 분할표의 연관성 지수

개체의 두 특성 A와 B가 각기 두 수준 A_1, A_2와 B_1, B_2를 갖는 이가의 모집단에서 크기 n인 표본을 추출하였을 때, 관측도수들의 분포는 <표 13.4.1>과 같이 주어진다.

A \ B	B_1	B_2	합
A_1	a	b	$a+b$
A_2	c	d	$c+d$
합	$a+c$	$b+d$	$n=a+b+c+d$

〈표 13.4.1〉 2×2 분할표

<표 13.4.1>에서 연관성의 강도와 방향의 측도는 ad−bc 측정량에 근거한다. 왜냐하면 이 측정량의 0은 독립을 나타내고 양의 큰 값 또는 음의 큰 값은 강한 양의 상관 또는 음의 상관을 나타낸다. 그 차이를 항상 −1과 +1사이에 있는 결과가 되는 양으로 나눈다. 이 나누는 수는 4개의 주변합의 곱의 제곱근으로 드러난다. 결과의 연관성 지수를 ϕ 또는 파이계수(phi−coefficient)라 한다.

$$\phi=\frac{ad-bc}{\sqrt{(a+b)(c+d)(a+c)(b+d)}}$$

이다. 행에 근거한 비율 간의 차이는

$$d_c=\frac{a}{a+c}-\frac{b}{b+d}$$

이다. 열에 근거한 비율 간의 차이는

$$d_c = \frac{a}{a+c} - \frac{b}{b+d}$$

이다. 이들 각각은 연관성의 측도이다. 행과 열을 대칭적으로 취급하기 위한 기하평균 $\sqrt{d_r d_c}$ 이 ϕ이다. 한 변수의 값이 다른 변수의 값을 의미하면 연관성은 완전하다. <표 13.4.2>에서 범주 A_1에 있는 모든 개체가 범주 B_1에 있고 범주 A_2에 있는 모든 개체가 범주 B_2에 있다. A_1과 B_2 그리고 A_2와 B_1의 조합은 전혀 발생하지 않고 있다. 즉, b와 c가 0이다.

$A \backslash B$	B_1	B_2	합
A_1	a	0	a
A_2	0	d	d
합	a	d	$a+d$

〈표 13.4.2〉 A가 B와 같은 순서일 때 완전한 양의 연관

<표 13.4.2>로부터

$$\phi = \frac{ad-0}{\sqrt{adad}} = \frac{ad}{ad} = +1$$

이고 A와 B가 유사하게 순서가 주어질 때 완전한 양의 연관성을 갖는 경우이다. <표 13.4.3>에서

$$\phi = \frac{-bc}{\sqrt{bcbc}} = \frac{-bc}{bc} = -1$$

로 구해진다. 이것은 완전한 음의 상관이다. ϕ 값은 항상 -1과 +1 사이에 있고 변수들이 독립일 때 0이다.

B / A	B_1	B_2	합
A_1	0	b	b
A_2	c	0	c
합	c	b	$b+c$

〈표 13.4.3〉 A가 B와 같은 순서일 때 완전한 음의 연관

완전한 양의 상관은 $b=0$이고 $c=0$일 때 생긴다. 이때 $\phi=1$이다. 완전한 음의 상관은 $a=0$이고 $d=0$일 때 발생한다. 이때 $\phi=-1$이다. 대략적으로 파이계수의 절대값이 0과 1/3 사이이면 약한 연관성을 갖고 1/3과 2/3 사이이면 중간정도의 연관성 그리고 2/3와 1사이의 값은 강한 연관성을 갖는다고 말한다.

13.5 독립성 검정

13.5.1 2×2 분할표

선거와 관련된 자료의 예로 독립성을 검정하는 방법을 살펴보기로 한다. 서로 다른 날짜에 1000명의 표본이 추출되었다. 각 시점에서 개별응답자는 두 명의 후보자중 어느 사람을 지지하느냐의 질문을 받았다. 그 결과가 <표 13.5.1>에 요약되어 있다. 모집단에서 첫 여론조사 시기에 박근혜를 지지하는 비율을 π_1, 두 번째 시기에 지지율을 π_2라 두자. 한 후보자를 지지하는 비율은 여론조사의 날짜와 무관하다는 귀무가설은 $H_0:\pi_1=\pi_2$이다.

조사날짜 / 후보자	1차	2차	합
박후보	523	502	1025
문후보	477	498	975
합	1000	1000	2000

〈표 13.5.1〉 두 번의 여론조사에서의 후보자 지지도

이 예에서 표본크기 $n_1 = n_2 = 1000$에 근거한 π_1과 π_2의 추정치는 각기 $\widehat{\pi_1} = .523$이고 $\widehat{\pi_2} = .502$이다. 귀무가설이 참일 때, 두 표본비율 간의 차에 대한 표준편차의 추정값은

$$\sqrt{\hat{\pi}(1-\hat{\pi})(\frac{1}{n_1} + \frac{1}{n_2})} = \sqrt{.5125 \times .4875(\frac{1}{1000} + \frac{1}{1000})} = .02235$$

이다. 검정기준은

$$\frac{\widehat{\pi_1} - \widehat{\pi_2}}{\sqrt{\hat{\pi}(1-\hat{\pi})(1/n_1 + 1/n_2)}} = \frac{.021}{.02235} = .940$$

이다. 이 값은 표준정규분포 표로 참조된다. 이 예에서 양측 검정방법이 요구된다. 왜냐하면 변화가 어느 쪽으로든 진행될 수 있기 때문이다. 유의수준 .05에서의 값 1.96보다 작으므로 채택된다.

이와 동일한 검정방법은 .940의 제곱을 자유도 1인 카이제곱의 해당하는 유의점과 비교하는 것이다. 따라서 $.940^2 = .884$가 $1.96^2 = 3.84$와 비교된다.

판단기준이 되는 값의 계산은 식 $\sum(O-E)^2/E$으로 계산한다. 기대도수들은 독립성의 가정이 참이라는 근거 하에 계산된다. 그 다음에 $\pi_1 = \pi_2$의 공통값의 추정치는 .5125이다. 박후보를 지지하는 비율의 추정치를 근거로 두 날짜에 지지하는 기대도수는 각기 $n_1\hat{\pi} = 1000 \times .5125 = 512.5$이고 $n_2(1-\hat{\pi}) = 487.5$이다. 마찬가지로 두 날짜에 문후보를 지지하는 기대도수는 $n_1(1-\hat{\pi}) = 1000 \times .4875 = 487.5$이다. <표 13.5.2>에서 주변합은 <표 13.5.1>에서의 주변합과 동일하다.

후보자 \ 조사날짜	1차	2차	합
박후보	$E_{11}=512.5$	$E_{12}=512.5$	1025
문후보	$E_{21}=487.5$	$E_{22}=487.5$	975
합	$n_1=1000$	$n_2=1000$	2000

〈표 13.5.2〉 두 번의 여론조사표에서의 칸 기대도수

관측도수 O와 기대도수 E간의 차이는 <표 13.5.3>에 주어져 있다. 주변합은 0이고 칸 기입수는 ±10.5이다. χ^2 기준은

$$\chi^2 = \sum_{i,j=1}^{2} \frac{(O_{ij}-E_{ij})^2}{E_{ij}}$$

$$= \frac{10.5^2}{512.5} + \frac{(-10.5)^2}{512.5} + \frac{(-10.5)^2}{487.5} + \frac{10.5^2}{487.5}$$

$$= .883$$

이다. 이 값은 반올림 한 오차를 제외한 앞서 구해진 값과 동일함을 알 수 있다. χ^2를 $\sum_{i,j}(O_{ij}-E_{ij})^2/E_{ij}$로 쓰는 목적은 이 식을 더 큰 이원분할표로 일반화할 수 있기 때문이다.

후보자 \ 조사날짜	1차	2차	합
박후보	$O_{11}-E_{11}=10.5$	$O_{12}-E_{12}=-10.5$	0
문후보	$O_{21}-E_{21}=-10.5$	$O_{22}-E_{22}=10.5$	0
합	0	0	0

〈표 13.5.3〉 관측도수와 기대도수 간의 차

2×2 분할표에 대한 일반적 과정을 <표 13.4.3>에서와 같이 관측도수 $O_{11}=a$, $O_{12}=b$, $O_{21}=c$ 와 $O_{22}=d$ 들로 전개하여 보자. 예를 들면 $E_{11}=\frac{(a+b)(a+c)}{n}$ 이다. <표 13.5.2>에서 512.5=1025×1000/2000이다.

A \ B	B_1	B_2	합
A_1	$E_{11}=\dfrac{(a+b)(a+c)}{n}$	$E_{12}=\dfrac{(a+b)(b+d)}{n}$	$a+b$
A_2	$E_{11}=\dfrac{(c+d)(a+c)}{n}$	$E_{11}=\dfrac{(c+d)(b+d)}{n}$	$c+d$
합	$a+c$	$b+d$	$n=a+b+c+d$

〈표 13.5.4〉 2×2 분할표에서 칸 기대도수

E_{ij}의 계산들은 <표 13.5.4>에 주어져 있다. 주변합은 관측값들의 주변합과 동일하다. 차 $O_{ij}-E_{ij}$의 표는 <표 13.5.3>에서 처럼 각 주변합이 0이 되고 네 개의 기입 수는 수 값이 같다. 검정 기준은

$$\chi^2=\frac{(O_{11}-E_{11})^2}{E_{11}}+\frac{(O_{12}-E_{12})^2}{E_{12}}+\frac{(O_{21}-E_{21})^2}{E_{21}}+\frac{(O_{22}-E_{22})^2}{E_{22}}$$

이다. 귀무가설이 참일 때 확률표본들의 경우에 χ^2은 근사적으로 자유도 1인 카이제곱분포를 갖는다. 14.1절의 처음에 이중이가(double dichotomous)가 제시되었다. 표본이나 모집단의 각 개체는 두 변수에 관하여 동시에 분류된다. 예를 들면, 성별은 남과 여의 두 개 값만을 취하는 이가변수이고 학적이 대학원과 대학의 두 범주이면 학적은 이가변수이다. 아들 변수는 두 범주들 A_1과 A_2 그리고 B_1과 B_2의 예들이다. N개 개체들의 모집단에서 성질 A_i와 B_j를 갖는 개체들의 수가 N_{ij}이면 이러한 사람들의 비율은

$$\pi_{ij}=\frac{N_{ij}}{N}$$

이다. <표 13.5.5>에서 이들 비율은 주변비율과 함께 나열된다. 주변비율들은

$$\pi_{i+}=\pi_{i1}+\pi_{i2}=\frac{N_{i1}+N_{i2}}{N},$$

$$\pi_{+j} = \pi_{1j} + \pi_{2j} = \frac{N_{1j1} + N_{2j}}{N}$$

이다. 행 주변합은 합하여 1이 된다. 열 주변합도 1이다.

A \ B	B_1	B_2	합
A_1	π_{11}	π_{12}	π_{1+}
A_2	π_{21}	π_{22}	π_{2+}
합	π_{+1}	π_{+2}	1

〈표 13.5.5〉 모집단에서의 비율들

<표 13.5.5>의 비율을 갖는 모집단으로부터 한 사람을 임의로 추출하면 A_i 이고 B_j인 범주쌍으로부터 한 사람을 추출할 확률은

$$P(A_i \text{ 이고 } B_j) = \pi_{ij}$$

이다. 특성 A_i를 갖는 개체를 추출할 확률은 $\pi_{i.}$이고 특성 B_j를 갖는 개체의 추출확률은 $\pi_{.j}$이다.

$$P(A_i \text{ 이고 } B_j) = P(A_i) \times P(B_j)$$

이면 두 특성 A와 B는 독립이다. 즉,

$$\pi_{ij} = \pi_{i+}\pi_{+j}$$

이면 확률의 의미에서 두 특성은 독립이라고 정의된다. 독립성의 귀무가설은 $i=1,\ 2$와 $j=1,\ 2$에서 식이 성립한다는 것이다.

$O_{11} = a,\ O_{12} = b,\ O_{21} = c$ 와 $O_{22} = d$의 관측도수를 갖는 크기 n인 확률표본에 근거하여 독립성의 귀무가설을 검정한다고 하자. 행 주변확률의 추정값들은

$$\hat{\pi}_{1+} = \frac{(a+b)}{n} \text{ 와 } \hat{\pi}_{2+} = \frac{(c+d)}{n}$$

이다. 열 주변확률의 추정값들은

$$\hat{\pi}_{+1} = \frac{(a+c)}{n} \text{ 이고 } \hat{\pi}_{+2} = \frac{(b+d)}{n}$$

이다. 귀무가설 하에서 π_{ij}의 추정값은

$$\hat{\pi}_{ij} = \hat{\pi}_{i+}\hat{\pi}_{+j}$$

로 계산된다. 기대도수의 추정값은

$$E_{ij} = n\hat{\pi}_{ij} = n\hat{\pi}_{i+}\hat{\pi}_{+j}$$

이다. 기대도수의 표는 <표 13.5.4>이다. 검정통계량 χ^2의 값은 자유도 1인 χ^2 분포의 값과 비교된다. 따라서 모집단으로부터 추출된 표본에 근거하여 그 모집단의 두 특성의 독립성을 검정하는 절차는 두 모집단에서 한 특성의 확률에 대한 독립성을 개별 모집단으로부터의 표본에 근거하여 검정하는 방법과 동일하다.

독립성이 검정될 수 있는 또 하나의 표본추출 상황이 있다. 어떤 지역에 8개의 쓰레기 매립장을 선정하기로 되어있다. 쓰레기 매립장 후보지 24군데의 타당성을 조사하기 위한 평가단은 정부와 환경단체의 두 그룹으로 분리되어 심사가 행해진다고 가정한다. 매립장 선정에 대한 판단은 각 그룹별로 독자적으로 행해지며 선정에 대한 판단은 적합, 부적합으로 구분된다. 정부와 환경단체는 24개의 후보지를 임의로 12개씩 나누어 평가하기로 합의하였다. 심사그룹 간에 매립지 선정에 대한 평가결과는 독립적이라 가정된다. 그러나 지역의 주민들은 정부의 심사평가에 대한 공정성을 믿을 수 없다고 반박한다. 평가단 구성그룹(정부 또는 환경)과 매립장 시설유치의 판단에 근거하여 도수의 교차분류를 생각해 보자. 2×2 분할표에서 $O_{11} = a$는 정부대표의 적합판단의 수를 나타낸다.

$O_{12} = b$는 정부대표단의 부적합 판단의 수를 나타낸다. 이 경우에 주변합은 고정되어 있다. 각 평가그룹에 12개 후보지($a+b=c+d=12$)가 임의로 배정되어 8개의 매립지 선정지역($a+c=8$)과 16개의 탈락 지역($b+d=16$)이 결정된다. 심사평가가 독자적으로 행해질 때, 그룹과 매립지 선정판단의 독립성이 발생한다. 대립가설은 그룹간의 매립지 선정평가가 공정하지 않다는 주장이다. 독립성이 검정되어야 하는 이 세 가지 상황 중 어느 것이든 간에 χ^2기준이 계산되고 $\chi_\alpha(1)$과 비교된다. 2×2 분할표의 특수한 경우에 χ^2기준은

$$\chi^2 = \frac{n(ad-bc)^2}{(a+b)(c+d)(a+c)(b+d)}$$

이다. 이것은 $n\phi^2$이고 ϕ는 16장에서 논의된 연관성의 측도이다.

13.5.2 $r \times c$ 분할표

모집단에 소속된 개체의 특성으로 두 개 변수가 조사되는 경우를 생각해 본다. 예로써 국내의 산업체에 취업하고 있는 외국 근로자들의 업종별 분포비율이 성별에 따라 차이가 있는 가를 알아보는 문제를 생각해 보자. 업종은 제조업, 건설업, 서비스업의 3개 업종을 고려한다. 고용노동부에 취업신고 된 외국인들의 집단에서 성별과 취업업종이 조사되면 성별의 두 범주와 업종의 세 범주로 구성되는 결합범주에서의 비율분포를 얻게 된다. 즉, 성별과 업종에 관한 모든 가능한 결과는

(남자, 제조업), (남자, 건설업), (남자, 서비스업),
(여자, 제조업), (여자, 건설업), (여자, 서비스업),

로 구성되는 6개의 결합범주이다. 이들 결합범주에 대한 확률분포를 나타내는 표를 두 변수 성별과 업종의 **결합확률분포표**라 한다.

성별 \ 업종	제조업	건설업	서비스업
남자	π_{11}	π_{12}	π_{13}
여자	π_{21}	π_{22}	π_{23}

〈표 13.5.6〉 성별과 업종의 결합확률분포표

결합확률분포표에서 $\pi_{ij} = P(\text{성별} = i,\ \text{업종} = j)$인 결합확률을 나타낸다. 두 질적변수의 결합범주로 구성되는 표본공간에서 성별이 남자이면 1, 여자이면 2의 값을 취하는 확률변수를 X로 정의한다. 또한, 업종이 제조업이면 1, 건설업이면 2, 서비스업이면 3의 값을 취하는 확률변수를 Y로 정의한다. 표본공간에서 정의된 두 확률변수 X와 Y의 결합확률분포는

X \ Y	1	2	3
1	π_{11}	π_{12}	π_{13}
2	π_{21}	π_{22}	π_{23}

〈표 13.5.7〉 두 변수 X와 Y의 결합확률분포표

로 구해진다. 개체의 특성이 수 또는 양으로 주어지지 않는 질적인 범주형 변수일 때, 범주를 나타내기 위한 문장 또는 부호의 반복적인 사용이 필요하게 된다. 수량화된 두 확률변수의 정의는 확률의 표현을 간결하게 한다. 즉, $\pi_{11} = P(X=1, Y=1)$이다. 수 값을 취하는 두 확률변수 X와 Y의 정의는 두 변수 간의 관련성을 계량적으로 측정할 수 있는 이점이 있다. 이 경우 두 변수 간의 직선적인 관련성을 측정하기 위한 측도로 상관계수를 이용할 수 있게 된다. 질적인 관측범주의 수량화에 등간격의 수 값을 부여하거나 평균 또는 중위수 등을 이용할 수 있다.

수량화된 두 확률변수 X와 Y의 결합확률분포에 대한 가설을 생각해 보자. 개체의 두 특성이 동시에 조사될 때, 일반적인 관점은 두 변수 간에 어떤 연관성이 존재하는 가를 알아보기 위함이다. 두 변수 간의 연관성 또는 상관성은 두 변수의 결합확률분포로부터 알 수 있다. 두 변수에 대한 관측값들이 아무런 연관성을 갖지 않고 일정확률에 의해 나타난다고 가정할 수 있을 때, 두 변수의 관계를 **독립**(independent)이라 한다. 두 변수에 대한 쌍의 관측값들이 어떤 관련성에

의해 나타나는 추세(trend)를 보일 때 두 변수의 관계를 **종속**(dependent)이라 한다.

X의 수준 i, Y의 수준 j에서의 결합범주를 (i,j)로 둘 때, π_{ij}는 결합범주 (i,j)에서의 확률이다. 두 변수 X와 Y의 결합확률분포표가 주어질 때, 개별변수의 범주에 대한 주변확률을 표로부터 구할 수 있다.

X \ Y	1	2	3	X의 주변확률
1	π_{11}	π_{12}	π_{13}	π_{1+}
2	π_{21}	π_{22}	π_{23}	π_{2+}
Y의 주변확률	π_{+1}	π_{+2}	π_{+3}	1.0

〈표 13.5.8〉 두 변수 X와 Y의 주변확률분포표

위의 <표 13.5.8>은 앞서의 결합확률분포표에서 각 변수 X와 Y의 주변확률을 나타낸다.

$\pi_{1+} = P(X=1)$인 확률을 나타낸다. 두 변수 X와 Y의 조사에서 $X=1$이 관측되는 결합범주는 $(X=1, Y=1)$, $(X=1, Y=2)$ 또는 $(X=1, Y=3)$의 세 범주인 경우이다. 표에서 X의 수준이 1로 고정되었을 때 Y의 세 범주를 나타낸다. $X=1$에서의 주변확률 π_{1+}의 계산을 생각해 본다.

$$P(X=1) = P(X=1,\ Y=1) + P(X=1,\ Y=2) + P(X=1,\ Y=3),$$

또는 $\pi_{1+} = \pi_{11} + \pi_{12} + \pi_{13} = \sum_{j=1}^{3} \pi_{ij}$로 계산한다.

즉, π_{1+}는 X=1에서 Y의 세 범주에 주어진 확률들의 행합이 된다. X의 범주 i에서의 행확률을 π_{i+}라 두면

$$\pi_{i+} = \pi_{i1} + \pi_{i2} + \pi_{i3} = \sum_{j=1}^{3} \pi_{ij}$$

로 주어진다. 마찬가지로 $Y=1$에서의 주변확률 π_{+1}의 계산을 생각해 본다.

$$P(Y=1)=P(X=1,\ Y=1)+P(X=2,\ Y=1),$$

또는

$$\pi_{+1}=\pi_{11}+\pi_{21}=\sum_{i=1}^{2}\pi_{ij}$$

이다. $Y=1$일 주변확률은 결합확률분포표에서 Y의 수준이 1로 고정되어 있을 때 X의 두 수준에서 관측되는 결합확률들의 합으로 얻어진다. Y의 범주 j에서의 열확률을 π_{+j}라 두면

$$\pi_{+j}=\pi_{1j}+\pi_{2j}j=\sum_{i=1}^{2}\pi_{ij}$$

로 구해진다. 결합확률분포표의 칸 (i,j)에서의 확률 π_{ij}는 두 변수 X와 Y의 결합확률이다. 모든 칸에서의 결합확률들이 주변확률들의 곱으로 표현되면 두 변수는 독립이라 한다. 식으로 나타내면, 모든 칸 (i,j)에서의 결합확률이

$$P(X=i,\ Y=j)=P(X=i)P(Y=j)$$

또는

$$\pi_{ij}=\pi_{i+}\pi_{+j}$$

이다.

따라서, 두 변수 X와 Y의 결합확률분포에 대한 추측으로 모든 (i,j)에서

$$H_0:\pi_{ij}=\pi_{i+}\pi_{+j}\ ,\ i=1,2,\ j=1,2,3$$

에 대한 검정은 두 변수간의 관계가 독립인 가를 확인하는 **독립성 검정**이다.

독립성을 조사하기 위해 크기 n인 확률표본을 추출하여 두 변수 X와 Y의 결합 범주를 나타내는 칸 (i,j)에서의 관측도수로 나타낸 표를 **이원분할표**(two-way contingency table)라 한다. 칸 (i,j)에서의 관측도수를 $O_{ij}(i=1,2,3,\ j=1,2,3)$로 나타낸 이원분할표는

X \ Y	1	2	3
1	O_{11}	O_{12}	O_{13}
2	O_{21}	O_{22}	O_{23}

〈표 13.5.8〉 두 변수 X와 Y의 이원분할표

이다. 귀무가설 H_0가 참일 때 칸 (i,j)에서의 기대도수를 $E_{ij}(i=1,2,\ j=1,2,3)$라 두자. 피어슨(Pearson)의 χ^2 검정방법은 관측도수와 기대도수와의 차에 근거한 χ^2통계량을 이용한다. χ^2통계량은 $\sum_{i=1}^{2}\sum_{j=1}^{3}\frac{(O_{ij}-E_{ij})^2}{E_{ij}}$로 주어진다.

칸 (i,j)에서의 기대도수 E_{ij}는 H_0가 참일 때의 칸 확률 π_{ij}가 $\hat{\pi}_{i+}\hat{\pi}_{+j}$로 추정될 때 표본크기 n을 곱한 값으로 구해진다. 즉, $E_{ij}=n\hat{\pi}_{i+}\hat{\pi}_{+j}$로 계산된다. μ_{ij} 대신에 E_{ij}를 이용한 χ^2통계량은 $\sum_{i=1}^{2}\sum_{j=1}^{3}\frac{(O_{ij}-E_{ij})^2}{E_{ij}}$이고 자유도는 2인 χ^2분포를 따른다. 변수 X가 I개 범주이고, Y가 J개 범주로 관측되는 범주형 변수일 때, 해당하는 자유도의 수는 $(I-1)(J-1)$이 된다. X와 Y의 이원분할표에서 X의 범주 수인 I는 2이고, Y의 범주 수 J는 3이다. 자유도의 수에 대한 계산은 전체 결합범주의 수 $I\times J$개에서 하나를 뺀 수에서 추정해야 할 행 확률의 수와 열 확률의 수에서 각기 1을 뺀 값이다. 식으로 나타내면

$$df(\text{자유도})=(IJ-1)-(I-1)-(J-1)=(I-1)(J-1)$$

외국인 근로자들의 고용비율이 성별과 업종에 따라 차이가 있는 가를 연구하기 위한 자료로 고용노동부의 취업모집단으로부터 크기 250인 확률표본을 취해 조사한 자료표가 다음과 같다고 하자.

업종(Y) / 성별(X)	제조업(1)	건설업(2)	서비스업(3)	합계
남자(1)	28	42	30	100
여자(2)	42	58	50	150
합계	70	100	80	250

〈표 13.5.9〉 성별과 업종에 따른 이원분할표

외국인들의 고용비율이 성별과 업종에 따라 차이가 없다는 귀무가설을 관련성이 있다는 대립가설에 대해 검정하고자 한다. 귀무가설과 대립가설을 결합확률분포표의 확률로 나타내면 다음과 같다.

$$H_o : \pi_{ij} = \pi_{i+}\pi_{+j} \text{ 이고 } \quad H_a : \pi_{ij} \neq \pi_{i+}\pi_{+j}$$

Pearson의 χ^2 검정방법을 생각해 보자. 우선 H_0이 참일 때 각 칸의 기대도수를 구해야 한다. 성별이 남자일 주변확률 π_{1+}는 칸 확률 π_{11}, π_{12}, π_{13}가 미지이므로 이원분할표의 표본자료에서 추정되어야 한다. 주변표본비율 $\hat{\pi}_{1+}$=100/250=0.4이고 $\hat{\pi}_{1+}$=70/250=0.28임을 알 수 있다. 각 칸에서의 추정기대도수는 다음과 같이 계산된다.

$$E_{11} = 250\hat{\pi}_{1+}\hat{\pi}_{+1} = 250 \times 0.4 \times 0.28 = 28, \quad E_{12} = 250\hat{\pi}_{1+}\hat{\pi}_{+2} = 250 \times 0.4 \times 0.4 = 40,$$

$$E_{13} = 250\hat{\pi}_{1+}\hat{\pi}_{+3} = 250 \times 0.4 \times 0.32 = 32, \quad E_{21} = 250\hat{\pi}_{2+}\hat{\pi}_{+1} = 250 \times 0.6 \times 0.28 = 42,$$

$$E_{22} = 250\hat{\pi}_{2+}\hat{\pi}_{+2} = 250 \times 0.6 \times 0.4 = 60, \quad E_{23} = 250\hat{\pi}_{2+}\hat{\pi}_{+3} = 250 \times 0.6 \times 0.32 = 48$$

Pearson의 χ^2 검정통계량의 관측값은 다음과 같다.

$$\begin{aligned}\sum_{i=1}^{2}\sum_{j=1}^{3}\frac{(O_{ij}-E_{ij})^2}{E_{ij}} &= \frac{(28-28)^2}{28} + \frac{(42-40)^2}{40} + \frac{(30-32)^2}{32} \\ &+ \frac{(42-40)^2}{40} + \frac{(58-60)^2}{60} + \frac{(50-48)^2}{48} \\ &= 0 + \frac{4}{40} + \frac{4}{32} + \frac{4}{40} + \frac{4}{60} + \frac{4}{48} = 0.475\end{aligned}$$

이 값은 유의수준 0.05에서의 $\chi^2_{0.05}(df=2)$보다 작은 값이므로 귀무가설 H_0를 기각하지 않게 된다. 그 의미는 두 변수 성별과 업종은 외국인들의 고용비율에 있어 아무런 연관성이 없다고 해석하게 된다. 즉, 두 변수의 독립성에 대한 가정이 성립함을 의미한다.

13.6 동일성 검정(Test of Homogeneity)

두 변수의 독립성은 결합확률분포에서 모든 칸 확률이 주변확률들의 곱으로 표현될 수 있음을 의미한다. χ^2 독립성 검정은 표본이 취해진 후 표본자료의 이원분할표에서 각 칸의 관측도수와 기대도수간의 차에 근거한 χ^2을 계산하여 검정하였다.

> **동일성 검정**은 독립성 검정과는 달리 비교하고자 하는 I개 모집단에서 동일하게 조사되는 범주형 반응변수의 J개 범주들에 대한 확률분포가 동일한 가를 조사하기 위한 검정이다.

외국인들의 고용에 있어 성별에 따른 업종범주의 고용비율에 대한 확률분포가 동일한 가를 조사하여 그 관련성을 알아볼 수 있다.

업종 / 성별에 따른 모집단	제조업	건설업	서비스업	합
남자모집단	$\pi_{1\|모}$	$\pi_{2\|모}$	$\pi_{3\|모}$	1.0
여자모집단	$\pi_{1\|분}$	$\pi_{2\|분}$	$\pi_{3\|분}$	1.0

〈표 13.6.1〉 수유방법에 따른 세 모집단에서의 건강상태에 대한 확률분포표

동일 모집단에서 조사된 두 변수의 결합확률분포가 아닌 서로 다른 모집단에서 조사된 한 반응변수의 확률분포가 동일한 가에 관심을 두고 있는 경우이다. 확률분포의 동일성에 대한 가설로 다음을 생각한다.

$$H_0 : \pi_{제|남} = \pi_{제|여}\ ,\ \pi_{건|남} = \pi_{건|여}\ ,\ \pi_{서|남} = \pi_{서|여}$$

H_a로 "$H_a : H_0$가 참이 아니다." 라는 가설에 대해 귀무가설 H_0를 검정하게 된다. 가설을 검정하기 위해 개별모집단에서 각기 100, 100인 확률표본을 추출하여 얻은 이원분할표가 다음과 같다고 하자.

성별에 따른 모집단 \ 업종	제조업(1)	건설업(2)	서비스업(3)	합계
남자모집단	40	34	22	100
여자모집단	46	26	28	100

〈표 13.6.2〉 성별과 업종의 이원분할표

독립성의 검정에서와 마찬가지로 귀무가설이 참일 때 각 칸에서의 기대도수를 구한다. 귀무가설이 참일 때 각 업종범주에 속할 공통확률을 $\pi_{제}$, $\pi_{건}$, $\pi_{서}$로 나타낼 때 $\pi_{제}$는 $\pi_{제|남} = \pi_{제|여} = \pi_{제}$인 확률이다. 마찬가지로 $\pi_{건}$은 $\pi_{건|남} = \pi_{건|여} = \pi_{건}$인 공통확률이고, $\pi_{서}$는 $\pi_{서|남} = \pi_{서|여} = \pi_{서}$인 공통확률을 나타낸다.

$\pi_{제}$의 추정확률은 $\hat{\pi}_{제} = \dfrac{86}{200}$, $\pi_{건}$의 추정확률은 $\hat{\pi}_{건} = \dfrac{60}{200}$이고

$\pi_{서}$의 추정확률은 $\hat{\pi}_{서} = \dfrac{54}{200}$로 구해진다.

남자모집단에서 제조업 범주의 추정기대도수 $E_{제|남} = 100\hat{\pi}_{제}$로 구해진다. 따라서 각 칸에서의 추정기대도수를 $E_{j|i}$라 두고 표로 나타내면 다음과 같다.

성별에 따른 모집단 \ 업종	제조업	건설업	서비스업	합계
남자모집단	$E_{제\|남} = 100\hat{\pi}_{제}$	$E_{건\|남} = 100\hat{\pi}_{건}$	$E_{서\|남} = 100\hat{\pi}_{서}$	100
여자모집단	$E_{제\|여} = 100\hat{\pi}_{제}$	$E_{건\|여} = 100\hat{\pi}_{건}$	$E_{서\|여} = 100\hat{\pi}_{서}$	100

〈표 13.6.3〉 성별과 업종에의 이원분할표에서의 추정기대도수

Pearson의 χ^2 검정통계량의 값은 $\sum_{i=1}^{2}\sum_{j=1}^{3}\frac{(O_{j|i}-E_{j|i})^2}{E_{j|i}}$ 로 구해진다.

$$\begin{aligned}\sum_{i=1}^{2}\sum_{j=1}^{3}\frac{(O_{ij}-E_{j|i})^2}{E_{j|i}} &= \frac{(40-43)^2}{43}+\frac{(34-30)^2}{30}+\frac{(22-25)^2}{25} \\ &\quad +\frac{(46-43)^2}{43}+\frac{(26-30)^2}{30}+\frac{(28-25)^2}{25} \\ &= 2.205\end{aligned}$$

유의수준 0.05에서 H_0를 검정할 때, 검정통계량의 관측값 2.205는 $\chi^2_{0.05}(df=2)=5.99$보다 작으므로 H_0를 기각하지 않게 된다. 자유도(df)의 계산은 개별모집단내 범주의 수에서 1을 뺀 수에 모집단의 수를 곱해 얻어진 수에서 E_{ij}를 계산하기 위해 추정된 모수의 수를 뺀 수이다. 즉,

$$\begin{aligned}\text{자유도}(df) &= (\text{모집단의 수})(\text{반응범주의 수}-1)-(\text{추정된 모수의 수}) \\ &= I(J-1)-(J-1) \\ &= (I-1)(J-1)\end{aligned}$$

이다. 이는 독립성의 검정에서와 동일한 자유도임을 나타낸다.

▌예제 13.1▐ 성별에 따른 교통법규위반 사항에 대한 분포의 비율이 다른 가를 알아보기 위해 교통법규를 위반한 사람들의 집단에서 남녀별로 각기 100명씩 추출하여 세 가지 유형의위반사항을 조사한 결과가 다음과 같이 주어졌다.

성별(X)	교통법규 위반사항(Y)		
	신호위반(1)	속도위반(2)	끼어들기(3)
남	40	40	20
여	60	10	30

〈표 13.6.4〉 교통법규위반에 대한 이원분할표

$H_0 : \pi_{1|\text{남}} = \pi_{1|\text{여}},\ \pi_{2|\text{남}} = \pi_{2|\text{여}},\ \pi_{3|\text{남}} = \pi_{3|\text{여}}$를

H_1 : 두 집단의 분포가 같지 않다에 대해 유의수준 $\alpha = 0.05$에서 가설을 검정하라.

▌풀 이▐ 귀무가설이 참일 때 $P(Y=1)$일 추정확률은 $\hat{\pi}_1 = 100/200 = 1/2$, $P(Y=2)$일 추정확률은 $\hat{\pi}_2 = 50/200 = 1/4$이고 $P(Y=3)$일 추정확률은 $\hat{\pi}_3 = 1/4$로 구해진다. 이들 추정비율을 이용하여 각 칸에서의 기대도수를 구하면 〈표 13.6.5〉로 주어진다.

성별(X)	교통법규 위반사항(Y)		
	신호위반(1)	속도위반(2)	끼어들기(3)
남	50	25	25
여	50	25	25

〈표 13.6.5〉 H_0하에서 각 칸의 기대도수

Pearson의 χ^2 검정통계량의 값은

$$\frac{\sum_{i=1}^{2}\sum_{j=1}^{3}(O_{j|i}-E_{j|i})^2}{E_{j|i}} = \frac{(40-50)^2}{50} + \cdots + \frac{(30-25)^2}{25}$$

로 계산되고 그 값은 24이다. 유의수준 $\alpha = 0.05$에서 ${\chi^2}_{0.05}(2) = 5.99$이므로 귀무가설을 기각하게 된다.

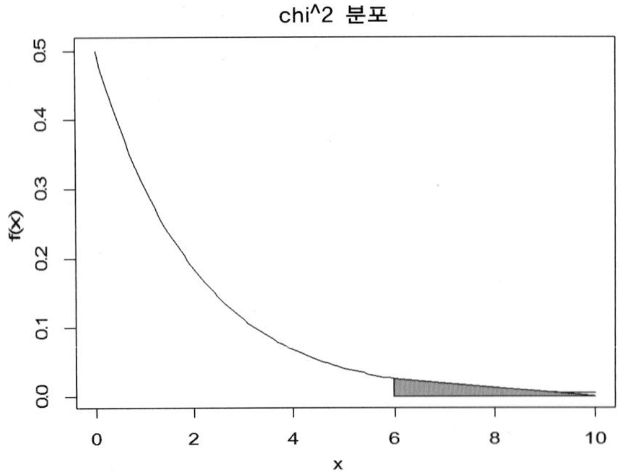

〈그림 13.6.1〉 교통법규위반의 동일성 검정에 대한 $\alpha = 0.05$에 대한 기각영역

```
R 스크립트:
남<-c(40,40,20)
여<-c(60,10,30)
교통자료<-rbind(남,여)
colnames(교통자료)<-c("신호위반","속도위반","끼어들기")
교통자료
chisq.test(교통자료)
qchisq(0.05,2,lower.tail=F)

x<-seq(0,10, by=0.1)
y<-dchisq(x,df=2)
plot(x,y, type="l",lty=1, main="chi^2 분포", ylab="f(x)")
x<-seq(5.99,10, by=10)
y<-dchisq(x,df=2)
polygon(c(5.99,x,10),c(0,y,0), col="lightgray")
```

13.1 다음 용어들을 설명하라.

㉠ 이변량
㉡ 이가변수
㉢ 연관성
㉣ 파이계수

13.2 다다음은 백화점의 한 매장에 들른 고객을 대상으로 구입여부와 성별을 조사한 자료의 이원 분할표이다. 성별에 따른 상품의 구매에 있어 비율의 차이가 있는 가를 알아보고자 한다.

성별 \ 구매여부	구매	미구매	합
남	20	60	80(100%)
여	25	75	100(100%)
합	45	135	180(100%)

㉠ 성별에 따른 자료의 유형을 설명하라.
㉡ 구매여부에 따른 자료의 유형을 설명하라.
㉢ 성별이 남자일 때 구매비율을 %로 나타내어라.
㉣ 성별이 여자일 때 구매비율을 %로 나타내어라.
㉤ 남녀 간에 상품의 구매비율이 동일한 가를 확인하라.
㉥ 성별과 상품의 구매여부는 독립인 가를 설명하라.
㉦ 비교의 대상이 되는 모집단에 대해 설명하라.

13.3 다음은 이전선거에 참여했던 유권자 200명과 참여하지 않았던 유권자 100명을 대상으로 다음의 선거에 참여여부를 조사한 자료의 이원분할표이다.

이전선거 / 다음선거	참여	미참여	합
참여	120	60	180
미참여	80	40	120
합	200(100%)	100(100%)	300(100%)

㉠ 이전선거에 참여한 사람들의 집단에서 다음선거에 참여할 비율을 %로 나타내어라.

㉡ 이전선거에 미참여한 사람들의 집단에서 다음선거에 참여할 비율을 %로 나타내어라.

㉢ 두 비율이 같은 가를 조사하라.

㉣ 변수들 간의 관계에 대해 설명하라.

㉤ 표본이 추출된 모집단에 대해 설명하라.

13.4 다음은 기차나 버스로 장거리여행을 다니는 사람들을 대상으로 이전교통편과 현재교통편을 조사한 자료의 이원분할표이다.

현재 / 이전	기차	버스	합
기차	120	40	160
버스	60	80	140
합	180	120	300(100%)

㉠ 표본공간을 기술하라.

㉡ 기차만 이용하고 있는 사람들의 비율을 %로 나타내어라.

㉢ 기차만 이용하고 있는 사람들의 비율을 %로 나타내어라

㉣ 변수들 간의 관계에 대해 설명하라.

㉤ 표본이 추출된 모집단에 대해 설명하라.

13.5 다음은 공직자를 대상으로 소득과 신분을 조사한 자료의 이원분할표이다.

소득＼신분	하위직	고위직	합
저	250	50	300
고	50	50	100
합	300	100	400(100%)

㉠ 표본공간을 기술하라.

㉡ 낮은 소득의 사람일 비율을 구하라.

㉢ 하위직의 신분일 비율을 구하라.

㉣ 파이계수를 구하라.

㉤ 두 변수간의 관계에 대해 설명하라.

㉥ 표본이 추출된 모집단에 대해 설명하라.

13.6 다음은 어느 연도에 발생한 강력범죄의 발생비율과 임의로 추출된 250건의 도수를 나타내고 있다.

범주	강도	폭행	살인	성추행	합계
비율	0.25	0.60	0.05	0.10	1.0
도수	38	175	15	22	250

$H_0 : \pi_1 = 0.25, \pi_2 = 0.60, \pi_3 = 0.05, \pi_4 = 0.10$를 검정하고자 한다.

㉠ 표본공간을 기술하라.

㉡ 개체에 대해 설명하라.

㉢ 조사변수를 측정척도로 구분할 때 해당하는 변수명을 적어라.

㉣ 각 범주의 기대도수(E_i)를 계산하라.

㉤ 각 범주에서 관측도수와 기대도수의 편차($O_i - E_i$)를 계산하라.

㉥ $\sum_{i=1}^{4} (O_i - E_i)$를 계산하라.

㉦ $\sum_{i=1}^{4} \frac{(O_i - E_i)^2}{E_i}$를 계산하라.

㉧ 검정통계량의 확률분포를 기술하라.

㉈ 유의수준 $\alpha = 0.05$에서 기각영역을 설정하라.
㉉ 귀무가설을 검정하라.

13.7 다음은 한 보험회사에서 자사의 보험상품에 가입한 고객의 만족도를 파악하기 위하여 연령대별로 일정크기의 확률표본을 추출하여 조사한 자료를 이원분할표로 작성한 결과이다.

연령대 \ 만족도	불만	보통	만족	합계
20대	10	30	10	50
30대	15	55	30	100
40대	18	60	22	100
50대	12	65	23	100
60대	25	110	15	150
합계	80	320	100	500

$H_0 : \pi_{1j} = \pi_{2j} = \pi_{3j} = \pi_{4j} = \pi_{5j}$를 검정하고자 한다. 단, $j=1$은 불만, $j=2$는 보통, $j=3$은 만족인 범주를 나타낸다.

㉠ 표본공간을 기술하라.
㉡ 개체에 대해 설명하라.
㉢ 조사변수를 측정척도로 구분할 때 해당하는 변수명을 적어라.
㉣ 각 범주의 기대도수(E_{ij})를 계산하라.
㉤ 각 범주에서 관측도수(O_{ij})와 기대도수의 편차($O_{ij} - E_{ij}$)를 계산하라.
㉥ $\sum_{i=1}^{5}\sum_{j=1}^{3}(O_{ij} - E_{ij})$를 계산하라.
㉦ $\sum_{i=1}^{5}\sum_{j=1}^{3}(O_{ij} - E_{ij})^2$를 계산하라.
㉧ 검정통계량의 확률분포를 기술하라.
㉨ 유의수준 $\alpha = 0.05$에서 기각영역을 설정하라.
㉩ 귀무가설을 검정하라.

13.8 다음은 교통법규 위반자의 성별과 위반사항과의 관련성을 파악하기 위하여 임의로 150명을 추출하여 조사한 자료의 이원분할표이다.

위반사항 / 성별	신호	주차	중앙선	차선	합계
남	56	42	20	22	140
어	55	35	8	12	110
합계	111	77	28	34	250

$H_0 : \pi_{ij} = \pi_{i+}\pi_{+j}$, $i =$ 남, 여 이고 $j=$신호, 주차, 중앙선, 차선을 나타낸다.

㉠ 표본공간을 기술하라.
㉡ 개체에 대해 설명하라.
㉢ 조사변수를 측정척도로 구분할 때 해당하는 변수명을 적어라.
㉣ 각 범주의 기대도수(E_{ij})를 계산하라.
㉤ 각 범주에서 관측도수(O_{ij})와 기대도수의 편차($O_{ij} - E_{ij}$)를 계산하라.
㉥ $\sum_i \sum_j (O_{ij} - E_{ij})$를 계산하라.
㉦ $\sum_i \sum_j (O_{ij} - E_{ij})^2$을 계산하라.
㉧ 검정통계량의 확률분포를 기술하라.
㉨ 유의수준 $\alpha = 0.05$에서 기각영역을 설정하라.
㉩ 귀무가설을 검정하라.
㉪ 귀무가설에 해당하는 검정에 대한 명칭을 기술하라.

13.9 다음은 세 종류의 타이어에 대한 선호도 조사를 위해 타이어를 교체한 고객 중 크기 $n = 50$인 확률표본을 취하여 조사한 자료이다.

2 1 0 2 2 1 1 0 1 1 0 1 1 0 0 1 2 1 1 0
0 1 0 1 0 1 0 2 1 1 1 1 0 1 1 1 2 1 0 0
1 0 0 0 1 0 0 0 0 1

단, 0은 수입, 1은 한국, 2는 금호타이어이다.

$H_0 : \pi_i = \frac{1}{3}$, $i = 0, 1, 2$ 를 검정하고자 한다.

㉠ 도수분포표를 작성하라.

㉡ 개체에 대해 설명하라.

㉢ 모집단을 설명하라.

㉣ 각 범주의 기대도수(E_i)를 계산하라.

㉤ 각 범주에서 관측도수와 기대도수의 편차($O_i - E_i$)를 계산하라.

㉥ $\sum_{i=0}^{2} \frac{(O_i - E_i)^2}{E_i}$를 계산하라.

㉦ 검정통계량의 확률분포를 기술하라.

㉧ 유의수준 $\alpha = 0.05$에서 기각영역을 설정하라.

㉨ 귀무가설을 검정하라.

제14장

분산분석

제14장

분산분석

14.1 분산분석의 개념

다수의 개체들을 대상으로 어떤 양적특성이 조사될 때 관측값 간에 변이가 있게 마련이다. 예를 들면, 신장 또는 체중에 대한 측정이 행해질 때 측정값은 사람마다 달라진다. 양적변수의 변이는 흔히 분산으로 측정된다. 양적변수의 관측값들은 자료를 나타내고 자료는 개체들의 개별정보를 포함하고 있다. 자료를 구성하는 관측값의 변동특성에 관한 정보로 분산이 이용된다. 자료수집의 대상이 되는 개체들이 다소 동질적 그룹으로 층화될 때 동질적 그룹내 측정값들의 분산은 전체 집단의 분산보다 작아진다. 예를 들면, 어느 초등학교 학생들의 전체신장에 대한 분산은 1학년 학생들의 신장에 대한 분산, 2학년 학생들의 분산 그리고 다른 학년 학생들의 분산보다 큰 분산을 예상할 수 있다. 동시에 학년별 학생들의 평균 신장은 학년 간에 다르다. 각 학년 내 분산이 전체 분산보다 작다는 사실과 평균들이 학년 간에 다르다는 사실은 호혜적이다. 이들은 동일 현상을 바라보는 두 가지 관점과 일치한다. 전체 변동은 두 개의 변동성분인 그룹 내 개체들의 관측값에 대한 변동과 그룹 간 평균들의 변동으로 구성된다.

분산분석(analysis of variance)은 변동성을 변인들에 배정하고 해석하는 통계적 기법들로 구성된다. 이러한 개념은 모집단과 표본에 모두 적용된다. 비교대상의 모집단에 관한 타당한 추론을 위해 각 모집단의 확률표본으로부터 구해진 표본자료의 변동을 변동요인에 따른 변동량들로 분해하는 분산분석이 행해진다. 분산분석이 행해질 때 자료가 변동요인으로 간주되는 그룹으로 분류되어 있는 경우와 그렇지 않은 경우가 있게 된다. 많은 경우에 그룹별로 이미 분류된 자료가 조사자에게 제공된다. 예를 들면, 지역, 학년 또는 정당 등의 분류이다. 또 다른 경우에는 조사자가 그룹으로 분류하기도 한다. 예로써, 사회적 성취도와 관련된 그룹으로 상류층, 중산층, 저소득층으로의 분류이다. 때로는 조사자가 개체를 배정하여 그룹을 구성하기도 한다. 실험연구에서 그룹들은 여러 실험조건 또는 처리에 의해 정해진다. 실험자는 개체를 그룹에 배정한다. 때로는 그룹화가 성별과 같은 자연스러운 범주와 일치한다. 다른 경우에는 분류로 연령과 같은 연속변수에 대한 구간들로 이루어진다.

▌예제 14.1▐ 한 초등학교 교사가 3가지 서로 다른 학습방법의 효과를 비교하기 위하여 한 학급 15명 학생들에게 3가지 학습방법을 임의로 5명씩 구성된 세 그룹에 배정한다. 연말에 학생들을 대상으로 행해진 시험점수로 학습방법의 효과를 비교한다.

▌예제 14.2▐ TV 시청하는 습관이 시청자의 교육수준과 연관되어 있다고 한다. 25세 이상의 남성들을 대상으로 한 응답자들은 교육수준에 따라 4부류로 분류된다. 각 응답자의 시청이 3주 동안 청취되고 TV 시청에 보내는 일일 평균시간이 계산된다. 이들 수치들이 교육수준에 걸쳐 확연히 차이가 있는 가를 결정하는 것이 요구되고 실제로 차이가 있다면 시청이 교육수준과 어떻게 연관되어 있는 가를 파악하고자 한다.

조사자는 비교하고자 하는 모집단 간에 차이를 연구하기 위하여 대상 모집단으로부터 표본들을 취하게 된다. 모집단의 평균 간에 차이가 있는 가에 관한 질문을 하게 된다. 이와 같은 질문에서 우리가 염두에 둘 것은 차이가 중요하다고 여길 만큼 충분히 큰 차이인 가를 판단하는 것이다. 모평균들이 동일하다는 가설을 진술할 때, 이 가설은 모평균 간의 차이가 무시될 정도로 충분히 작다는 것을 의미하는 것으로 해석해야 한다.

모평균 간에 차이가 있는 가에 관한 의문을 비교대상이 되는 각 모집단으로부터 추출된 하나의 표본에 근거하여 평균들의 동일성에 관한 가설의 검정으로 공식화한다. 두 개의 모집단이 있으면 따라서 두 개의 표본이 있게 되고 검정방법은 검정통계량인 스튜던트의 t에 근거하게 된다. 스튜던트의 t는 표본평균 간의 차이를 표본평균 간의 차이에 대한 표준편차의 추정값으로 나눈 비로 정의된다. 모집단이 셋 이상 있을 때 분산분석에서 이용되는 검정방법은 일반화된 검정방법이다.

분산분석은 모든 그룹을 결합시킨 전체 표본의 변동성을 한편으로는 그룹 간의 차이로 배정하고 다른 한편으로는 동일그룹 내의 개체 간의 차이로 배정하는 것을 언급한다. 그룹들은 동시에 행해진 둘 또는 셋 이상의 기준에 의한 개체들의 분류에 해당할 수 있다. 이 경우에 분류기준으로 동시에 두 개가 이용되어 개체들이 분류될 때 **이원분류**(two-way classification)라 하고 셋 이상의 기준으로 분류될 때 **다원분류**(multi-way classification)라 한다. 분산분석은 전체 변동을 각 분류기준에 해당하는 한 부분씩 분리된 부분들로 분할하고 확률오차와 실험설계에서 고려되지 않은 요인들에 기인한 잔차로의 분해이다.

분산분석이 타당하기 위해서 평균은 반드시 적합한 위치측도여야 한다. 이것은 분포가 단봉(unimodal)이고 대략적으로 대칭임을 의미한다. 분산은 적합한 변동측도이고 서로 다른 모집단에서 분산은 거의 동일해야 한다. 유의성 검정방법을 위해 표본이 취해진 분포들은 동일 분산을 갖는 정규분포임을 가정한다. 실제로 이 말은 분포들이 단봉이고 대칭이며 종모양임을 의미한다. 표본이 커질수록 정규성의 중요성은 중심극한정리에 의해 그리 크지 않다. 표본이 취해진 모집단의 특성들에 대한 정보는 표본들의 기둥그림표로부터 구해진다.

14.2 동일 크기의 표본비교

14.2.1 동일크기의 세 표본

비교대상이 되는 모집단들의 모평균이 동일하다는 가설을 검정하는 문제를 생각해 보기로 한다. 모평균의 동일성에 대한 가설의 검정으로 세 모집단에서 각기 동일한 크기의 표본을 취할 때 분산분석의 개념과 함께 계산방법을 예로써 소개한다. 분산분석은 그룹평균의 변동과 그룹내의 변동을 비교하는 데 관심을 두고 있다. 특히 표본평균들의 변동으로부터 모평균 간에 차이가 있는 가를 규명하기 위한 분석방법이다.

▌예제 14.1▐ 에 대한 자료를 생각해 보자. <표 14.2.1>은 3가지 학습방법을 이용하는 15명 어린이들의 성취점수를 나타낸다. 방법1을 이용하는 5명 어린이들의 성적들은 그 방법을 사용하는 모든 유치원 아이들의 가상모집단으로부터 표본자료로 인식된다.

학습방법	성적	합	평균
방법1(그림)	2 4 3 5 6	20	4
방법2(노래)	8 10 9 8 10	45	9
방법3(율동)	4 5 6 5 5	25	5

〈표 14.2.1〉 서로 다른 학습방법을 이용한 15명의 성취자료

성적에 대한 그래프가 <그림 14.2.1>에 그려져 있다. 세 표본의 평균은 각기 4, 9, 5이다. <그림 14.2.1>은 이들 값이 세 표본의 중심임을 보여주며 분명히 그룹 간에 변동이 있음을 나타내고 있다. 15개 전체 합해진 표본의 변동은 마지막 줄에 보여진다.

다소 이런 전형적 배정과는 대조적으로 <표 14.2.2>와 <표 14.2.3>을 극단적 경우의 예로 생각한다. <표 14.2.2>에서 그룹 A에서 모든 관측치는 4이고 그룹 B에서 모든 관측치는 6이며 그룹 C에서 모든 관측치는 8이다. 그룹 내에서 변동이 없으나 그룹 간에는 변동이 있다.

그룹	성적	평균
A	4 4 4 4 4	4
B	6 6 6 6 6	6
C	8 8 8 8 8	8

〈표 14.2.2〉 그룹 내에서 관측치의 변동이 없는 자료

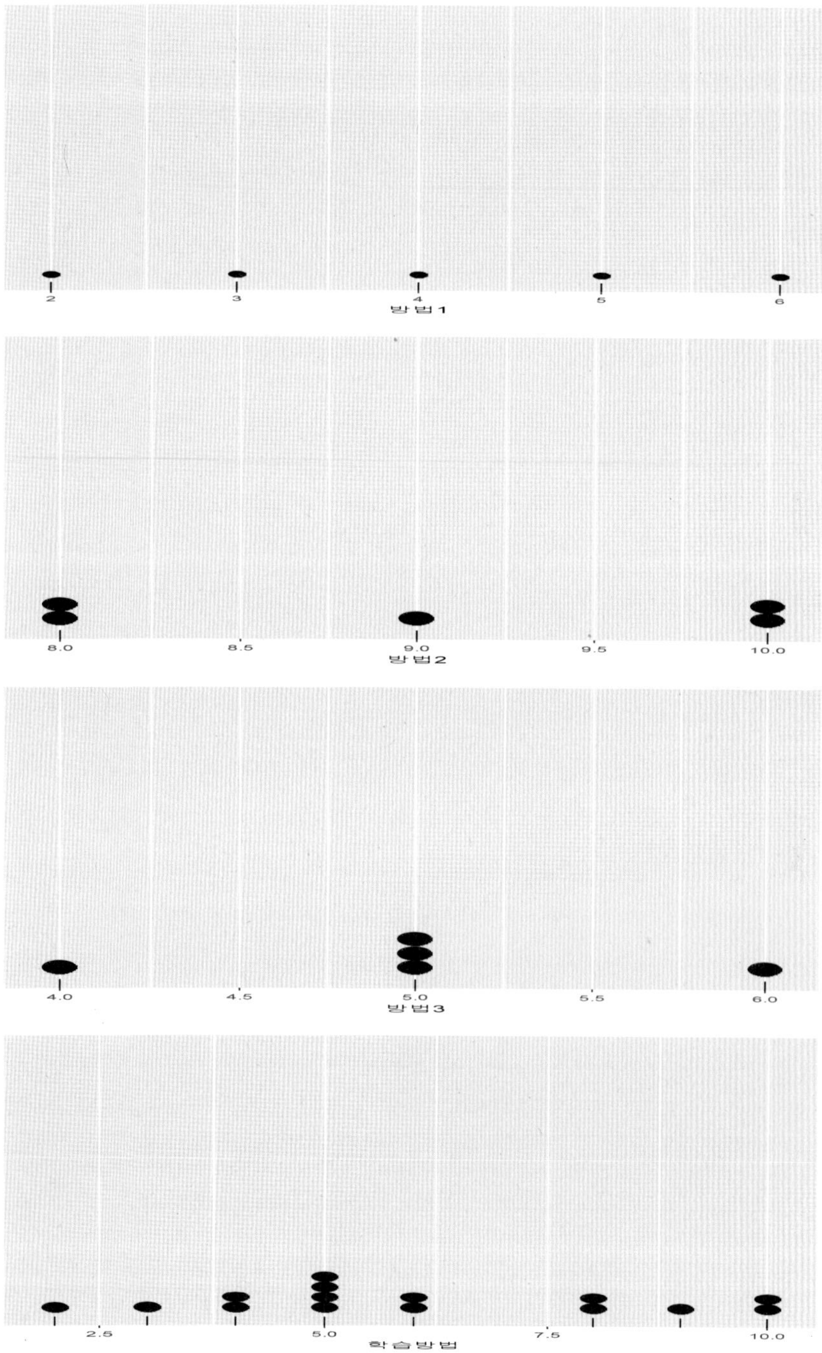

〈그림 14.2.1〉 세 가지 학습방법을 이용한 성취점수

<표 14.2.3>에서 각 그룹의 평균은 4이다. 그룹평균 간에는 변동이 없으나 각 그룹 내에서는 변동이 있다. 어느 극단적인 경우도 실제 자료에서 일어나리라 기대하지 않는다. 실제 자료에서는 그룹간 변동과 그룹내 변동의 상대적 크기를 평가하는 것이 필요하다. 분산분석이란 용어는 이러한 평가를 말한다. <표 14.2.1>에서 전체 표본과 세 개의 별도 표본에 대한 분산을 계산하여 평가하는 방법을 예로써 설명하기로 한다.

그룹	성적	평균
A	4 6 2 4 4	4
B	4 3 5 3 5	4
C	2 8 3 3 4	4

〈표 14.2.3〉 그룹 간에 변동이 없는 자료

전체 평균 $\overline{x}$는 모든 관측치의 합을 전체 관측수로 나눈 값이다. 즉, 15개 관측치의 합 90을 15로 나눈 값으로 $\overline{x}=(2+4+\cdots+5)/18=90/15=6$이다. 각 그룹에서 관측치를 합하고 그 합들을 합하면 $\overline{x}=(20+45+25)/15=6$이다. 결합표본의 평균으로부터 15개 관측치의 제곱편차들의 합은 결합표본의 변동측도이다. 제곱편차들의 합이 <표 14.2.4>에 계산되어 있다. 그룹의 제곱편차들의 합이 각 열의 끝에 주어진다. 그룹에 걸친 합은 30+49+7=86이다. 이 합을 **총제곱합**이라 부르고 TSS(Total Sum of Squares)로 표시한다.

학습방법	제곱편차	합
방법1	16 4 9 1 0	30
방법2	4 16 9 4 16	49
방법3	4 1 0 1 1	7

〈표 14.2.4〉 결합표본의 평균으로부터 제곱편차들의 합

표본 내의 변동을 측정해보자. <표 14.2.5>는 개별 그룹의 평균으로부터 15개 점수의 제곱편차들의 합을 보여준다. 각 그룹의 개체에 대해 개별그룹 평균으로부터 성적의 편차를 이용한 제곱편차가 표에 주어져 있다.

셋째 열은 각 그룹에 대한 제곱편차들의 합을 나타낸다. 그룹에 걸친 합은 10+4+2=16이다. 이 합을 **그룹내 제곱합**(Sum of Squares Within Groups)이라 부르고 SSW로 표시한다.

학습방법	제곱편차	합
방법1	4 0 1 1 4	10
방법2	1 1 0 1 1	4
방법3	1 0 1 0 0	2

〈표 14.2.5〉 그룹평균으로부터 제곱편차들의 합

이제 4, 9, 5의 세 그룹평균을 생각해 보자. 공동평균(pooled mean) 6으로부터 그룹평균들의 제곱편차들의 합은 $(4-6)^2+(9-6)^2+(5-6)^2=4+9+1=14$이다. 그러나 이 합은 그룹내 제곱합과 비교가능하지 않다. 왜냐하면, 표본평균들의 변동은 개개의 측정치들에 대한 변동보다 작기 때문이다. 실제로 5개 관측치의 한 표본평균은 단일 관측치의 표본분산의 1/5에 해당하는 표본분산을 갖는다. 따라서 그룹내 제곱합(SSW)과 비교될 수 있는 근거로 그룹평균들의 제곱편차들의 합을 두기 위해 각 표본내 관측 수 5로 곱하여 $5\times 14=70$를 구한다. 이것을 **그룹간 제곱합**(Sum of Squares Between Groups)이라 부르고 SSB로 나타낸다.

이제 변동을 비교할 수 있는 세 제곱합이 <표 14.2.6>에서 SSB, SSW, TSS로 표시되고 있다. 표에서 처음 두 제곱합의 합이 세 번째 합을 나타냄을 알 수 있다. 이것은 총변동을 그룹평균 간의 차이에 따른 변동과 동질적 그룹내 개체들의 변동에 배정함을 의미한다.

제곱합	
SSB(그룹간)	70
SSW(그룹내)	16
TSS(총변동)	86

〈표 14.2.6〉 총제곱합의 분할

이 예에서 그룹간 변동이 전체 변동의 대부분을 차지하고 있음을 알 수 있다. 그러나 제곱합에 속하는 정보의 개수를 고려하기 위하여 <표 14.2.6>에 있는 수치를 조정해야 한다. 즉, 표본분산을 계산하기 위해 제곱합을 이용한다. 그룹간 제곱합은 평균에 대해 3개의 편차를 갖는다. 그러므로 자유도의 수는 3−1=2이다. 이 제곱합에 근거한 표본분산은

$$s_B^2 = \frac{SSB}{3-1} = \frac{70}{2} = 35$$

이다. 그룹내 제곱합은 3개의 표본 제곱합들로 구성된다. 각각은 5개의 제곱편차를 포함하므로 각 제곱합은 5−1=4개의 자유도를 갖는다. 3개의 각 표본분산은

$$\frac{10}{4} = 2.5,\ \ \frac{4}{4} = 1.0,\ \ \frac{2}{4} = 0.5$$

이다. 분산의 추정치는 이들의 평균이고

$$s_W^2 = \frac{2.5 + 1.0 + 0.5}{3} = 1.33$$

으로 구해진다. 이 값은 달리

$$\frac{10+4+2}{4+4+4} = \frac{16}{12} = 1.33$$

로 계산될 수도 있다. 두 번째 식에서 분자는 SSW이고 분모는 3개의 표본분산에 대한 자유도 수들의 합이 되는 자유도 수이다.

그룹간의 변동을 측정하는 분산추정치 s_B^2과 그룹내 변동을 측정하는 s_W^2은 이제 비교가 가능하다. 이들의 비는

$$\frac{s_B^2}{s_W^2} = \frac{35}{1.33} = 26.32$$

로 구해진다. s_B^2이 s_W^2의 22.5배라는 사실은 그룹간의 변동이 그룹내 변동보다 훨씬 크다 는 것을 나타내고 있다. 그러나 서로 다른 세 개의 확률표본들에 대해 계산된 비는 설사 모평균들이 동일하다고 할지라도 세 개씩의 표본들마다 달라지리라는 것을 알고 있다. 그러므로 이러한 표본추출 변동을 고려해야 한다. 이러한 고려는 F 분포표를 이용함으로써 행해진다. 26.32의 계산비는 s_B^2의 자유도의 수 2와 s_W^2의 자유도의 수 12에 의존할 뿐만 아니라 요구된 유의수준에 의존하는 F 분포표의 값에 비교된다. F 분포표에서 1% 유의수준에 해당하는 값은 7.56이다. 따라서 22.50의 계산비를 아주 유의하다고 생각할 수 있다. 서로 다른 워크북의 이용에 따라 평균독서 수월성에 매우 차이가 있다고 결론짓는다.

계산결과가 <표 14.2.7>에 분산분석표로 작성되어 있다. 두 분산 s_B^2과 s_W^2을 평균평방(mean squares)이라 부른다. 왜냐하면, 이들이 제곱편차를 나타내는 값들의 평균들이기 때문이다. 이들 평균을 계산할 때 제곱편차들의 전체 수로 나누지 않고 각 제곱편차들의 집단과 관련된 자유도 수이다.

변동원인	제곱합	자유도	평균제곱	F
그룹간	70	2	35	26.32
그룹내	16	12	1.33	
총변동	86	14		

〈표 14.2.7〉 분산분석표

이제 동일 관측수를 갖는 세 그룹의 경우를 일반화 시켜보자. 각 표본에서의 관측수를 r이라 두자. 그러면 전체 관측수를 n이라 둘 때 $n = 3r$이다. 표본들은 각각 평균이 μ_1이고 분산이 σ_1^2, 평균이 μ_2이고 분산이 σ_2^2 그리고 평균이 μ_3이고 분산이 σ_3^2인 3개의 모집단으로부터 추출된 것으로 가정된다. 우리가 검정하고자 하는 가설은 $H: \mu_1 = \mu_2 = \mu_3$ 이다. 모분산 σ_1^2, σ_2^2, σ_3^2을 공통인 값 σ^2을 갖는 것으로 취급하는 것이 합리적이라 가정한다. 그렇지 않으면 그룹의 비교를 이들 평균의 비교로 축소화하는 것이 합리적이지 않게 된다.

첫 번째 표본에서 r개 관측치를 $x_{11,}x_{12,}\cdots,x_{1r}$로 나타내고 두 번째 표본에서 r개 관측치를 $x_{21,}x_{22,}\cdots,x_{2r}$로 그리고 세 번째 표본에서 r개 관측치를 $x_{31,}x_{32,}\cdots,x_{3r}$로 나타낸다. 좀 더 간결하게 표시하기 위해 x_{ij}를 그룹 i에서 j번째 관측치라 두자. $i=1,2,3,\ j=1,2,\cdots,r$이다. 예를 들면, <표 14.2.1>에서 $x_{11}=2,\ x_{12}=4$이고 $x_{35}=5$이다. i번째 그룹의 평균은

$$\overline{x}_i=\frac{x_{i1}+x_{i2}+\cdots+x_{ir}}{r},\qquad i=1,2,3$$

이고 전체 평균은

$$\overline{x}=\frac{\overline{x}_1+\overline{x}_2+\overline{x}_3}{3}$$

이다. 각 그룹평균으로부터 개별관측치의 편차는 $x_{ij}-\overline{x}_i$이다. 전체평균으로부터 그룹평균의 편차는 $\overline{x}_i-\overline{x}$이다. 그리고 전체평균으로부터 개별관측치의 편차는 $x_{ij}-\overline{x}$이다. 관측치 x_{ij}는

$$x_{ij}=\overline{x}+(\overline{x}_i-\overline{x})+(x_{ij}-\overline{x}_i),\qquad i=1,2,3,\ j=1,2,\cdots,r$$

로 표현된다. 말로 표현하면,

$$\begin{pmatrix}i\text{번째 그룹의}\\ j\text{번째 관측치}\end{pmatrix}=(\text{전체평균})+\begin{pmatrix}\text{전체평균으로부터}\\ \text{그룹평균의 편차}\end{pmatrix}+\begin{pmatrix}\text{그룹평균으로부터}\\ \text{관측치의 편차}\end{pmatrix}$$

이다. 식의 양변에서 $\overline{x}$를 빼면

$$(x_{ij}-\overline{x})=(\overline{x}_i-\overline{x})+(x_{ij}-\overline{x}_i)$$

로 주어진다. 이 식은 전체평균으로부터 편차가 전체평균으로부터 그룹평균의 편차와 그룹평균으로부터 관측치의 편차로 어떻게 분해될 수 있는가를 보여준다. 동일한 분해가 전체분산의 분자인 제곱편차의 합에 대해서도 성립함이 대수적으로 입증된다. 이것을 표로 나타내면 <표14.2.8>과 같이 주어진다. 달리 말하면, <표 14.2.8>에서 합은

(제곱편차들의 합)=(그룹간 제곱합)+(그룹내 제곱합)

로 분해되고 부호로 나타내면

$$TSS = SSB + SSW$$

임을 의미한다.

그룹1: $\sum_{j=1}^{r}(x_{1j}-\overline{x})^2 = r(\overline{x}_1-\overline{x})^2 + \sum_{j=1}^{r}(x_{1j}-\overline{x})^2$

그룹2: $\sum_{j=1}^{r}(x21j-\overline{x})^2 = r(\overline{x}_2-\overline{x})^2 + \sum_{j=1}^{r}(x_{2j}-\overline{x})^2$

그룹3: $\sum_{j=1}^{r}(x_{3j}-\overline{x})^2 = r(\overline{x}_3-\overline{x})^2 + \sum_{j=1}^{r}(x_{3j}-\overline{x})^2$

합: $\sum_{i=1}^{3}\sum_{j=1}^{r}(x_{1j}-\overline{x})^2 = r\sum_{i=1}^{3}(\overline{x}_1-\overline{x})^2 + \sum_{i=1}^{3}\sum_{j=1}^{r}(x_{1j}-\overline{x})^2$

〈표 14.2.8〉 제곱합의 분해

이러한 합의 성질을 나타내고 있기 때문에 변동량을 분해하는 기법을 분산분석이라 부른다. 전체분산의 분자 TSS가 두 부분으로 분해된다. 하나는 그룹 간의 차에 대한 측도이고 다른 하나는 그룹 내의 차에 대한 측도이다. 분산의 분석에 있어 그룹 간의 제곱합의 크기를 그룹내 제곱합과 비교한다. 이러한 방식으로 서로 다른 그룹에 속해 있는 개체 간의 변이가 동일 그룹에 속한 개체 간의 변이에 의해 설명되어질 수 있는 양보다 더 큰 가에 관한 의문을 해결하고자 한다. 합에서의 두 용어는 하나의 분산추정치에 귀결한다. 그룹평균들의 변동이 단지 개체들의 변이 때문이라면 이들 분산의 두 추정치들은 거의 같게 되어야 한

다. 그룹 간의 제곱합에 근거한 추정치가 그룹내 제곱합에 근거한 추정치보다 훨씬 크다면 그룹평균들의 변동은 단순히 개체들의 변동만으로 설명될 수 없게 되므로 세 표본들은 서로 다른 평균을 갖는 모집단으로부터 나왔다고 결론짓게 된다.

이것에 대한 좀 더 명확한 설명은 다음과 같다. 세 개의 양 각각은

$$\frac{\sum_{j=1}^{r}(x_{ij}-\bar{x}_i)^2}{r-1}, \qquad i=1,\ 2,\ 3$$

이고 σ^2의 추정치이다. 따라서 이 세 양의 평균은

$$\frac{\sum_{i=1}^{3}\sum_{j=1}^{r}(x_{ij}-\bar{x}_i)^2}{3(r-1)}=\frac{SSW}{3(r-1)}=s_W^2$$

이고 3 그룹 내의 모든 관측치에 근거한 σ^2의 추정치이다. s_W^2과 관련된 자유도의 수는 $3(r-1)=3r-3$이다.

이제 세 그룹의 평균 $\bar{x}_1$, $\bar{x}_2$, $\bar{x}_3$를 생각해 보자. 귀무가설 하에서 각 그룹평균은 모평균이 μ이고 모분산이 σ^2인 모집단으로부터 r개 관측치의 표본평균이다. 크기 r인 확률표본의 표본평균들은 모평균 μ와 모분산 σ^2/r인 표본추출분포(sampling distribution)를 갖는다. 그룹평균들의 표본분산은

$$\frac{\sum_{i=1}^{3}(\bar{x}_i-\bar{x})^2}{3-1}$$

이고 σ^2/r의 추정치이다. 따라서, σ^2의 불편추정치를 얻기 위해 r을 곱해야 한다. r을 곱하면

$$\frac{r\sum_{i=1}^{3}(\bar{x}_i-\bar{x})^2}{3-1}=\frac{SSB}{2}=s_B^2$$

이다. 귀무가설이 참이 아니면 즉, 세 개의 모평균이 다르다면 세 개의 표본평균들은 다를 것이라 예상한다. 표본평균들이 다를 때 s_B^2은 커지는 경향이 있다. 왜냐하면, 표본평균들이 서로 다른 모평균들을 추정하기 때문이다. 표본평균들의 변동은 동일 모집단으로부터 표본추출한 평균들의 통상적 변동보다 훨씬 크다. 귀무가설이 참이면 s_B^2은 σ^2을 추정한다. 그러나 귀무가설이 참이 아니면 σ^2보다 큰 값을 나타낸다. 반면에 귀무가설이 참이든 아니든 간에 s_W^2은 σ^2을 추정한다. 추정치 s_B^2과 s_W^2은

$$F = \frac{s_B^2}{s_W^2}$$

인 F비에 의해서 비교된다. 평균평방 s_B^2과 s_W^2 각각은 제곱편차를 해당하는 자유도의 수로 나눈 것이다. 따라서 F비는 두 평균평방의 비이다. 계산된 F가 너무 큰 값이면 H를 기각한다. 왜냐하면, 참 평균들이 같지 않다면 s_B^2은 σ^2보다 큰 양을 추정하고 반면에 s_W^2은 여전히 σ^2을 추정하므로 F가 크게 되는 경향이 있다. 참 평균들이 같다면 분자와 분모의 기댓값은 모두 σ^2이다.

F의 분자와 관련된 자유도의 수와 분모와 관련된 자유도의 수는 각기 2와 $3r-3$이다. 유의수준 α에서 그룹평균들의 동일성에 관한 가설을 검정하기 위해 계산된 F비와 $F_{2,3r-3}(\alpha)$를 비교한다. 이것은 각 표본이 추출된 모집단들이 정규분포임을 가정하고 있다. 분포가 대략적으로 정규이면 이것은 근사적인 검정방법이다. 표본크기가 클수록 근사정도가 더욱 좋아진다고 확신하게 된다.

계산결과는 <표 14.2.9>와 같이 표준화된 형식의 표에 나열된다.

변동원인	제곱합	자유도	평균평방	F
그룹간	$r\sum_{i=1}^{3}(\overline{x}_i-\overline{x})^2$	2	s_B^2	$\dfrac{s_B^2}{s_W^2}$
그룹내	$\sum_{i=1}^{3}\sum_{j=1}^{r}(x_{ij}-\overline{x}_i)^2$	$3r-3$	s_W^2	
합	$\sum_{i=1}^{3}\sum_{j=1}^{r}(x_{ij}-\overline{x})^2$	$3r-1$		

〈표 14.2.9〉 크기 r인 세 표본에 대한 분산분석표

14.2.2 동일크기의 여러 표본

이제 각 그룹에 r개의 관측치를 갖는 $k(\geq 3)$개 그룹의 경우에 대해 분산분석을 자세히 다루어 보기로 한다. x_{ij}는 i번째 그룹의 j번째 관측치라 두자. 단, $i=1,\ 2,\ \cdots\ ,\ k$ 이고 $j=1,\ 2,\ \cdots\ ,\ r$이다. 따라서 전체 관측치의 수는 $n=kr$이다. 표본들은 k개 모집단으로부터 추출된 것으로 가정된다. k개 모집단은 각기 평균이 μ_i이고 분산이 σ^2인 것으로 가정된다. 검정되는 가설은

$$H: \mu_1=\mu_2=\cdots=\mu_k$$

이다. 표본평균들은 $\overline{x}_1,\ \overline{x}_2,\ \cdots\ ,\ \overline{x}_k$이다. 전체평균은 $\overline{x}=(\overline{x}_1+\overline{x}_2+\cdots+\overline{x}_k)/k$이다. 제곱합들은

$$TSS=\sum_{i=1}^{k}\sum_{j=1}^{r}(x_{ij}-\overline{x})^2,$$

$$SSB=r\sum_{i=1}^{k}(\overline{x}_i-\overline{x})^2,$$

$$SSW=\sum_{i=1}^{k}\sum_{j=1}^{r}(x_{ij}-\overline{x}_i)^2$$

이다. 평균평방들은

$$s_B^2 = \frac{SSB}{k-1},$$
$$s_W^2 = \frac{SSW}{n-k}$$

이고 SSW와 관련된 자유도의 수는 k개 각 그룹에 대해 $r-1$이므로 전체는 $k(r-1) = kr - k = n-k$이다. 자유도는 제곱합과 동일한 방식으로 더해진다. 즉,

$$TSS = SSB + SSW$$

이고

$$n-1 = k-1 + k(r-1)$$

이다. 단, $n = kr$이다.

예제 14.3 4종류의 과일에 함유된 평균수분량이 동일한 가를 알아보기 위하여 서울 가락시장의 과일 집하장에서 각기 10개씩의 과일을 추출하여 검사한 수분량의 결과가 다음과 같다. 과일의 수분량은 각기 평균이 μ_i이고 분산이 σ^2인 분포를 따른다고 가정한다. 분산분석표를 작성하고 평균이 동일한 가를 유의수준 0.05에서 검정하라.

과일1: 86 88 88 86 85 86 84 80 86 87
과일2: 88 88 91 93 91 90 93 89 91 90
과일3: 82 83 78 80 78 77 79 85 81 75
과일4: 89 86 85 84 87 89 92 89 86 87

풀 이 과일1의 평균수분량 $\overline{x}_1 = 85.6$이고 표본분산 $s_1^2 = 48.4$이다. 과일2의 평균수분량은 $\overline{x}_2 = 90.4$이고 표본분산은 $s_2^2 = 28.4$이다. 과일3의 평균수분량은

$\overline{x}_3 = 79.8$이고 표본분산은 $s_3^2 = 81.6$이다. 과일4의 평균수분량은 $\overline{x}_4 = 87.4$이고 표본분산은 $s_4^2 = 50.4$이다. 그룹내 제곱합은

$$SSW = \sum_{i=1}^{4} \sum_{j=1}^{10} (x_{ij} - \overline{x}_i)^2 = 9 \times s_1^2 + 9 \times s_2^2 + 9 \times s_3^2 + 9 \times s_4^2$$

로 계산되고 208.8이다. 그룹간 제곱합은 전체의 표본평균이 $\overline{x} = 85.8$이므로

$$SSB = 10 \sum_{i=1}^{4} (\overline{x}_i - \overline{x})^2 = 10((-0.2)^2 + 4.6^2 + (-6)^2 + 1.6^2)$$

로 계산되고 그 값은 597.6이 된다. 자료전체의 제곱합은

$$TSS = \sum_{i=1}^{4} \sum_{j=1}^{10} (x_{ij} - \overline{x})^2$$

로 계산되고 그 값은 806.4이다. 따라서 분산분석표는 〈표 14.2.10〉로 작성된다.

변동원인	자유도	제곱합	평균제곱합	F값
그룹간	3	597.6	199.2	34.34
그룹내	36	208.8	5.8	
합	39	806.4		

〈표 14.2.10〉 크기 10인 네 표본에 대한 분산분석표

표본에서 계산된 F값이 유의수준 0.05에서 자유도 3과 36인 F값 $F_{0.05}(3,36) = 2.87$보다 크므로 귀무가설 $H_0 : \mu_1 = \mu_2 = \mu_3 = \mu_4$을 기각하게 된다. 다음의 그림자 영역은 유의수준 0.05에 해당하는 귀무가설의 기각영역을 나타내고 있다.

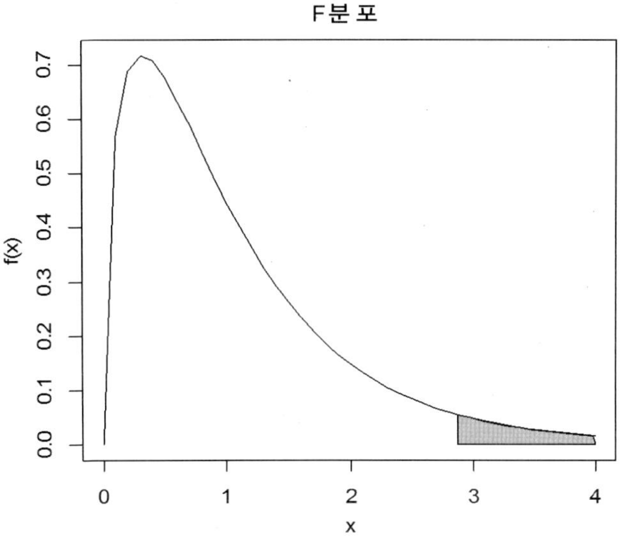

〈그림 14.2.2〉 유의수준 0.05에서 평균수분량의 동일성 검정을 위한 기각영역

```
R 스크립트:
과일1<-c( 86, 88, 88, 86, 85, 86, 84, 80, 86, 87)
mu1<-mean(과일1)
ss1<-9*var(과일1)
과일2<-c(88, 88, 91, 93, 91, 90, 93, 89, 91, 90)
mu2<-mean(과일2)
ss2<-9*var(과일2)
과일3<-c( 82, 83, 78, 80, 78, 77, 79, 85, 81, 75)
mu3<-mean(과일3)
ss3<-9*var(과일3)
과일4<-c(89, 86, 85, 84, 87, 89, 92, 89, 86, 87)
mu4<-mean(과일4)
ss4<-9*var(과일4)

ssw<-ss1+ss2+ss3+ss4    ##그룹내 제곱합
ssw
```

```
품종<-c(rep(1,10),rep(2,10),rep(3,10),rep(4,10))
수분<-c(과일1,과일2,과일3,과일4)
mu<-mean(수분)
자료<-cbind(품종,수분)
품종<-as.factor(품종)
aov.자료<-aov(수분~품종)
summary(aov.자료)
qf(0.05,3,36, lower.tail=F)

x<-seq(0,4, by=0.1)
y<-df(x,df1=3,df2=36)
plot(x,y, type="l", lty=1, main="F 분포", ylab="f(x)")
x<-seq(2.87,4, by=0.1)
y<-df(x,df1=3,df2=36)
polygon(c(2.87,x,4),c(0,y,0), col="lightgray")
```

14.1 다음은 옷감으로 이용되는 세 종류의 직물에 대한 인장강도를 측정한 자료이다.

	인견	모직	나일론
	22	28	36
	25	32	38
	27	36	42
	26	34	34
	30	35	40
합계	130	165	190

인견의 직물강도를 Y_1, 모직의 강도를 Y_2 그리고 Y_3라 둘 때 Y_i들은 각기 평균이 μ_i이고 분산이 σ^2인 분포를 따른다고 가정한다.
$H_0 : \mu_1 = \mu_2 = \mu_3$를 $H_1 : \mu_i$들이 모두 같지는 않다 에 대해 검정하고자 한다.

㉠ 그룹내 제곱합을 구하라.
㉡ 그룹간 제곱합을 구하라.
㉢ 총제곱합을 구하라.
㉣ 분산분석표를 작성하라.
㉤ 검정통계량의 분포를 기술하라.
㉥ 유의수준 $\alpha = 0.05$에서 가설을 검정하라.

14.2 다음은 초등학생과 중등학생 그리고 고등학생들의 일일 평균TV시청시간이 같은 가를 알아보기 위해 수집한 자료이다.

그룹	관측치				합계
초등학생	5	6	4	7	22
중등학생	5	4	3	5	17
고등학생	3	2	3	4	12

관측치를 y_{ij}를 i번째 그룹의 j번째 관측치라 둘 때 각 그룹의 4개 값들은

$N(\mu_i, \sigma^2)$인 분포로부터의 표본자료를 나타낸다.

$H_0 : \mu_1 = \mu_2 = \mu_3$를 $H_1 : \mu_i$들이 모두 같지는 않다 에 대해 검정하고자 한다. 단, μ_1은 초등학생그룹의 모평균, μ_2는 중등학생그룹의 모평균이고 μ_3는 고등학생그룹의 모평균을 나타낸다.

㉠ y_{ij}를 변동요인에 따른 항들의 합으로 나타내어라.
㉡ 각 변동요인에 따른 제곱합을 계산하라.
㉢ 각 변동요인에 따른 평균제곱합을 계산하라.
㉣ 총제곱합이 각 변동요인에 따른 제곱합으로 분해됨을 보여라.
㉤ 전체평균으로부터의 편차의 합이 0임을 보여라.
㉥ 귀무가설을 유의수준 $\alpha = 0.05$에서 검정하라.

14.3 다음은 동일 성분을 포함하는 제품을 판매하는 네 개의 회사 A_1, A_2, A_3, A_4가 규정용량의 제품을 생산하고 있는 가를 파악하기 위해 조사한 자료이다.

회사	관측치				
A_1	3.25	3.26	3.65	4.06	3.84
A_2	2.85	4.01	2.95	3.78	4.25
A_3	2.55	4.02	2.44	5.03	3.84
A_4	3.15	3.77	2.67	4.32	3.58

$H_0 : \mu_1 = \mu_2 = \mu_3 = \mu_4$를 유의수준 $\alpha = 0.05$에서 검정하고자 한다.

㉠ y_{ij}를 변동요인에 따른 항들의 합으로 나타내어라.
㉡ 각 변동요인에 따른 제곱합을 계산하라.
㉢ 각 변동요인에 따른 평균제곱합을 계산하라.
㉣ 총제곱합이 각 변동요인에 따른 제곱합으로 분해됨을 보여라.
㉤ 유의수준 $\alpha = 0.05$에서 기각영역을 설정하라.
㉥ 귀무가설을 검정하라.

김경인·김진경·박진호·장현진·이우주·이재준·황진수 (2015). 통계학, 개정증보판, 자유아카데미.

김재희 (2008). R을 이용한 통계프로그래밍 기초, 자유아카데미.

서울대학교 통계학과 (2014). SPSS를 이용한 통계학, 제2판, 자유아카데미.

허명회 (2007). R을 활용한 탐색적 자료분석, 자유아카데미.

허명회 (2010). R을 활용한 통계적 개념·방법·응용, 자유아카데미.

Agresti, A. (1996). An Introduction to Categorical Data Analysis, John Wiley & Sons, Inc.

Anderson, T. W. and Sclove, S. L. (1986). The Statistical Analysis of Data, The Scientific Press.

Bhattacharyya, G. K. and Johnson, R. A. (1977). Statistical Concepts and Methods, John Wiley & Sons, Inc.

Chao, L. L. (1974). Methods and Analyses, 2nd Edition, McGraw-Hill, Inc.

Chang, W. (2012). R Graphics Cookbook. O'Reilly Media, Inc.

Ott, L. R. (1993). An Introduction to Statistical Methods and Data Analysis, 4th edition, Wadsworth, Inc.

Crawley, M. J. (2005). Statistics: An introduction using R, John Wiley & Sons, Inc.

Montgomery, D. C. (1976). Design and Analysis of Experiments, John Wiley & Sons, Inc.

Dalgaard, P. (2008). Introductory Statistics with R, Springer, New York.

Verzani, J. (2014). Using R for Introductory Statistics, 2nd Edition, CRC Press.

부 록

〈표 1〉 이항분포표

$$P(X=x)=\binom{n}{x}\pi^{x}(1-\pi)^{n-x}$$

		확률(π)										
	x	0.05	0.1	0.2	0.3	0.4	0.5	0.6	0.7	0.8	0.9	0.95
n=1	0	0.95	0.9	0.8	0.7	0.6	0.5	0.4	0.3	0.2	0.1	0.05
	1	0.05	0.1	0.2	0.3	0.4	0.5	0.6	0.7	0.8	0.9	0.95
n=2	0	0.902	0.81	0.64	0.49	0.36	0.25	0.16	0.09	0.04	0.01	0.003
	1	0.095	0.18	0.32	0.42	0.48	0.50	0.48	0.42	0.32	0.18	0.095
	2	0.003	0.01	0.04	0.09	0.16	0.25	0.36	0.49	0.64	0.81	0.902
n=3	0	0.857	0.729	0.512	0.343	0.216	0.125	0.064	0.027	0.008	0.001	0.000
	1	0.135	0.243	0.384	0.441	0.432	0.375	0.288	0.189	0.096	0.027	0.007
	2	0.007	0.027	0.096	0.189	0.288	0.375	0.432	0.441	0.384	0.243	0.135
	3	0.000	0.001	0.008	0.027	0.064	0.125	0.216	0.343	0.512	0.729	0.857
n=4	0	0.815	0.656	0.410	0.240	0.130	0.062	0.026	0.008	0.002	0.000	0.000
	1	0.171	0.292	0.410	0.412	0.346	0.250	0.154	0.076	0.026	0.004	0.000
	2	0.014	0.049	0.154	0.265	0.346	0.375	0.346	0.265	0.154	0.049	0.014
	3	0.000	0.004	0.026	0.076	0.154	0.250	0.346	0.412	0.410	0.292	0.171
	4	0.000	0.000	0.002	0.008	0.026	0.062	0.130	0.240	0.410	0.656	0.815
n=5	0	0.774	0.590	0.328	0.168	0.078	0.031	0.010	0.002	0.000	0.000	0.000
	1	0.204	0.328	0.410	0.360	0.259	0.156	0.077	0.028	0.006	0.000	0.000
	2	0.021	0.073	0.205	0.309	0.346	0.312	0.230	0.132	0.051	0.008	0.001
	3	0.001	0.008	0.051	0.132	0.230	0.312	0.346	0.309	0.205	0.073	0.021
	4	0.000	0.000	0.006	0.028	0.077	0.156	0.259	0.360	0.410	0.328	0.204
	5	0.000	0.000	0.000	0.002	0.010	0.031	0.078	0.168	0.328	0.590	0.774
n=6	0	0.735	0.531	0.262	0.118	0.047	0.016	0.004	0.001	0.000	0.000	0.000
	1	0.232	0.354	0.393	0.303	0.187	0.094	0.037	0.010	0.002	0.000	0.000
	2	0.031	0.098	0.246	0.324	0.311	0.234	0.138	0.060	0.015	0.001	0.000
	3	0.002	0.015	0.082	0.185	0.276	0.312	0.276	0.185	0.082	0.015	0.002
	4	0.000	0.001	0.015	0.060	0.138	0.234	0.311	0.324	0.246	0.098	0.031
	5	0.000	0.000	0.002	0.010	0.037	0.094	0.187	0.303	0.393	0.354	0.232
	6	0.000	0.000	0.000	0.001	0.004	0.016	0.047	0.118	0.262	0.531	0.735
n=7	0	0.698	0.478	0.210	0.082	0.028	0.008	0.002	0.000	0.000	0.000	0.000
	1	0.257	0.372	0.367	0.247	0.131	0.055	0.017	0.004	0.000	0.000	0.000
	2	0.041	0.124	0.275	0.318	0.261	0.164	0.077	0.025	0.004	0.000	0.000
	3	0.004	0.023	0.115	0.227	0.290	0.273	0.194	0.097	0.029	0.003	0.000
	4	0.000	0.003	0.029	0.097	0.194	0.273	0.290	0.227	0.115	0.023	0.004
	5	0.000	0.000	0.004	0.025	0.077	0.164	0.261	0.318	0.275	0.124	0.041
	6	0.000	0.000	0.000	0.004	0.017	0.055	0.131	0.247	0.367	0.372	0.257
	7	0.000	0.000	0.000	0.000	0.002	0.008	0.028	0.082	0.210	0.478	0.698

		확률(π)										
	x	0.05	0.1	0.2	0.3	0.4	0.5	0.6	0.7	0.8	0.9	0.95
n=10	0	0.663	0.430	0.168	0.058	0.017	0.004	0.001	0.000	0.000	0.000	0.000
	1	0.279	0.383	0.336	0.198	0.090	0.031	0.008	0.001	0.000	0.000	0.000
	2	0.051	0.149	0.294	0.296	0.209	0.109	0.041	0.010	0.001	0.000	0.000
	3	0.005	0.033	0.147	0.254	0.279	0.219	0.124	0.047	0.009	0.000	0.000
	4	0.000	0.005	0.046	0.136	0.232	0.273	0.232	0.136	0.046	0.005	0.000
	5	0.000	0.000	0.009	0.047	0.124	0.219	0.279	0.254	0.147	0.033	0.005
	6	0.000	0.000	0.001	0.010	0.041	0.109	0.209	0.296	0.294	0.149	0.051
	7	0.000	0.000	0.000	0.001	0.008	0.031	0.090	0.198	0.336	0.383	0.279
	8	0.000	0.000	0.000	0.000	0.001	0.004	0.017	0.058	0.168	0.430	0.663
n=9	0	0.630	0.387	0.134	0.040	0.010	0.002	0.000	0.000	0.000	0.000	0.000
	1	0.299	0.387	0.302	0.156	0.060	0.018	0.004	0.000	0.000	0.000	0.000
	2	0.063	0.172	0.302	0.267	0.161	0.070	0.021	0.004	0.000	0.000	0.000
	3	0.008	0.045	0.176	0.267	0.251	0.164	0.074	0.021	0.003	0.000	0.000
	4	0.001	0.007	0.066	0.172	0.251	0.246	0.167	0.074	0.017	0.001	0.000
	5	0.000	0.001	0.017	0.074	0.167	0.246	0.251	0.172	0.066	0.007	0.001
	6	0.000	0.000	0.003	0.021	0.074	0.164	0.251	0.267	0.176	0.045	0.008
	7	0.000	0.000	0.000	0.004	0.021	0.070	0.161	0.267	0.302	0.172	0.063
	8	0.000	0.000	0.000	0.000	0.004	0.018	0.060	0.156	0.302	0.387	0.299
	9	0.000	0.000	0.000	0.000	0.000	0.002	0.010	0.040	0.134	0.387	0.630
n=10	0	0.599	0.349	0.107	0.028	0.006	0.001	0.000	0.000	0.000	0.000	0.000
	1	0.315	0.387	0.268	0.121	0.040	0.010	0.002	0.000	0.000	0.000	0.000
	2	0.075	0.194	0.302	0.233	0.121	0.044	0.011	0.001	0.000	0.000	0.000
	3	0.010	0.057	0.201	0.267	0.215	0.117	0.042	0.009	0.001	0.000	0.000
	4	0.001	0.011	0.088	0.200	0.251	0.205	0.111	0.037	0.006	0.000	0.000
	5	0.000	0.001	0.026	0.103	0.201	0.246	0.201	0.103	0.026	0.001	0.000
	6	0.000	0.000	0.006	0.037	0.111	0.205	0.251	0.200	0.088	0.011	0.001
	7	0.000	0.000	0.001	0.009	0.042	0.117	0.215	0.267	0.201	0.057	0.010
	8	0.000	0.000	0.000	0.001	0.011	0.044	0.121	0.233	0.302	0.194	0.075
	9	0.000	0.000	0.000	0.000	0.002	0.010	0.040	0.121	0.268	0.387	0.315
	10	0.000	0.000	0.000	0.000	0.000	0.001	0.006	0.028	0.107	0.349	0.599

		확률(π)										
	x	0.05	0.1	0.2	0.3	0.4	0.5	0.6	0.7	0.8	0.9	0.95
n=11	0	0.569	0.314	0.086	0.020	0.004	0.000	0.000	0.000	0.000	0.000	0.000
	1	0.329	0.384	0.236	0.093	0.027	0.005	0.001	0.000	0.000	0.000	0.000
	2	0.087	0.213	0.295	0.200	0.089	0.027	0.005	0.001	0.000	0.000	0.000
	3	0.014	0.071	0.221	0.257	0.177	0.081	0.023	0.004	0.000	0.000	0.000
	4	0.001	0.016	0.111	0.220	0.236	0.161	0.070	0.017	0.002	0.000	0.000
	5	0.000	0.002	0.039	0.132	0.221	0.226	0.147	0.057	0.010	0.000	0.000
	6	0.000	0.000	0.010	0.057	0.147	0.226	0.221	0.132	0.039	0.002	0.000
	7	0.000	0.000	0.002	0.017	0.070	0.161	0.236	0.220	0.111	0.016	0.001
	8	0.000	0.000	0.000	0.004	0.023	0.081	0.177	0.257	0.221	0.071	0.014
	9	0.000	0.000	0.000	0.001	0.005	0.027	0.089	0.200	0.295	0.213	0.087
	10	0.000	0.000	0.000	0.000	0.001	0.005	0.027	0.093	0.236	0.384	0.329
	11	0.000	0.000	0.000	0.000	0.000	0.000	0.004	0.020	0.086	0.314	0.569
n=12	0	0.540	0.282	0.069	0.014	0.002	0.000	0.000	0.000	0.000	0.000	0.000
	1	0.341	0.377	0.206	0.071	0.017	0.003	0.000	0.000	0.000	0.000	0.000
	2	0.099	0.230	0.283	0.168	0.064	0.016	0.002	0.000	0.000	0.000	0.000
	3	0.017	0.085	0.236	0.240	0.142	0.054	0.012	0.001	0.000	0.000	0.000
	4	0.002	0.021	0.133	0.231	0.213	0.121	0.042	0.008	0.001	0.000	0.000
	5	0.000	0.004	0.053	0.158	0.227	0.193	0.101	0.029	0.003	0.000	0.000
	6	0.000	0.000	0.016	0.079	0.177	0.226	0.177	0.079	0.016	0.000	0.000
	7	0.000	0.000	0.003	0.029	0.101	0.193	0.227	0.158	0.053	0.004	0.000
	8	0.000	0.000	0.001	0.008	0.042	0.121	0.213	0.231	0.133	0.021	0.002
	9	0.000	0.000	0.000	0.001	0.012	0.054	0.142	0.240	0.236	0.085	0.017
	10	0.000	0.000	0.000	0.000	0.002	0.016	0.064	0.168	0.283	0.230	0.099
	11	0.000	0.000	0.000	0.000	0.000	0.003	0.017	0.071	0.206	0.377	0.341
	12	0.000	0.000	0.000	0.000	0.000	0.000	0.002	0.014	0.069	0.282	0.540

		확률(π)										
	x	0.05	0.1	0.2	0.3	0.4	0.5	0.6	0.7	0.8	0.9	0.95
n=13	0	0.513	0.254	0.055	0.010	0.001	0.000	0.000	0.000	0.000	0.000	0.000
	1	0.351	0.367	0.179	0.054	0.011	0.002	0.000	0.000	0.000	0.000	0.000
	2	0.111	0.245	0.268	0.139	0.045	0.010	0.001	0.000	0.000	0.000	0.000
	3	0.021	0.100	0.246	0.218	0.111	0.035	0.006	0.001	0.000	0.000	0.000
	4	0.003	0.028	0.154	0.234	0.184	0.087	0.024	0.003	0.000	0.000	0.000
	5	0.000	0.006	0.069	0.180	0.221	0.157	0.066	0.014	0.001	0.000	0.000
	6	0.000	0.001	0.023	0.103	0.197	0.209	0.131	0.044	0.006	0.000	0.000
	7	0.000	0.000	0.006	0.044	0.131	0.209	0.197	0.103	0.023	0.001	0.000
	8	0.000	0.000	0.001	0.014	0.066	0.157	0.221	0.180	0.069	0.006	0.000
	9	0.000	0.000	0.000	0.003	0.024	0.087	0.184	0.234	0.154	0.028	0.003
	10	0.000	0.000	0.000	0.001	0.006	0.035	0.111	0.218	0.246	0.100	0.021
	11	0.000	0.000	0.000	0.000	0.001	0.010	0.045	0.139	0.268	0.245	0.111
	12	0.000	0.000	0.000	0.000	0.000	0.002	0.011	0.054	0.179	0.367	0.351
	13	0.000	0.000	0.000	0.000	0.000	0.000	0.001	0.010	0.055	0.254	0.513
n=14	0	0.488	0.229	0.044	0.007	0.001	0.000	0.000	0.000	0.000	0.000	0.000
	1	0.359	0.356	0.154	0.041	0.007	0.001	0.000	0.000	0.000	0.000	0.000
	2	0.123	0.257	0.250	0.113	0.032	0.006	0.001	0.000	0.000	0.000	0.000
	3	0.026	0.114	0.250	0.194	0.085	0.022	0.003	0.000	0.000	0.000	0.000
	4	0.004	0.035	0.172	0.229	0.155	0.061	0.014	0.001	0.000	0.000	0.000
	5	0.000	0.008	0.086	0.196	0.207	0.122	0.041	0.007	0.000	0.000	0.000
	6	0.000	0.001	0.032	0.126	0.207	0.183	0.092	0.023	0.002	0.000	0.000
	7	0.000	0.000	0.009	0.062	0.157	0.209	0.157	0.062	0.009	0.000	0.000
	8	0.000	0.000	0.002	0.023	0.092	0.183	0.207	0.126	0.032	0.001	0.000
	9	0.000	0.000	0.000	0.007	0.041	0.122	0.207	0.196	0.086	0.008	0.000
	10	0.000	0.000	0.000	0.001	0.014	0.061	0.155	0.229	0.172	0.035	0.004
	11	0.000	0.000	0.000	0.000	0.003	0.022	0.085	0.194	0.250	0.114	0.026
	12	0.000	0.000	0.000	0.000	0.001	0.006	0.032	0.113	0.250	0.257	0.123
	13	0.000	0.000	0.000	0.000	0.000	0.001	0.007	0.041	0.154	0.356	0.359
	14	0.000	0.000	0.000	0.000	0.000	0.000	0.001	0.007	0.044	0.229	0.488

	x	0.05	0.1	0.2	0.3	0.4	0.5	0.6	0.7	0.8	0.9	0.95
						확률(π)						
n=15	0	0.463	0.206	0.035	0.005	0.000	0.000	0.000	0.000	0.000	0.000	0.000
	1	0.366	0.343	0.132	0.031	0.005	0.000	0.000	0.000	0.000	0.000	0.000
	2	0.135	0.267	0.231	0.092	0.022	0.003	0.000	0.000	0.000	0.000	0.000
	3	0.031	0.129	0.250	0.170	0.063	0.014	0.002	0.000	0.000	0.000	0.000
	4	0.005	0.043	0.188	0.219	0.127	0.042	0.007	0.001	0.000	0.000	0.000
	5	0.001	0.010	0.103	0.206	0.186	0.092	0.024	0.003	0.000	0.000	0.000
	6	0.000	0.002	0.043	0.147	0.207	0.153	0.061	0.012	0.001	0.000	0.000
	7	0.000	0.000	0.014	0.081	0.177	0.196	0.118	0.035	0.003	0.000	0.000
	8	0.000	0.000	0.003	0.035	0.118	0.196	0.177	0.081	0.014	0.000	0.000
	9	0.000	0.000	0.001	0.012	0.061	0.153	0.207	0.147	0.043	0.002	0.000
	10	0.000	0.000	0.000	0.003	0.024	0.092	0.186	0.206	0.103	0.010	0.001
	11	0.000	0.000	0.000	0.001	0.007	0.042	0.127	0.219	0.188	0.043	0.005
	12	0.000	0.000	0.000	0.000	0.002	0.014	0.063	0.170	0.250	0.129	0.031
	13	0.000	0.000	0.000	0.000	0.000	0.003	0.022	0.092	0.231	0.267	0.135
	14	0.000	0.000	0.000	0.000	0.000	0.000	0.005	0.031	0.132	0.343	0.366
	15	0.000	0.000	0.000	0.000	0.000	0.000	0.000	0.005	0.035	0.206	0.463
n=16	0	0.440	0.185	0.028	0.003	0.000	0.000	0.000	0.000	0.000	0.000	0.000
	1	0.371	0.329	0.113	0.023	0.003	0.000	0.000	0.000	0.000	0.000	0.000
	2	0.146	0.275	0.211	0.073	0.015	0.002	0.000	0.000	0.000	0.000	0.000
	3	0.036	0.142	0.246	0.146	0.047	0.009	0.001	0.000	0.000	0.000	0.000
	4	0.006	0.051	0.200	0.204	0.101	0.028	0.004	0.000	0.000	0.000	0.000
	5	0.001	0.014	0.120	0.210	0.162	0.067	0.014	0.001	0.000	0.000	0.000
	6	0.000	0.003	0.055	0.165	0.198	0.122	0.039	0.006	0.000	0.000	0.000
	7	0.000	0.000	0.020	0.101	0.189	0.175	0.084	0.019	0.001	0.000	0.000
	8	0.000	0.000	0.006	0.049	0.142	0.196	0.142	0.049	0.006	0.000	0.000
	9	0.000	0.000	0.001	0.019	0.084	0.175	0.189	0.101	0.020	0.000	0.000
	10	0.000	0.000	0.000	0.006	0.039	0.122	0.198	0.165	0.055	0.003	0.000
	11	0.000	0.000	0.000	0.001	0.014	0.067	0.162	0.210	0.120	0.014	0.001
	12	0.000	0.000	0.000	0.000	0.004	0.028	0.101	0.204	0.200	0.051	0.006
	13	0.000	0.000	0.000	0.000	0.001	0.009	0.047	0.146	0.246	0.142	0.036
	14	0.000	0.000	0.000	0.000	0.000	0.002	0.015	0.073	0.211	0.275	0.146
	15	0.000	0.000	0.000	0.000	0.000	0.000	0.003	0.023	0.113	0.329	0.371
	16	0.000	0.000	0.000	0.000	0.000	0.000	0.000	0.003	0.028	0.185	0.440

		확률(π)										
	x	0.05	0.1	0.2	0.3	0.4	0.5	0.6	0.7	0.8	0.9	0.95
n=17	0	0.418	0.167	0.023	0.002	0.000	0.000	0.000	0.000	0.000	0.000	0.000
	1	0.374	0.315	0.096	0.017	0.002	0.000	0.000	0.000	0.000	0.000	0.000
	2	0.158	0.280	0.191	0.058	0.010	0.001	0.000	0.000	0.000	0.000	0.000
	3	0.041	0.156	0.239	0.125	0.034	0.005	0.000	0.000	0.000	0.000	0.000
	4	0.008	0.060	0.209	0.187	0.080	0.018	0.002	0.000	0.000	0.000	0.000
	5	0.001	0.017	0.136	0.208	0.138	0.047	0.008	0.001	0.000	0.000	0.000
	6	0.000	0.004	0.068	0.178	0.184	0.094	0.024	0.003	0.000	0.000	0.000
	7	0.000	0.001	0.027	0.120	0.193	0.148	0.057	0.009	0.000	0.000	0.000
	8	0.000	0.000	0.008	0.064	0.161	0.185	0.107	0.028	0.002	0.000	0.000
	9	0.000	0.000	0.002	0.028	0.107	0.185	0.161	0.064	0.008	0.000	0.000
	10	0.000	0.000	0.000	0.009	0.057	0.148	0.193	0.120	0.027	0.001	0.000
	11	0.000	0.000	0.000	0.003	0.024	0.094	0.184	0.178	0.068	0.004	0.000
	12	0.000	0.000	0.000	0.001	0.008	0.047	0.138	0.208	0.136	0.017	0.001
	13	0.000	0.000	0.000	0.000	0.002	0.018	0.080	0.187	0.209	0.060	0.008
	14	0.000	0.000	0.000	0.000	0.000	0.005	0.034	0.125	0.239	0.156	0.041
	15	0.000	0.000	0.000	0.000	0.000	0.001	0.010	0.058	0.191	0.280	0.158
	16	0.000	0.000	0.000	0.000	0.000	0.000	0.002	0.017	0.096	0.315	0.374
	17	0.000	0.000	0.000	0.000	0.000	0.000	0.000	0.002	0.023	0.167	0.418
n=18	0	0.397	0.150	0.018	0.002	0.000	0.000	0.000	0.000	0.000	0.000	0.000
	1	0.376	0.300	0.081	0.013	0.001	0.000	0.000	0.000	0.000	0.000	0.000
	2	0.168	0.284	0.172	0.046	0.007	0.001	0.000	0.000	0.000	0.000	0.000
	3	0.047	0.168	0.230	0.105	0.025	0.003	0.000	0.000	0.000	0.000	0.000
	4	0.009	0.070	0.215	0.168	0.061	0.012	0.001	0.000	0.000	0.000	0.000
	5	0.001	0.022	0.151	0.202	0.115	0.033	0.004	0.000	0.000	0.000	0.000
	6	0.000	0.005	0.082	0.187	0.166	0.071	0.015	0.001	0.000	0.000	0.000
	7	0.000	0.001	0.035	0.138	0.189	0.121	0.037	0.005	0.000	0.000	0.000
	8	0.000	0.000	0.012	0.081	0.173	0.167	0.077	0.015	0.001	0.000	0.000
	9	0.000	0.000	0.003	0.039	0.128	0.185	0.128	0.039	0.003	0.000	0.000
	10	0.000	0.000	0.001	0.015	0.077	0.167	0.173	0.081	0.012	0.000	0.000
	11	0.000	0.000	0.000	0.005	0.037	0.121	0.189	0.138	0.035	0.001	0.000
	12	0.000	0.000	0.000	0.001	0.015	0.071	0.166	0.187	0.082	0.005	0.000
	13	0.000	0.000	0.000	0.000	0.004	0.033	0.115	0.202	0.151	0.022	0.001
	14	0.000	0.000	0.000	0.000	0.001	0.012	0.061	0.168	0.215	0.070	0.009
	15	0.000	0.000	0.000	0.000	0.000	0.003	0.025	0.105	0.230	0.168	0.047
	16	0.000	0.000	0.000	0.000	0.000	0.001	0.007	0.046	0.172	0.284	0.168
	17	0.000	0.000	0.000	0.000	0.000	0.000	0.001	0.013	0.081	0.300	0.376
	18	0.000	0.000	0.000	0.000	0.000	0.000	0.000	0.002	0.018	0.150	0.397

		확률(π)										
	x	0.05	0.1	0.2	0.3	0.4	0.5	0.6	0.7	0.8	0.9	0.95
n=19	0	0.377	0.135	0.014	0.001	0.000	0.000	0.000	0.000	0.000	0.000	0.000
	1	0.377	0.285	0.068	0.009	0.001	0.000	0.000	0.000	0.000	0.000	0.000
	2	0.179	0.285	0.154	0.036	0.005	0.000	0.000	0.000	0.000	0.000	0.000
	3	0.053	0.180	0.218	0.087	0.017	0.002	0.000	0.000	0.000	0.000	0.000
	4	0.011	0.080	0.218	0.149	0.047	0.007	0.001	0.000	0.000	0.000	0.000
	5	0.002	0.027	0.164	0.192	0.093	0.022	0.002	0.000	0.000	0.000	0.000
	6	0.000	0.007	0.095	0.192	0.145	0.052	0.008	0.001	0.000	0.000	0.000
	7	0.000	0.001	0.044	0.153	0.180	0.096	0.024	0.002	0.000	0.000	0.000
	8	0.000	0.000	0.017	0.098	0.180	0.144	0.053	0.008	0.000	0.000	0.000
	9	0.000	0.000	0.005	0.051	0.146	0.176	0.098	0.022	0.001	0.000	0.000
	10	0.000	0.000	0.001	0.022	0.098	0.176	0.146	0.051	0.005	0.000	0.000
	11	0.000	0.000	0.000	0.008	0.053	0.144	0.180	0.098	0.017	0.000	0.000
	12	0.000	0.000	0.000	0.002	0.024	0.096	0.180	0.153	0.044	0.001	0.000
	13	0.000	0.000	0.000	0.001	0.008	0.052	0.145	0.192	0.095	0.007	0.000
	14	0.000	0.000	0.000	0.000	0.002	0.022	0.093	0.192	0.164	0.027	0.002
	15	0.000	0.000	0.000	0.000	0.001	0.007	0.047	0.149	0.218	0.080	0.011
	16	0.000	0.000	0.000	0.000	0.000	0.002	0.017	0.087	0.218	0.180	0.053
	17	0.000	0.000	0.000	0.000	0.000	0.000	0.005	0.036	0.154	0.285	0.179
	18	0.000	0.000	0.000	0.000	0.000	0.000	0.001	0.009	0.068	0.285	0.377
	19	0.000	0.000	0.000	0.000	0.000	0.000	0.000	0.001	0.014	0.135	0.377
n=20	0	0.358	0.122	0.012	0.001	0.000	0.000	0.000	0.000	0.000	0.000	0.000
	1	0.377	0.270	0.058	0.007	0.000	0.000	0.000	0.000	0.000	0.000	0.000
	2	0.189	0.285	0.137	0.028	0.003	0.000	0.000	0.000	0.000	0.000	0.000
	3	0.060	0.190	0.205	0.072	0.012	0.001	0.000	0.000	0.000	0.000	0.000
	4	0.013	0.090	0.218	0.130	0.035	0.005	0.000	0.000	0.000	0.000	0.000
	5	0.002	0.032	0.175	0.179	0.075	0.015	0.001	0.000	0.000	0.000	0.000
	6	0.000	0.009	0.109	0.192	0.124	0.037	0.005	0.000	0.000	0.000	0.000
	7	0.000	0.002	0.055	0.164	0.166	0.074	0.015	0.001	0.000	0.000	0.000
	8	0.000	0.000	0.022	0.114	0.180	0.120	0.035	0.004	0.000	0.000	0.000
	9	0.000	0.000	0.007	0.065	0.160	0.160	0.071	0.012	0.000	0.000	0.000
	10	0.000	0.000	0.002	0.031	0.117	0.176	0.117	0.031	0.002	0.000	0.000
	11	0.000	0.000	0.000	0.012	0.071	0.160	0.160	0.065	0.007	0.000	0.000
	12	0.000	0.000	0.000	0.004	0.035	0.120	0.180	0.114	0.022	0.000	0.000
	13	0.000	0.000	0.000	0.001	0.015	0.074	0.166	0.164	0.055	0.002	0.000
	14	0.000	0.000	0.000	0.000	0.005	0.037	0.124	0.192	0.109	0.009	0.000
	15	0.000	0.000	0.000	0.000	0.001	0.015	0.075	0.179	0.175	0.032	0.002
	16	0.000	0.000	0.000	0.000	0.000	0.005	0.035	0.130	0.218	0.090	0.013
	17	0.000	0.000	0.000	0.000	0.000	0.001	0.012	0.072	0.205	0.190	0.060
	18	0.000	0.000	0.000	0.000	0.000	0.000	0.003	0.028	0.137	0.285	0.189
	19	0.000	0.000	0.000	0.000	0.000	0.000	0.000	0.007	0.058	0.270	0.377
	20	0.000	0.000	0.000	0.000	0.000	0.000	0.000	0.001	0.012	0.122	0.358

		확률(π)										
	x	0.05	0.1	0.2	0.3	0.4	0.5	0.6	0.7	0.8	0.9	0.95
n=25	0	0.277	0.072	0.004	0.000	0.000	0.000	0.000	0.000	0.000	0.000	0.000
	1	0.365	0.199	0.024	0.001	0.000	0.000	0.000	0.000	0.000	0.000	0.000
	2	0.231	0.266	0.071	0.007	0.000	0.000	0.000	0.000	0.000	0.000	0.000
	3	0.093	0.226	0.136	0.024	0.002	0.000	0.000	0.000	0.000	0.000	0.000
	4	0.027	0.138	0.187	0.057	0.007	0.000	0.000	0.000	0.000	0.000	0.000
	5	0.006	0.065	0.196	0.103	0.020	0.002	0.000	0.000	0.000	0.000	0.000
	6	0.001	0.024	0.163	0.147	0.044	0.005	0.000	0.000	0.000	0.000	0.000
	7	0.000	0.007	0.111	0.171	0.080	0.014	0.001	0.000	0.000	0.000	0.000
	8	0.000	0.002	0.062	0.165	0.120	0.032	0.003	0.000	0.000	0.000	0.000
	9	0.000	0.000	0.029	0.134	0.151	0.061	0.009	0.000	0.000	0.000	0.000
	10	0.000	0.000	0.012	0.092	0.161	0.097	0.021	0.001	0.000	0.000	0.000
	11	0.000	0.000	0.004	0.054	0.147	0.133	0.043	0.004	0.000	0.000	0.000
	12	0.000	0.000	0.001	0.027	0.114	0.155	0.076	0.011	0.000	0.000	0.000
	13	0.000	0.000	0.000	0.011	0.076	0.155	0.114	0.027	0.001	0.000	0.000
	14	0.000	0.000	0.000	0.004	0.043	0.133	0.147	0.054	0.004	0.000	0.000
	15	0.000	0.000	0.000	0.001	0.021	0.097	0.161	0.092	0.012	0.000	0.000
	16	0.000	0.000	0.000	0.000	0.009	0.061	0.151	0.134	0.029	0.000	0.000
	17	0.000	0.000	0.000	0.000	0.003	0.032	0.120	0.165	0.062	0.002	0.000
	18	0.000	0.000	0.000	0.000	0.001	0.014	0.080	0.171	0.111	0.007	0.000
	19	0.000	0.000	0.000	0.000	0.000	0.005	0.044	0.147	0.163	0.024	0.001
	20	0.000	0.000	0.000	0.000	0.000	0.002	0.020	0.103	0.196	0.065	0.006
	21	0.000	0.000	0.000	0.000	0.000	0.000	0.007	0.057	0.187	0.138	0.027
	22	0.000	0.000	0.000	0.000	0.000	0.000	0.002	0.024	0.136	0.226	0.093
	23	0.000	0.000	0.000	0.000	0.000	0.000	0.000	0.007	0.071	0.266	0.231
	24	0.000	0.000	0.000	0.000	0.000	0.000	0.000	0.001	0.024	0.199	0.365
	25	0.000	0.000	0.000	0.000	0.000	0.000	0.000	0.000	0.004	0.072	0.277

〈표 2〉 표준정규분포표

$$P(Z < z) = \int_{-\infty}^{z} \frac{1}{\sqrt{2\pi}} e^{-\frac{1}{2}z^2} dz$$

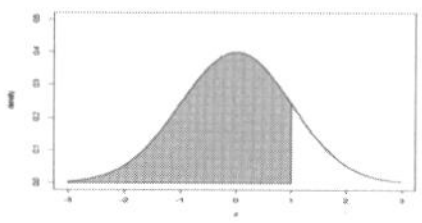

z	0.00	0.01	0.02	0.03	0.04	0.05	0.06	0.07	0.08	0.09
0.0	0.5000	0.5040	0.5080	0.5120	0.5160	0.5199	0.5239	0.5279	0.5319	0.5359
0.1	0.5398	0.5438	0.5478	0.5517	0.5557	0.5596	0.5636	0.5675	0.5714	0.5753
0.2	0.5793	0.5832	0.5871	0.5910	0.5948	0.5987	0.6026	0.6064	0.6103	0.6141
0.3	0.6179	0.6217	0.6255	0.6293	0.6331	0.6368	0.6406	0.6443	0.6480	0.6517
0.4	0.6554	0.6591	0.6628	0.6664	0.6700	0.6736	0.6772	0.6808	0.6844	0.6879
0.5	0.6915	0.6950	0.6985	0.7019	0.7054	0.7088	0.7123	0.7157	0.7190	0.7224
0.6	0.7257	0.7291	0.7324	0.7357	0.7389	0.7422	0.7454	0.7486	0.7517	0.7549
0.7	0.7580	0.7611	0.7642	0.7673	0.7704	0.7734	0.7764	0.7794	0.7823	0.7852
0.8	0.7881	0.7910	0.7939	0.7967	0.7995	0.8023	0.8051	0.8078	0.8106	0.8133
0.9	0.8159	0.8186	0.8212	0.8238	0.8264	0.8289	0.8315	0.8340	0.8365	0.8389
1.0	0.8413	0.8438	0.8461	0.8485	0.8508	0.8531	0.8554	0.8577	0.8599	0.8621
1.1	0.8643	0.8665	0.8686	0.8708	0.8729	0.8749	0.8770	0.8790	0.8810	0.8830
1.2	0.8849	0.8869	0.8888	0.8907	0.8925	0.8944	0.8962	0.8980	0.8997	0.9015
1.3	0.9032	0.9049	0.9066	0.9082	0.9099	0.9115	0.9131	0.9147	0.9162	0.9177
1.4	0.9192	0.9207	0.9222	0.9236	0.9251	0.9265	0.9279	0.9292	0.9306	0.9319
1.5	0.9332	0.9345	0.9357	0.9370	0.9382	0.9394	0.9406	0.9418	0.9429	0.9441
1.6	0.9452	0.9463	0.9474	0.9484	0.9495	0.9505	0.9515	0.9525	0.9535	0.9545
1.7	0.9554	0.9564	0.9573	0.9582	0.9591	0.9599	0.9608	0.9616	0.9625	0.9633
1.8	0.9641	0.9649	0.9656	0.9664	0.9671	0.9678	0.9686	0.9693	0.9699	0.9706
1.9	0.9713	0.9719	0.9726	0.9732	0.9738	0.9744	0.9750	0.9756	0.9761	0.9767
2.0	0.9772	0.9778	0.9783	0.9788	0.9793	0.9798	0.9803	0.9808	0.9812	0.9817
2.1	0.9821	0.9826	0.9830	0.9834	0.9838	0.9842	0.9846	0.9850	0.9854	0.9857
2.2	0.9861	0.9864	0.9868	0.9871	0.9875	0.9878	0.9881	0.9884	0.9887	0.9890
2.3	0.9893	0.9896	0.9898	0.9901	0.9904	0.9906	0.9909	0.9911	0.9913	0.9916
2.4	0.9918	0.9920	0.9922	0.9925	0.9927	0.9929	0.9931	0.9932	0.9934	0.9936
2.5	0.9938	0.9940	0.9941	0.9943	0.9945	0.9946	0.9948	0.9949	0.9951	0.9952
2.6	0.9953	0.9955	0.9956	0.9957	0.9959	0.9960	0.9961	0.9962	0.9963	0.9964
2.7	0.9965	0.9966	0.9967	0.9968	0.9969	0.9970	0.9971	0.9972	0.9973	0.9974
2.8	0.9974	0.9975	0.9976	0.9977	0.9977	0.9978	0.9979	0.9979	0.9980	0.9981
2.9	0.9981	0.9982	0.9982	0.9983	0.9984	0.9984	0.9985	0.9985	0.9986	0.9986
3.0	0.9987	0.9987	0.9987	0.9988	0.9988	0.9989	0.9989	0.9989	0.9990	0.9990
3.1	0.9990	0.9991	0.9991	0.9991	0.9992	0.9992	0.9992	0.9992	0.9993	0.9993
3.2	0.9993	0.9993	0.9994	0.9994	0.9994	0.9994	0.9994	0.9995	0.9995	0.9995
3.3	0.9995	0.9995	0.9995	0.9996	0.9996	0.9996	0.9996	0.9996	0.9996	0.9997
3.4	0.9997	0.9997	0.9997	0.9997	0.9997	0.9997	0.9997	0.9997	0.9997	0.9998

〈표 3〉 t 분포표

$$\alpha = P(T > t_{\alpha}(df))$$

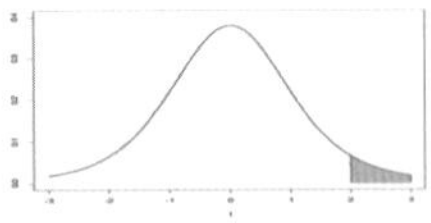

자유도 (df)	α(유의수준) 0.4	0.25	0.1	0.05	0.025	0.01	0.005	0.0025	0.001	0.0005
1	0.325	1.000	3.078	6.314	12.706	31.821	63.657	127.321	318.309	636.619
2	0.289	0.816	1.886	2.920	4.303	6.965	9.925	14.089	22.327	31.599
3	0.277	0.765	1.638	2.353	3.182	4.541	5.841	7.453	10.215	12.924
4	0.271	0.741	1.533	2.132	2.776	3.747	4.604	5.598	7.173	8.610
5	0.267	0.727	1.476	2.015	2.571	3.365	4.032	4.773	5.893	6.869
6	0.265	0.718	1.440	1.943	2.447	3.143	3.707	4.317	5.208	5.959
7	0.263	0.711	1.415	1.895	2.365	2.998	3.499	4.029	4.785	5.408
8	0.262	0.706	1.397	1.860	2.306	2.896	3.355	3.833	4.501	5.041
9	0.261	0.703	1.383	1.833	2.262	2.821	3.250	3.690	4.297	4.781
10	0.260	0.700	1.372	1.812	2.228	2.764	3.169	3.581	4.144	4.587
11	0.260	0.697	1.363	1.796	2.201	2.718	3.106	3.497	4.025	4.437
12	0.259	0.695	1.356	1.782	2.179	2.681	3.055	3.428	3.930	4.318
13	0.259	0.694	1.350	1.771	2.160	2.650	3.012	3.372	3.852	4.221
14	0.258	0.692	1.345	1.761	2.145	2.624	2.977	3.326	3.787	4.140
15	0.258	0.691	1.341	1.753	2.131	2.602	2.947	3.286	3.733	4.073
16	0.258	0.690	1.337	1.746	2.120	2.583	2.921	3.252	3.686	4.015
17	0.257	0.689	1.333	1.740	2.110	2.567	2.898	3.222	3.646	3.965
18	0.257	0.688	1.330	1.734	2.101	2.552	2.878	3.197	3.610	3.922
19	0.257	0.688	1.328	1.729	2.093	2.539	2.861	3.174	3.579	3.883
20	0.257	0.687	1.325	1.725	2.086	2.528	2.845	3.153	3.552	3.850
21	0.257	0.686	1.323	1.721	2.080	2.518	2.831	3.135	3.527	3.819
22	0.256	0.686	1.321	1.717	2.074	2.508	2.819	3.119	3.505	3.792
23	0.256	0.685	1.319	1.714	2.069	2.500	2.807	3.104	3.485	3.768
24	0.256	0.685	1.318	1.711	2.064	2.492	2.797	3.091	3.467	3.745
25	0.256	0.684	1.316	1.708	2.060	2.485	2.787	3.078	3.450	3.725
26	0.256	0.684	1.315	1.706	2.056	2.479	2.779	3.067	3.435	3.707
27	0.256	0.684	1.314	1.703	2.052	2.473	2.771	3.057	3.421	3.690
28	0.256	0.683	1.313	1.701	2.048	2.467	2.763	3.047	3.408	3.674
29	0.256	0.683	1.311	1.699	2.045	2.462	2.756	3.038	3.396	3.659
30	0.256	0.683	1.310	1.697	2.042	2.457	2.750	3.030	3.385	3.646
40	0.255	0.681	1.303	1.684	2.021	2.423	2.704	2.971	3.307	3.551
60	0.254	0.679	1.296	1.671	2.000	2.390	2.660	2.915	3.232	3.460
120	0.254	0.677	1.289	1.658	1.980	2.358	2.617	2.860	3.160	3.373
∞	0.253	0.674	1.282	1.645	1.960	2.326	2.576	2.807	3.090	3.291

〈표 4〉 χ^2 분포표

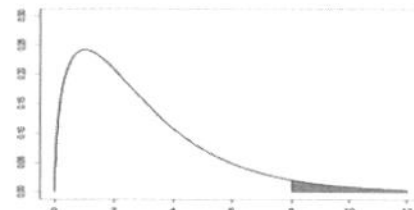

자유도 (df)	$\alpha = P(\chi^2 > \chi^2_\alpha(df))$ 0.995	0.99	0.975	0.95	0.9	0.1	0.05	0.025	0.01
1	0.000	0.000	0.001	0.004	0.016	2.706	3.841	5.024	6.635
2	0.010	0.020	0.051	0.103	0.211	4.605	5.991	7.378	9.210
3	0.072	0.115	0.216	0.352	0.584	6.251	7.815	9.348	11.345
4	0.207	0.297	0.484	0.711	1.064	7.779	9.488	11.143	13.277
5	0.412	0.554	0.831	1.145	1.610	9.236	11.070	12.833	15.086
6	0.676	0.872	1.237	1.635	2.204	10.645	12.592	14.449	16.812
7	0.989	1.239	1.690	2.167	2.833	12.017	14.067	16.013	18.475
8	1.344	1.646	2.180	2.733	3.490	13.362	15.507	17.535	20.090
9	1.735	2.088	2.700	3.325	4.168	14.684	16.919	19.023	21.666
10	2.156	2.558	3.247	3.940	4.865	15.987	18.307	20.483	23.209
11	2.603	3.053	3.816	4.575	5.578	17.275	19.675	21.920	24.725
12	3.074	3.571	4.404	5.226	6.304	18.549	21.026	23.337	26.217
13	3.565	4.107	5.009	5.892	7.042	19.812	22.362	24.736	27.688
14	4.075	4.660	5.629	6.571	7.790	21.064	23.685	26.119	29.141
15	4.601	5.229	6.262	7.261	8.547	22.307	24.996	27.488	30.578
16	5.142	5.812	6.908	7.962	9.312	23.542	26.296	28.845	32.000
17	5.697	6.408	7.564	8.672	10.085	24.769	27.587	30.191	33.409
18	6.265	7.015	8.231	9.390	10.865	25.989	28.869	31.526	34.805
19	6.844	7.633	8.907	10.117	11.651	27.204	30.144	32.852	36.191
20	7.434	8.260	9.591	10.851	12.443	28.412	31.410	34.170	37.566
21	8.034	8.897	10.283	11.591	13.240	29.615	32.671	35.479	38.932
22	8.643	9.542	10.982	12.338	14.041	30.813	33.924	36.781	40.289
23	9.260	10.196	11.689	13.091	14.848	32.007	35.172	38.076	41.638
24	9.886	10.856	12.401	13.848	15.659	33.196	36.415	39.364	42.980
25	10.520	11.524	13.120	14.611	16.473	34.382	37.652	40.646	44.314
26	11.160	12.198	13.844	15.379	17.292	35.563	38.885	41.923	45.642
27	11.808	12.879	14.573	16.151	18.114	36.741	40.113	43.195	46.963
28	12.461	13.565	15.308	16.928	18.939	37.916	41.337	44.461	48.278
29	13.121	14.256	16.047	17.708	19.768	39.087	42.557	45.722	49.588
30	13.787	14.953	16.791	18.493	20.599	40.256	43.773	46.979	50.892
40	20.707	22.164	24.433	26.509	29.051	51.805	55.758	59.342	63.691
50	27.991	29.707	32.357	34.764	37.689	63.167	67.505	71.420	76.154
60	35.534	37.485	40.482	43.188	46.459	74.397	79.082	83.298	88.379
70	43.275	45.442	48.758	51.739	55.329	85.527	90.531	95.023	100.425
80	51.172	53.540	57.153	60.391	64.278	96.578	101.879	106.629	112.329
90	59.196	61.754	65.647	69.126	73.291	107.565	113.145	118.136	124.116
100	67.328	70.065	74.222	77.929	82.358	118.498	124.342	129.561	135.807

〈표 5〉 F 분포표

상위 10% 점 $\alpha = P(F > f_{\alpha}(df_1, df_2))$

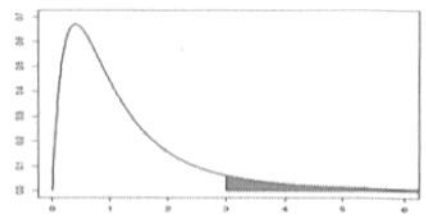

자유도 (df_2)	df_1 = 1	2	3	4	5	6	7	8	9	10
1	39.86	49.50	53.59	55.83	57.24	58.20	58.91	59.44	59.86	60.19
2	8.53	9.00	9.16	9.24	9.29	9.33	9.35	9.37	9.38	9.39
3	5.54	5.46	5.39	5.34	5.31	5.28	5.27	5.25	5.24	5.23
4	4.54	4.32	4.19	4.11	4.05	4.01	3.98	3.95	3.94	3.92
5	4.06	3.78	3.62	3.52	3.45	3.40	3.37	3.34	3.32	3.30
6	3.78	3.46	3.29	3.18	3.11	3.05	3.01	2.98	2.96	2.94
7	3.59	3.26	3.07	2.96	2.88	2.83	2.78	2.75	2.72	2.70
8	3.46	3.11	2.92	2.81	2.73	2.67	2.62	2.59	2.56	2.54
9	3.36	3.01	2.81	2.69	2.61	2.55	2.51	2.47	2.44	2.42
10	3.29	2.92	2.73	2.61	2.52	2.46	2.41	2.38	2.35	2.32
12	3.18	2.81	2.61	2.48	2.39	2.33	2.28	2.24	2.21	2.19
15	3.07	2.70	2.49	2.36	2.27	2.21	2.16	2.12	2.09	2.06
20	2.97	2.59	2.38	2.25	2.16	2.09	2.04	2.00	1.96	1.94
24	2.93	2.54	2.33	2.19	2.10	2.04	1.98	1.94	1.91	1.88
30	2.88	2.49	2.28	2.14	2.05	1.98	1.93	1.88	1.85	1.82
40	2.84	2.44	2.23	2.09	2.00	1.93	1.87	1.83	1.79	1.76
60	2.79	2.39	2.18	2.04	1.95	1.87	1.82	1.77	1.74	1.71
120	2.75	2.35	2.13	1.99	1.90	1.82	1.77	1.72	1.68	1.65
∞	2.71	2.30	2.08	1.94	1.85	1.77	1.72	1.67	1.63	1.60

자유도 (df_2)	df_1 = 12	15	20	24	30	40	60	120	∞
1	60.71	61.22	61.74	62.00	62.26	62.53	62.79	63.06	63.33
2	9.41	9.42	9.44	9.45	9.46	9.47	9.47	9.48	9.49
3	5.22	5.20	5.18	5.18	5.17	5.16	5.15	5.14	5.13
4	3.90	3.87	3.84	3.83	3.82	3.80	3.79	3.78	3.76
5	3.27	3.24	3.21	3.19	3.17	3.16	3.14	3.12	3.10
6	2.90	2.87	2.84	2.82	2.80	2.78	2.76	2.74	2.72
7	2.67	2.63	2.59	2.58	2.56	2.54	2.51	2.49	2.47
8	2.50	2.46	2.42	2.40	2.38	2.36	2.34	2.32	2.29
9	2.38	2.34	2.30	2.28	2.25	2.23	2.21	2.18	2.16
10	2.28	2.24	2.20	2.18	2.16	2.13	2.11	2.08	2.06
12	2.15	2.10	2.06	2.04	2.01	1.99	1.96	1.93	1.90
15	2.02	1.97	1.92	1.90	1.87	1.85	1.82	1.79	1.76
20	1.89	1.84	1.79	1.77	1.74	1.71	1.68	1.64	1.61
24	1.83	1.78	1.73	1.70	1.67	1.64	1.61	1.57	1.53
30	1.77	1.72	1.67	1.64	1.61	1.57	1.54	1.50	1.46
40	1.71	1.66	1.61	1.57	1.54	1.51	1.47	1.42	1.38
60	1.66	1.60	1.54	1.51	1.48	1.44	1.40	1.35	1.29
120	1.60	1.55	1.48	1.45	1.41	1.37	1.32	1.26	1.19
∞	1.55	1.49	1.42	1.38	1.34	1.30	1.24	1.17	1.00

〈표 5〉 F 분포표

상위 5% 점 $\alpha = 0.05$

자유도 (df_2)	df_1 1	2	3	4	5	6	7	8	9	10
1	39.86	49.50	53.59	55.83	57.24	58.20	58.91	59.44	59.86	60.19
2	8.53	9.00	9.16	9.24	9.29	9.33	9.35	9.37	9.38	9.39
3	5.54	5.46	5.39	5.34	5.31	5.28	5.27	5.25	5.24	5.23
4	4.54	4.32	4.19	4.11	4.05	4.01	3.98	3.95	3.94	3.92
5	4.06	3.78	3.62	3.52	3.45	3.40	3.37	3.34	3.32	3.30
6	3.78	3.46	3.29	3.18	3.11	3.05	3.01	2.98	2.96	2.94
7	3.59	3.26	3.07	2.96	2.88	2.83	2.78	2.75	2.72	2.70
8	3.46	3.11	2.92	2.81	2.73	2.67	2.62	2.59	2.56	2.54
9	3.36	3.01	2.81	2.69	2.61	2.55	2.51	2.47	2.44	2.42
10	3.29	2.92	2.73	2.61	2.52	2.46	2.41	2.38	2.35	2.32
12	3.18	2.81	2.61	2.48	2.39	2.33	2.28	2.24	2.21	2.19
15	3.07	2.70	2.49	2.36	2.27	2.21	2.16	2.12	2.09	2.06
20	2.97	2.59	2.38	2.25	2.16	2.09	2.04	2.00	1.96	1.94
24	2.93	2.54	2.33	2.19	2.10	2.04	1.98	1.94	1.91	1.88
30	2.88	2.49	2.28	2.14	2.05	1.98	1.93	1.88	1.85	1.82
40	2.84	2.44	2.23	2.09	2.00	1.93	1.87	1.83	1.79	1.76
60	2.79	2.39	2.18	2.04	1.95	1.87	1.82	1.77	1.74	1.71
120	2.75	2.35	2.13	1.99	1.90	1.82	1.77	1.72	1.68	1.65
∞	2.71	2.30	2.08	1.94	1.85	1.77	1.72	1.67	1.63	1.60

자유도 (df_2)	df_1 12	15	20	24	30	40	60	120	∞
1	60.71	61.22	61.74	62.00	62.26	62.53	62.79	63.06	63.33
2	9.41	9.42	9.44	9.45	9.46	9.47	9.47	9.48	9.49
3	5.22	5.20	5.18	5.18	5.17	5.16	5.15	5.14	5.13
4	3.90	3.87	3.84	3.83	3.82	3.80	3.79	3.78	3.76
5	3.27	3.24	3.21	3.19	3.17	3.16	3.14	3.12	3.10
6	2.90	2.87	2.84	2.82	2.80	2.78	2.76	2.74	2.72
7	2.67	2.63	2.59	2.58	2.56	2.54	2.51	2.49	2.47
8	2.50	2.46	2.42	2.40	2.38	2.36	2.34	2.32	2.29
9	2.38	2.34	2.30	2.28	2.25	2.23	2.21	2.18	2.16
10	2.28	2.24	2.20	2.18	2.16	2.13	2.11	2.08	2.06
12	2.15	2.10	2.06	2.04	2.01	1.99	1.96	1.93	1.90
15	2.02	1.97	1.92	1.90	1.87	1.85	1.82	1.79	1.76
20	1.89	1.84	1.79	1.77	1.74	1.71	1.68	1.64	1.61
24	1.83	1.78	1.73	1.70	1.67	1.64	1.61	1.57	1.53
30	1.77	1.72	1.67	1.64	1.61	1.57	1.54	1.50	1.46
40	1.71	1.66	1.61	1.57	1.54	1.51	1.47	1.42	1.38
60	1.66	1.60	1.54	1.51	1.48	1.44	1.40	1.35	1.29
120	1.60	1.55	1.48	1.45	1.41	1.37	1.32	1.26	1.19
∞	1.55	1.49	1.42	1.38	1.34	1.30	1.24	1.17	1.00

〈표 5〉 F 분포표

상위 2.5% 점 $\alpha = 0.025$

자유도 (df_2)	df_1 = 1	2	3	4	5	6	7	8	9	10
1	647.79	799.50	864.16	899.58	921.85	937.11	948.22	956.66	963.28	968.63
2	38.51	39.00	39.17	39.25	39.30	39.33	39.36	39.37	39.39	39.40
3	17.44	16.04	15.44	15.10	14.88	14.73	14.62	14.54	14.47	14.42
4	12.22	10.65	9.98	9.60	9.36	9.20	9.07	8.98	8.90	8.84
5	10.01	8.43	7.76	7.39	7.15	6.98	6.85	6.76	6.68	6.62
6	8.81	7.26	6.60	6.23	5.99	5.82	5.70	5.60	5.52	5.46
7	8.07	6.54	5.89	5.52	5.29	5.12	4.99	4.90	4.82	4.76
8	7.57	6.06	5.42	5.05	4.82	4.65	4.53	4.43	4.36	4.30
9	7.21	5.71	5.08	4.72	4.48	4.32	4.20	4.10	4.03	3.96
10	6.94	5.46	4.83	4.47	4.24	4.07	3.95	3.85	3.78	3.72
12	6.55	5.10	4.47	4.12	3.89	3.73	3.61	3.51	3.44	3.37
15	6.20	4.77	4.15	3.80	3.58	3.41	3.29	3.20	3.12	3.06
20	5.87	4.46	3.86	3.51	3.29	3.13	3.01	2.91	2.84	2.77
24	5.72	4.32	3.72	3.38	3.15	2.99	2.87	2.78	2.70	2.64
30	5.57	4.18	3.59	3.25	3.03	2.87	2.75	2.65	2.57	2.51
40	5.42	4.05	3.46	3.13	2.90	2.74	2.62	2.53	2.45	2.39
60	5.29	3.93	3.34	3.01	2.79	2.63	2.51	2.41	2.33	2.27
120	5.15	3.80	3.23	2.89	2.67	2.52	2.39	2.30	2.22	2.16
∞	5.02	3.69	3.12	2.79	2.57	2.41	2.29	2.19	2.11	2.05

자유도 (df_2)	df_1 = 12	15	20	24	30	40	60	120	∞
1	976.71	984.87	993.10	997.25	1001.41	1005.60	1009.80	1014.02	1018.26
2	39.41	39.43	39.45	39.46	39.46	39.47	39.48	39.49	39.50
3	14.34	14.25	14.17	14.12	14.08	14.04	13.99	13.95	13.90
4	8.75	8.66	8.56	8.51	8.46	8.41	8.36	8.31	8.26
5	6.52	6.43	6.33	6.28	6.23	6.18	6.12	6.07	6.02
6	5.37	5.27	5.17	5.12	5.07	5.01	4.96	4.90	4.85
7	4.67	4.57	4.47	4.41	4.36	4.31	4.25	4.20	4.14
8	4.20	4.10	4.00	3.95	3.89	3.84	3.78	3.73	3.67
9	3.87	3.77	3.67	3.61	3.56	3.51	3.45	3.39	3.33
10	3.62	3.52	3.42	3.37	3.31	3.26	3.20	3.14	3.08
12	3.28	3.18	3.07	3.02	2.96	2.91	2.85	2.79	2.72
15	2.96	2.86	2.76	2.70	2.64	2.59	2.52	2.46	2.40
20	2.68	2.57	2.46	2.41	2.35	2.29	2.22	2.16	2.09
24	2.54	2.44	2.33	2.27	2.21	2.15	2.08	2.01	1.94
30	2.41	2.31	2.20	2.14	2.07	2.01	1.94	1.87	1.79
40	2.29	2.18	2.07	2.01	1.94	1.88	1.80	1.72	1.64
60	2.17	2.06	1.94	1.88	1.82	1.74	1.67	1.58	1.48
120	2.05	1.94	1.82	1.76	1.69	1.61	1.53	1.43	1.31
∞	1.94	1.83	1.71	1.64	1.57	1.48	1.39	1.27	1.00

〈표 5〉 F 분포표

상위 1% 점 $\alpha = 0.01$

자유도 (df_2)	df_1 1	2	3	4	5	6	7	8	9	10
1	4052.18	4999.50	5403.35	5624.58	5763.65	5858.99	5928.36	5981.07	6022.47	6055.85
2	98.50	99.00	99.17	99.25	99.30	99.33	99.36	99.37	99.39	99.40
3	34.12	30.82	29.46	28.71	28.24	27.91	27.67	27.49	27.35	27.23
4	21.20	18.00	16.69	15.98	15.52	15.21	14.98	14.80	14.66	14.55
5	16.26	13.27	12.06	11.39	10.97	10.67	10.46	10.29	10.16	10.05
6	13.75	10.92	9.78	9.15	8.75	8.47	8.26	8.10	7.98	7.87
7	12.25	9.55	8.45	7.85	7.46	7.19	6.99	6.84	6.72	6.62
8	11.26	8.65	7.59	7.01	6.63	6.37	6.18	6.03	5.91	5.81
9	10.56	8.02	6.99	6.42	6.06	5.80	5.61	5.47	5.35	5.26
10	10.04	7.56	6.55	5.99	5.64	5.39	5.20	5.06	4.94	4.85
12	9.33	6.93	5.95	5.41	5.06	4.82	4.64	4.50	4.39	4.30
15	8.68	6.36	5.42	4.89	4.56	4.32	4.14	4.00	3.89	3.80
20	8.10	5.85	4.94	4.43	4.10	3.87	3.70	3.56	3.46	3.37
24	7.82	5.61	4.72	4.22	3.90	3.67	3.50	3.36	3.26	3.17
30	7.56	5.39	4.51	4.02	3.70	3.47	3.30	3.17	3.07	2.98
40	7.31	5.18	4.31	3.83	3.51	3.29	3.12	2.99	2.89	2.80
60	7.08	4.98	4.13	3.65	3.34	3.12	2.95	2.82	2.72	2.63
120	6.85	4.79	3.95	3.48	3.17	2.96	2.79	2.66	2.56	2.47
∞	6.63	4.61	3.78	3.32	3.02	2.80	2.64	2.51	2.41	2.32

자유도 (df_2)	df_1 12	15	20	24	30	40	60	120	∞
1	6106.32	6157.28	6208.73	6234.63	6260.65	6286.78	6313.03	6339.39	6365.86
2	99.42	99.43	99.45	99.46	99.47	99.47	99.48	99.49	99.50
3	27.05	26.87	26.69	26.60	26.50	26.41	26.32	26.22	26.13
4	14.37	14.20	14.02	13.93	13.84	13.75	13.65	13.56	13.46
5	9.89	9.72	9.55	9.47	9.38	9.29	9.20	9.11	9.02
6	7.72	7.56	7.40	7.31	7.23	7.14	7.06	6.97	6.88
7	6.47	6.31	6.16	6.07	5.99	5.91	5.82	5.74	5.65
8	5.67	5.52	5.36	5.28	5.20	5.12	5.03	4.95	4.86
9	5.11	4.96	4.81	4.73	4.65	4.57	4.48	4.40	4.31
10	4.71	4.56	4.41	4.33	4.25	4.17	4.08	4.00	3.91
12	4.16	4.01	3.86	3.78	3.70	3.62	3.54	3.45	3.36
15	3.67	3.52	3.37	3.29	3.21	3.13	3.05	2.96	2.87
20	3.23	3.09	2.94	2.86	2.78	2.69	2.61	2.52	2.42
24	3.03	2.89	2.74	2.66	2.58	2.49	2.40	2.31	2.21
30	2.84	2.70	2.55	2.47	2.39	2.30	2.21	2.11	2.01
40	2.66	2.52	2.37	2.29	2.20	2.11	2.02	1.92	1.80
60	2.50	2.35	2.20	2.12	2.03	1.94	1.84	1.73	1.60
120	2.34	2.19	2.03	1.95	1.86	1.76	1.66	1.53	1.38
∞	2.18	2.04	1.88	1.79	1.70	1.59	1.47	1.32	1.00

찾아보기

■ 저자약력

최재성(崔在成)
고려대학교 이과대학 수학과 이학사
고려대학교 통계학과 경제학 석사
오레곤 주립대학 통계학과 통계학 석사
캔사스 주립대학 통계학과 통계학 박사
현 계명대학교 통계학과 교수